民用建筑电气审图要点解析

白永生　编著

中国建筑工业出版社

图书在版编目（CIP）数据

民用建筑电气审图要点解析/白永生编著. —北京：中国建筑工业出版社，2017.8（2020.9重印）
ISBN 978-7-112-20875-3

Ⅰ.①民… Ⅱ.①白… Ⅲ.①民用建筑-电气制图-识图 Ⅳ.①TU85

中国版本图书馆CIP数据核字（2017）第144513号

这是一本关于电气审图的书籍，侧重点是规范的柔性解释，而非规范的硬性实施，目的是沟通和了解合理的设计理念，而不是教条地死搬规范和条文，用合理的、与时俱进的角度去理解规范编著者的真实意图和想法。书籍的编写采用图文并茂的形式，内容深度方面按设计图纸的常规顺序列章节，如：说明、系统、平面图等，尽量抓住时下热点如：电气节能、设计深度等内容，同时也对审图的要点着重进行表述，如消防、人防、防雷接地等危险性等场所均单独设章介绍。内容宽度方面则是从电气设计的全产业链进行考虑，把设计的内审、外审、施工方、甲方、预算等各方意见一并收录整理，不仅是从规范的角度，也从施工的难度、造价的节约、设计的深度等角度来全面解析设计，常规问题不谈，尽量去介绍那些容易犯错的遗漏知识点，以及新手容易迷惑、难于决定的争议知识点，将其整理归纳，讲求精，尽量少。全书的案例尽量涵盖各地区的共同的常见问题，不钻牛角尖，望有最大化的技术共鸣。面向的读者群体是大中专院校的学生及初入电气设计行业的工程师，当然对于审图单位也有一定的参考价值。

责任编辑：张 磊
责任设计：李志立
责任校对：李欣慰 王雪竹

民用建筑电气审图要点解析
白永生 编著
*
中国建筑工业出版社出版、发行（北京海淀三里河路9号）
各地新华书店、建筑书店经销
霸州市顺浩图文科技发展有限公司制版
北京建筑工业印刷厂印刷
*
开本：787×1092毫米 1/16 印张：12¼ 字数：289千字
2017年11月第一版 2020年9月第三次印刷
定价：**49.00**元
ISBN 978-7-112-20875-3
（36200）

前　言

1. 现状，体谅当下的设计师

这是一个快速变化的时代，当我这个工作 20 年的设计师，一直努力着学习现有的规范和方法，似乎刚有方向，却已然被漫天卷地的新规范和新图集所淹没，当下我们这些 20 世纪 90 年代从事设计的人是一种慌张，不了解如何掌握这么大的信息量和新知识；00 年代后从事设计的人则是木然，流水线的图纸似乎已然不觉得有任何成就感，也失去了方向，其实电气设计也是一种遗失的技术信仰；10 后新手怀着挣大钱的动力涌入这个行业，加班玩命，透支夜晚，计提工资与建筑面积直接挂钩，谁会在意设计的本质是什么，也并不存在有人去告诉你。90 后设计师说干不下去了，实在跟不上变化的节奏，记忆力还在衰退；00 后设计师也说干不下去了，婆婆太多，甲方、内审、外审、消防、人防一大堆衙门，问题太多，设计改的面目全非，比流水线工人还难干；而现在 10 后的设计师也干不下去了，行业的景气度有所下降，并不是有了时间可以去学习和思考的，养家也是一种压力，而且薪水已经不那么诱人。

我在设计的前十年中曾经充满梦想，存有作为一个设计师的梦想，而不简单是工程师，因为这毕竟是一个有创造力的职业，为之努力，也为之挫折，见过那些严谨的手绘设计，为之震撼和感动，当下也会那些复杂的图纸而惊讶设计人知识面的广阔，自己年近中年，却不能掌握设计真谛，还不如放弃。绝望之前，我把我多年所学整理了两本书：《建筑电气强电设计指导与实例》、《建筑电气弱电系统设计指导与实例》，但求自己所抛弃的，也许对别人总还有点用。出版后，居然发现自己多年来的收藏，还是帮助到了那些 00 后、10 后的电气设计师，自己其实并不是废材一个，也许不能成为一个好设计师，还可以做一个专业的引导人，希望重燃。今天听到一个审图老师说我们行业的传帮带现状："黄鼠狼的徒弟能有多强"，多有感触，因为说的是事实，但如果可以对得起出版费用，那岂不也是一本有用的书了呢？所以我决定提笔去完善这本审图的书籍，这里要感谢中国建筑工业出版社的张磊老师，其实我还是欠缺勇气的，他临门一脚给了我前行动力。应用科学并不是高科技的发明，站在设计的角度，我们确实不如厂家的专一，也不如施工方对现场情况的了解，但却是规范和制度把控者，决定着房屋建造质量的第一道关卡，是捏合甲方、施工、厂家的组织和协调者，所以电气设计并不是没有了价值和空间，依然是有存在的意义，这也是我审视新时代电气设计后的重新认识。

2. 做什么，减轻负担

既然设计师已经如此辛苦，这本书的初衷就不再是增加负担，而是让设计师轻松地去看，简单地去读。第一是文笔不生硬，不那么专业性强，读者范围可以限定为任何一个感兴趣的人，而不仅是业内人士；第二则是不限定于图纸外审，而是会从多方面来重释审图的意义，如外审、内审、合理性、经济性等，笔者从事设计多年，一直有一个准则：合理的即为最好，规范像是"将在外军令有所不受"一样，并非绝对，因为规范也是人编的，虽然专家的水平很高，但每个项目，都有自己的特殊性，不能一概而论，尤其是变化如此之快的当下，合理的设计才是最高境界，当然也有前提：就是不突破强制性条文的底线；第三是切中核心，任何规范的初衷都是安全性和经济性，其实合理即是真正的节能和节约，也并不是一定要用高科技的产品，其实简单的就是最安全的，不一定套用各样的节能标准就一定节能和节约，其实太阳光就是最好的光线，对于规范的应用要理解其深意；第四设计不是单一的工作，设计之后的施工、配套、竣工、使用，这些评判远胜于之前的审核，因为这些是真实存在的结果，所以施工中一个合理的布线，一个开关的选择恰当，系统的简约、明了，这都是节约，从而达到节能，业主也会欣赏，何乐而不为，所以需要用全产业链的角度来看待设计的问题，仅限于规范内的研判是狭隘的；第五文配图，这在之前的两本书中已有应用，这里仍然会继续发扬光大，这样的表达方式更易于读者理解，也有更有针对性；第六希望能有突破，设计是需要按部就班，但条条框框的约束难造就一个有前途的行业未来，也难有创新，所以要有发展，还是需要突破，而不是一味模仿，重新夺回设计的话语权，需要不破不立。

3. 内容，一个失败者的笔记片段

本书的内容是根据笔者从事设计和外审工作中，左右手互搏的一些成果，收集了在外审、内审、施工阶段和竣工交付使用后的各阶段的意见，进行整理和总结，选择了其中自认为比较有用的，容易出错的，争议也比较大的，拿出来说说，也不代表笔者说的正确，但确是自己对规范的理解，多少也算是一点受虐的经验。还是可看出外审、质检单位对规范条文理解和执行略有教条，规避责任，而施工单位则是将错就错，不去真正理解规范的真实意图和可操作性，造成返工，设计人则是一头雾水，规范理解上变成了因审图人而异，而不是因规范而异，设计自然也难有突破。本书中逐一发掘这些片段，进行说明和分析，由于笔者知识所限，设计生涯也很平淡，所以难免有分析偏颇或错误，只是希望通过本书，把一些常见的审图问题放在纸上，一目了然，尽量省去设计人再走弯路，也了解一下审图人的心理，不用自己慢慢去悟，节约点时间去思考深层次的问题或学点新的知识。哪怕少加一会班，也是不错，弄不好一些拙见可让业内人士达成共识，也会是额外的收获呢。

4. 章节的设计，与时俱进

时下最被重视和提倡的节能必然需要单独设章，也是对于节能和节约的一种重视，而安全性上则是消防与人防及防雷接地等危险性较高的部分单独拿出来介绍，安全是设计人第一要务，自然是重中之重；外审部分的重点还是说明，这一部分内容琐碎纷杂，并不容易面面俱到，那也就干脆以北京为重点，把那些年自己走过的审图要点拿来一说了；而内审的重点则是设计的深度，这方面各大院都有标准，每个设计人的入门老师也不同，我这里也是抛砖引玉，多说无用；其余则是捋着从设计结构进行章节划分，将电气的系统和电气的平面分开表述，与图纸的编排一致，也将弱电脱离于强电的内容，点到为止的介绍即可，毕竟弱电方面在人身安全上难成重点；感觉最后大家可能还是不过瘾，就整了一个各种建筑类型常见问题的合集，由于笔者自己经历的项目也是有限，只能是有啥说啥，不求全面，但求是个锦上添花；剩下的两章则是我的一点心得，还是那话：好的设计即是合理的设计，合理当然也来自经济性，其外笔者本人做过施工、监理、甲方、设计、外审各式业内工作，虽然杂，但很了解每项工作的难易程度，所以很尊重施工的经验，我们这些纸上谈兵的设计人，有些东西是要知道的，所以施工及经济性是该有的一章。

5. 一个结束，一个新的开始

曾经我想就这样改行吧，设计真的是干不下去了，但看到这些年轻人的渴望学习，就还是难以割舍对于电气的希望和热情。一个读者感谢我写的电气书，我则要更加感谢这些读者，其实是他们把我从改行的边缘拉了回来，虽然规范也有改进的空间不能强求，毕竟这个时代老专家也会有与我一样的困惑，不能再那么绝对权威，需要看到更多的长处，积累大家的长处和心得，才可以取长补短，放下吵闹声，不再埋怨，用我们的努力去构成完整的电气一环，这是我的另外一个希望。

如何将规范和实际操作完美的配套需要多方努力，如何充分理解规范、发挥规范、利用规范来设计出节能合理优秀的建筑作品，则是设计师的梦想，在不脱离实际，不脱离实验的情况下，如何完成一份好图，确实任重而道远。

目　录

第一章　电气说明中的常见审图问题及解析

一、设计依据

1. 需要根据项目情况说明设计依据：

（1）说明中应按建筑主要功能完善相应行业规范，如：住宅类型建筑需要注明：《住宅设计规范》GB 50096—2011、《住宅建筑电气设计规范》JGJ 242—2011 等；办公类型建筑需要注明：《办公建筑设计规范》JGJ 67—2006；商业类型建筑需要注明：《商店建筑设计规范》JGJ 48—2014 及《商店建筑电气设计规范》JGJ 392—2016；酒店类型建筑需注明：《旅馆建筑设计规范》JGJ 62—2014；医院类型建筑需要注明：《医疗建筑电气设计规范》JGJ 312—2013 及《综合医院建筑设计规范》GB 51039—2014。

（2）附属有车库的建筑物需要注明：《车库建筑设计规范》JGJ 100—2015 及《汽车库、修车库、停车场设计防火规范》GB 50067—2014。

（3）锅炉房等柴油发电机房等有爆炸危险环境的场所需要注明：《爆炸危险环境电力装置设计规范》GB 50058—2014。

（4）内部包含有人防区域的建筑类型，还要注明：《人民防空地下室设计规范》GB 50038—2005 及《人民防空工程设计防火规范》GB 50098—2009 等。这两部适用于国管项目的审查，而地区的人防规范一般更细在地区审查中则更为常见和需要注意，以北京地区为例则有 DB11/994—2013 等。其余各类建筑形式，这里不逐一记述，依据工程性质增加依据。

其余各类建筑形式，这里不逐一记述，依据工程性质增加依据。

2. 节能要求的设计依据：

需要注意到当下公共及居住建筑对于节能的重视度均很高，需要单独编写节能专篇，则设计依据中需要添加相应标准。设计中根据审查方向的不同，甚至建议独立分为节能专篇及绿色建筑专篇，从笔者来看其实差别并不大，但实际审查中确实各有侧重点，仍然以北京为例，节能说明适用于新建及改建的民用项目，而绿色建筑专篇则是从分值的角度来考核，只适用于新建的建筑物，所以在装修项目的审查中，仅审查节能的要求，而无绿色建筑的要求。而从审查的重点而言，国家规范为统领和思想指导，地区规范反而是审查的要点和实质性的细节，这一点需要额外注意，其原因多为各地区监审部门审查要点中多以地标作为实施标准，所以审查中反而为重点注意的对象。

（1）国家标准如《公共建筑节能设计标准》GB 50189—2015、《民用建筑绿色设计规范》JGJ/T 229—2010 等。

（2）各地区会针对当地情况制定地区节能标准，也需要注明。如在北京地区需注明《绿色建筑设计标准》DB11/938—2012 及《公共建筑节能设计标准》DB11/687—2015

等。居住类建筑各地均有出台地区性节能标准，如北京地区的《居住建筑节能设计标准》DB11/T 891—2012，山东地区的《居住建筑节能设计标准》DB37/5026—2014，《天津市居住建筑节能设计标准》DB29-1—2013，《上海市工程建设规范——居住建筑节能设计标准》DGJ08-205—2015等，依据地区情况增设规范和依据。

3. 图集及规范时效性的要求：

重点审查时不能存在过期图集和规范，这点适用于全国，原因简单，因图集规范今年来变化很大，一方面新版的国标图集及地标图集层出不穷，另一方面地标图集的适用区域也发生了变化，如华北地区的92DQ图集已为过期版本，且之前的92DQ系列图集曾经为华北地区通用图集，其中包括北京地区，而如今北京地区单独出版了09BD系列图集，天津地区则单独出版了12D系列图集，而在其余原适用的华北地区则修订为05D系列图集，此外如上海在设计引用时需核对设计图集的适用地区，如常使用的国标图集：03D501～4、则多是DBJ系列图集、00DX001、02X101-3、96D702-2、04D702-2、04D701-3、96D301-1、03D301-3、10D303-2～3等均为废止版本，审图时可以注意，设计时则要避免选用。

二、工程概况

工程概况的要求：依据《建筑工程设计文件编制深度规定》（2016年版）中3.6.2.1条，应说明建筑的建设地点、自然环境、建筑类别、性质、面积、层数、高度、结构类型等；根据《北京市建筑工程施工图设计文件审查要点》第6.6条应叙述建筑类别、性质、建筑总面积、总高度、层数、有无地下层、各层主要功能等内容。如一类建筑等。含有人防时，则重点注意注明人防备案的编号，因为这一点决定于是否设置固定或移动电站，这一点很多时候是设置电站的实质性文件，因为很多地区并不完全依据5000m^{2}的人防总面积来要求电站，而根据自己地区特点由人防单位确定。综上所述，项目说明的概况中应有建筑类别性质、建设地点、周边的大概环境、各不同功能构造的面积、层数、主要关联层的层高（如有地下变配电室的地下层）、建筑物的总高度（有裙楼宜分别介绍）、板厚（前室与室内板厚不同，建议分别说明）、垫层厚度（如有垫层敷管的可能）、吊顶情况（上人或是不上人吊顶）及结构形式（基础形式多涉及接地也要表述）等主要指标；含有人防时，还应有防护单元数量、人防总面积等。

如下示例：某工程概况（1）工程名称：本工程为×××。（2）工程的建设地点周边环境：如工程位于北京市，海淀区，北京市××大街与××中路交叉口。（3）建筑面积：总建筑面积约××万平方米，其中住宅××万平方米，商业××万平方米。（4）建筑高度：如建筑主体高度65m，裙房高度30m。（5）建筑特点：如地下2层，层高4m，地上20层，层高3m，户内板厚15cm，前室板厚20cm。（6）建筑使用功能：如：地下室共两层：地下二层设置有车库、制冷机房等设备用房等设备用房；地下一层设置有车库、变电所、备用柴油发电机房等设备用房；地上主要的构成：商业功能区（1F～4F）、低区办公（5F～9F）、酒店（11F～20F）构成等。（7）建筑消防类别：如本工程属于一类办公建筑；建筑耐火等级为一级等。（8）必要的建筑做法：如屋面材料为复合彩色压形钢板，外窗选用塑钢窗，室内地面建筑垫层做法5cm，标准层设置吊顶，首层吊顶高度0.8m等。

(9) 结构形式：1) 墙体结构：如砖混结构、框架-剪力墙、框支剪力墙结构等；2) 楼板形式：如预制、现浇混凝土楼板；3) 基础形式：如桩式基础、条形基础、筏形基础、箱形基础等。4) 抗震设防烈度：如 8 度等。

三、负荷统计及分类

1. 容易误解的负荷分类：

(1) 一类高层建筑：消防负荷应按按一级负荷考虑，见《建筑设计防火规范》GB 50016—2014 中 10.1.1.2 条及条文说明所述。另外走道照明、值班照明（如变配电室、消防控制室、网络数据机房照明，这里需要注意值班照明同应急照明中的备用照明范围多数相同）、警卫照明（如安防控制室照明，这里需要注意警卫照明同应急照明中的备用照明范围也相同）、客梯用电、排水泵、生活泵用电等应按一级负荷供电。可见《民用建筑电气设计规范》JGJ 16—2008 附录 A 第 24 条，该表所列为一级非消防负荷。

(2) 二类高层建筑：消防负荷应按按二级负荷考虑见《建筑设计防火规范》GB 50016—2014 中 10.1.1.4 条所述。另外通道楼梯间照明，客梯用电、排水泵、生活泵用电、安防弱电系统等也应为二级可见《民用建筑电气设计标准》GB 51348—2019 附录 A 第 27 条及 3.2.5 条，该表所列为二级非消防负荷。

(3) 人防建筑中需注意：柴油电站配套附属设备、应急照明、通信设备为一级负荷，见《人民防空地下室设计规范》GB 50038—2005 中表 7.2.4 所述。这里重点需要注意通信设备又分为基本通讯设备和应急通信设备，需要表述完整。

(4) 车库建筑中需注意：1) 一级负荷按《汽车库、修车库、停车场设计防火规范》GB 50067—2014 中 9.0.1.1 条要求，Ⅰ类汽车库的消防设备及汽车专用升降机作车辆疏散出口的升降机用电应按一级负荷供电。2) 二级负荷按其 9.0.1.2 条要求，Ⅱ、Ⅲ类汽车库和Ⅰ类修车库的消防设备及采用汽车专用升降机作车辆疏散出口的升降机用电应按二级负荷供电。

(5) 消防负荷等级：实际操作多按《民用建筑电气设计标准》GB 51348—2019 中第 3.2.2 条和第 3.2.3 条进行分类，其将负荷进行了区分，一个是"主要用电负荷"，另一个是"消防用电的负荷"，非消防负荷可以按照《民用建筑电气设计标准》GB 51348—2019 中 3.2.2 条执行，列出的民用建筑中各类建筑物的主要用电负荷进行分级。在其第 3.2.3 条又明确提出了，只有"150m 及以上的超高层公共建筑的消防负荷"为一级负荷中的特别重要负荷，则其他建筑物内的"消防用电"则不是一级就是二级，故消防负荷可参照其 3.2.3.1 条执行，该条列出了民用建筑中各类建筑物的消防用电负荷的分级："一类高层民用建筑的消防控制室、火灾自动报警及联动控制装置、火灾应急照明及疏散指示标志、防烟及排烟设施、自动灭火系统、消防水泵、消防电梯及其排水泵、电动的防火卷帘及门窗以及阀门等消防用电应为一级负荷，二类高层民用建筑内的上述消防用电应为二级负荷"。

(6) 消防电梯排水泵的负荷等级：参见《消防给水及消火栓系统技术规范》GB 50974—2014 中 9.2.1 条第 2 款："设有消防给水系统的地下室应采取消防排水措施"。灭火时会产生大量的水，水会在最下层积存，如地库或是电梯坑底，地下室排水泵（污水泵）则运行在灭火初期，及时排出积水，防止产生的水淹没其他设备或是重要设备房间，造成非火灾的二次损坏，故需要保障排水泵的正常运行，尤其是电梯基坑下的排水泵，应按消防设备供电。

（7）电伴热的负荷级别：一般而言电伴热用于室外或是室内低温环境下给排水管道采暖，保证管道不结冰，其负荷等级取决于是否用于消防水系统，应与水专业确定，若是用于消防给水或是排水，则应按消防用电的负荷等级设计，可由末端消防电源箱供电，如为普通管道的保温，则为三级负荷即可。

（8）航空障碍灯应按主体建筑最高等级要求供电，见 GB 51348—2019 中 10.6.2 条。

（9）事故风机的负荷等级：多分为两种，一种是用于可燃气体场所的事故风机，一种是气体灭火用的事故风机，如果严格说两种负荷都不是灭火时候使用的负荷，但可燃气体泄露会直接引起可能的火灾，但考虑到切非后，多不可快速恢复，不能满足消防人员的进入清理现场，所以列为消防类负荷较为合理，同时设置消防电源监控，而用于气体灭火的事故风机则彻底为火灾后使用，列为双路供电的普通负荷较为合理，同时设置电气火灾监控系统。

2. 应急供电系统和消防电源是什么关联？备用负荷与消防负荷又是如何关系？这是出自《供配电系统设计规范》GB 50052—2009 第 3.0.3.1 条："严禁将其他负荷接入应急供电系统"，及第 3.0.9 条："备用电源的负荷严禁接入应急供电系统"。

（1）两条均为黑体字的要求，应急电源是指在事故和紧急情况下，为保证安全，为特别重要负荷单独供电的电源，其可靠性要求其实更高，由上定义可见应急供电系统可以为柴油发电机、UPS、EPS 等电源设备，完成应急情况下的电力跟进投入，根据实际工程中对断电时间的要求进行选择，只与负荷的重要性有关系，当然消防负荷也很重要，但与消防并无直接关联，所以是一级负荷中的特别重要负荷需要设置应急电源，见该规范第 3.0.3 条。此外，如果不能达到真正的双重电源，则一级负荷也需要采用应急电源，见该规范第 3.0.2 条，其他负荷如果不是不能达到的一级负荷或更高，则不可接入应急供电系统，这里也自然包括不是一级负荷的消防负荷。

（2）备用电源与应急电源的区别：在于是不是影响安全，不影响人员生命、家畜的生命安全系统的后备电源，被称为备用电源。备用电源是指负荷双回路供电时，一主一备，互为投切的备用，在一路停电、检修时，另一路可以承担全部负荷，除了典型的双电源互投，另外生活中像是电脑的小 UPS 电源、手机的充电宝等，也属于备用电源层次，这些负荷本身的供电负荷性质还是普通的电源，重要性不高，也不可接入应急电源系统。

3. 负荷分级在实际供电的做法：

（1）一、二级负荷区别：见《供配电系统规范》GB 50052—2009 中"3　负荷分级及供电要求"章的规定：按设备的重要性将供电负荷分为三级，其中一、二级负荷的重要性有区别，但是供电的方式却都是两路供电，一级负荷为"应"，需要注意：应注明一级负荷应有双重电源供电，当一个电源发生故障时，另一个电源不应同时受到损坏，这个表示很重要，双重负荷的要求很高，或是不同电网，或是联系很弱，或是距离很远，设计时需要落实是不是可以达到上述的要求，见《供配电系统设计规范》GB 50052—2009 中第 3.0.2 条及条文说明介绍。常见的图纸上需要注明一级负荷高压侧的要求多为不同的开闭站或高压引来。二级负荷满足的是 3.0.7 条的条文说明，二级负荷重在两回线路，而一级负荷重在双重电源。两回线路为两个电源，一级负荷为双重电源更在意两个出线电源的相对独立。二级负荷为"宜"，不再是双重电源而变为了两回路，两回路对于上口的电源要求则大为降低，那是不是需要双回路末端供电呢？多分为两种情况：1）当有两路 10kV 电源满足一级负荷供电时，可在低压配电系统首端变电所或配电室切换，单回线路到末端，利用上口双电源的可靠性弥补了下端单回线路供电稳定性的不足，如有一级负荷项目中如中央空调或生活水泵等为二级负荷，其做法就多为上级高压侧两路电源低压侧只末端一路电源的情况。2）当只有一路 10kV 电源，还是两台变压器供电时，则还是应采用双回线至低压配电系统末端切换。当然如果具备双路供电的条件，一、二级负荷都建议采用双路供电，而没有双路供电的条件，我们作为设计人可以确定负荷等级，但即便设计按一级负荷设计，供电单位其实也没法实现，使用者也只能自备发电设备，如此分析供电单位的做法其实更为合理，如《北京市供电局配电网规划细则》一文中规定了：电力负荷分为重要负荷单位和一般负荷两大类，供电方式上，各种重要负荷均双路供电，对公网的双路电是否需要取自不同开闭站的高压并未提的太细，或他们自己清楚。一般负荷为单路供电，该种负荷分级方式更为实用，有利于电气设计中的负荷分级清晰，可以使问题简单化，美中不足作为设计方对于供电情况是不了解的，所以很多时候我们只是按照规范去要求，而实施还得交给供电部门重新规划。

（2）三级消防负荷怎么处理？关于三级负荷的确定，可见《供配电系统设计规范》GB 50052—2009 中 3.0.1.4 条的条文说明，首先说三级负荷就是单路电源，三级的消防类电源现实生活比较少见，有些工程（如大型工业厂房群或公共建筑）有定为三级消防负荷的，既然已定为“三级负荷”，从其供配电系统上就没有什么特殊要求，单路供电即可，但应遵照《民用建筑电气设计标准》GB 51348—2019 中 7.2.1.1 条的要求，正常照明、普通动力、消防及其他防灾用电负荷是要分开的，因而应急照明、疏散照明、消防电机等均应选用专门应急照明配电箱。如果工程实在很小，其实个人建议可以合并，而不必要造成没必要的浪费。

4. 负荷的统计：

（1）三相负荷统计：老问题，审核中常见。负荷计算时，设备容量是指设备安装容量的总和，计算容量为需要系数乘以设备容量（或乘同时系数），三相负荷一般都不可能平衡，当三相负荷不平衡度不超过 15％时，设备容量的取值则是三相负荷相加即可，计算容量等于需要系数乘以累加的设备容量；当三相负荷不平衡度超过 15％时，计算容量等于需要系数乘以最大一相设备容量的三倍。可见《民用建筑电气设计标准》GB 51348—2019 第 3.5.6 条规定，另外见《公共建筑节能设计标准》GB 50189—2015 中 6.2.5 条“配电系统三相负荷的不平衡度不宜大于 15％，”则在设计说明时就要尽量限制负荷的不平衡，这也是节能的要求。

（2）消防负荷计算，需要注意其需要系数 $K_x=1$，不应打零点几的系数，这个道理也比较容易理解。因为消防系统并不允许接入其他负荷，也不建议设置备用回路。有人问了：如果有几用一备的备用消防设备那怎么办？其实，此时的消防备用回路如其名，仅为备用，并不同时使用，则消防备用设备也并不列入设备容量的统计之内，设备容量为所有同时使用的设备容量之和。

5. 如何估算负荷？

负荷的统计在设计阶段，似乎只有一个原则，就是除了电气专业自身确定的照明、插座等负荷外，其余多数的负荷只能来源于设备及工艺专业所提供的条件及参数，但多数的公建项目交房时仅是毛坯状态，设备专业在没有内部分隔和设备要求的情况下也难以提供各种用电负荷的准确参数，需要等待精装时，另行设计提供给相关专业，这样电气专业自然无法预留太多的电源插座及备用负荷，但作为供电系统这是不能等待的，则需要参照业态常规的供电要求，按能否满足今后的经营需要来制定标准，可参照本类建筑的常规负荷标准进行整体估算，一般负荷标准可以参考 19DX101-1 中 P3-20 页的指标进行要求，酒店类建筑则可参照酒店管理公司的负荷标准实施，并需要将单位负荷均匀分布的到各级配电箱体，而不只是前端低压侧的预留，以达到未来使用时的修改尽量小，并容易改造和增容，这就是设计合理，切不可盲目等待，设计需要有一定的前瞻性。

四、线路敷设

1. 关于矿物缆线的使用：早期的设计中矿物电缆和低烟无卤的电缆电线的使用要求其实很少，直到两个规范的出现：

（1）在《住宅建筑电气设计规范》JGJ 242—2011 中 6.4.4 条，“建筑高度为 100m 或 35 层及以上的住宅建筑，用于消防设施的供电干线应采用矿物绝缘电缆；建筑高度为 50～100m 且 19～34 层的一类高层住宅建筑，用于消防设施的供电干线应采用阻燃耐火线缆，宜采用矿物绝缘电缆；10～18 层的二类高层住宅建筑，用于消防设施的供电干线应采用阻燃耐火类线缆”。此条第一点中提及了矿物绝缘电缆的使用要求，而在《建筑设计防火规范》GB 50016—2014 中 10.1.10.3 条：“消防配电线路宜与其他配电线路分开敷设在不同的电缆井、沟内；确有困难需敷设在同一电缆井、沟内时，应分别布置在电缆井、沟的两侧，且消防配电线路应采用矿物绝缘类不燃性电缆”。如果说，前面一条的适用场所为超高层建筑且仅限于消防干线，实际应用并不多，那后一条则从字面来说，实现起来确实有些困难，至少是一种现有做法地推倒重来，目前的设计习惯已经是普通电力与消防电力设置于同一个强电竖井内，现实条件也难有建筑会给第二个强电竖井，总不能真的把消防电缆敷设在弱电竖井吧，其实还真有人如此设计，也是无奈。只好采用矿物绝缘电缆，但确实施工难度大，而且编制规范时也并未提及仅是干线部分敷设，但其 10.0.10.1 条中对末端消防线缆要求还是相对较低，分槽敷设就可以做到，没有提及间距，与当下的做法相似，采用矿物绝缘防火电缆而不能采用耐火电缆，初衷是耐火电缆还是难以满足火灾时连续供电的时间需要，矿物绝缘防火电缆在 950～1000℃时，可持续供电 3 小时，A 类的耐火电缆在 950～1000℃时，持续供火时间为 1.5 小时，在《民用建筑电气设计规范》JGJ 16—2008 中表 13.8.6 中可见消防工作区域设备耐火时间要求达到 3 小时，故才在新的规范中被替代，而井道内是烟囱效应的直接场所，所以蹿火的空间温度该是很高，所以重点被盯防，采用矿物绝缘电缆也就不奇怪。但吊顶内消防线槽与普通线缆的间距同井道内间距施工中未必能有多大差别，故这里确实还有些表达不够全面之处，针对具体问题参见第五章的详述。

（2）那还是说说该如何设计吧，既然已经如此还是要参照执行的，还好不是强制性的条文，也不算是硬伤，有些审图单位并不会提及此事，如果采用矿物质绝缘电缆自然没有问题，如果觉得施工难度大，则可以采用柔性矿物绝缘电缆，只要耐火的时间可以达到要求（950℃下可持续供电 180min），如果觉得柔性矿物绝缘电缆施工中还容易受潮和损伤，可以在竖井内采用与墙体耐火极限相同的耐火线槽，甚至可以是可以活动的防火隔板，办法比较多，但是多有勉强之意，也需要与审图机构进行沟通后采用，作者也望此词条尽快有个文字性的说明来完善和解释。

2. 关于低烟无卤缆线的使用：

(1) 场所：《民用建筑电气设计标准》GB 51348—2019 中 13.9.1 条规定："其他一类公共建筑建筑应选择燃烧性能不低于 B2 级、产烟毒性为 t2 级、燃烧滴落物/微粒等级为 d2 级的电缆及电线"。可见低烟无卤的要求更加具体化，这其中去除了金融建筑、省部级的调度类建筑，它们级别更高，但都有低烟无卤的要求。另外长期有人停留的地下建筑也有要求，整体而言比较具体，但也容易遗漏。又见《住宅建筑电气设计规范》JGJ 242—2011 中 6.4.5 条所述："19 层及以上的一类高层住宅建筑，公共疏散通道的应急照明应采用低烟无卤阻燃的线缆。10～18 层的二类高层住宅建筑，公共疏散通道的应急照明宜采用低烟无卤阻燃的线缆"。可见低烟无卤缆线使用在一类高层建筑（一类高层住宅仅为公共区域应急照明）及重要的公共建筑中，在《建筑设计防火规范》GB 50016—2014 中 2.1.3 条对重要公共建筑定义为：发生火灾可能造成重大人员伤亡、财产损失和严重社会影响的公共建筑。主要包括党政机关办公楼、医院、大型公共建筑、较大规模的中小学教学楼及宿舍楼等，设计中可按建筑类型和上所述的重要性来选定是否采用低烟无卤电缆。在《商店建筑设计规范》JGJ 48—2014 中 7.3.14 条所述："对于大型和中型商店建筑的营业厅，线缆的绝缘和护套应采用低烟低毒阻燃型"，该条为强条，可见依据重要性来确定更加合理，且具体单体应该要以行业标准为准，否则容易遗漏。

(2) 类别：一类高层建筑（一类高层住宅仅为公共区域应急照明）及重要的公共建筑，采用 A 或 B 级低烟无卤阻燃电缆，如 WDZA。其他一般场所可采用 C 或 D 级低烟无卤阻燃电缆，如 WDZ，消防设备采用 N（耐火）型低烟无卤阻燃电缆，如 WDZN。电线注意低烟无卤电线型号的标注（不是 BYJY 等），而就是 WDZ-BYJ。

3. 防火封堵：也为经常丢落的部分，详见《建筑设计防火规范》GB 50016—2014 中第 6.2.9.3 条所述："建筑内的电缆井、管道井应在每层楼板处采用不低于楼板耐火极限的不燃材料或防火堵料封堵。建筑内的电缆井、管道井与房间、走道等相连通的孔隙应采用防火封堵材料封堵"。应说明施工完后电气设备各种孔洞及竖井应采取防火封堵措施，包含了竖向的板洞和横向的墙洞，火灾时竖向井道会产生烟囱效应，即从底部到顶部具有空气流动空间的建筑物内，烟气与正常空气存有一定的密度差值，导致烟气会沿着流动空间进行扩散，是火灾竖向发展的主要途径之一，横向的墙洞则是火焰穿越防火分区的主要途径，因为存在烟囱效应，则烟气也会朝向最近的竖向通道先水平移动，横向的墙洞是横向蔓延的主要通道，所以封堵不但要全面也要严密，防火封堵做不好就是千里之堤溃于蚁穴的最好比喻，防火门也就形同了虚设。穿越房间隔墙一般内填防火材料，如防火岩棉之类，之后两边水泥抹平，防火岩棉容易固定，相对美观，而穿越楼板的场所则建议采用防火泥，有黏性，更为严密，对于烟囱效应（火灾蔓延的主要原因）的解决效果好。

4. 消防用金属线槽及管道需要做防火处理（规范现已均为"槽盒"称呼，个人不是很习惯，因为总是觉得六面全为封闭才为盒，线槽只是四面，故本书中仍用线槽来称呼，读者需要注意），需要符合《建筑设计防火规范》GB 50016—2014 中 10.1.10.1 条："明敷时（包括敷设在吊顶内），应穿金属导管或采用封闭式金属槽盒保护，金属导管或封闭式金属槽盒应采取防火保护措施”。这里着重注意：金属线槽是需要做防火处理的，由于金属线槽为全程明装，则消防线槽则是全程要做防火处理的，与普通电力线槽采购时如果稍不留意，就可能形成返工，所以需要格外注意，在说明中可以表示为包覆防火材料或是涂刷防火涂料即可，或说明满足《钢制电缆桥架工程设计规范》CECS31：2006 中 4.6.1 条的相关防火要求。

5. 桥架与线槽的区别：经常困扰设计人的一个问题，但其实也不用太费力推敲，就是敷设电缆的槽体。在笔者从事设计的初期，对于这两个物件的最早区别是认为线槽截面小，且多用于弱电，而桥架截面大，多用于强电，规格也多，但后来在《耐火电缆槽盒》GA 479—2004 中才觉出其实区别并不大，可能只是我们使用的习惯导致了一些主观的看法，不用太过纠结名称，其 3.1 条及 3.2 条分别介绍了桥架及槽盒的定义，桥架包含了梯架（如梯子一样的捆绑电缆的桥架）、托盘（没有盖子的电缆线槽）和槽盒（有盖子的电缆线槽）三种，则槽盒的定义也就是无孔托盘加上盖子，可见线槽从实质上来说就是桥架的一种，是包含与被包含的关系，桥架在当下建筑中大量使用，但甲方多不在此处考虑造价，故应用线槽的比例实在太大，用到梯架的情形很少，所以两种称呼也就混着叫了，其实都是线槽。

6. 照明支路的电线是否可以与线槽内的电缆一同敷设呢？在《民用建筑电气设计标准》GB 51348—2019 中 8.5.8 所述：“同一路径无电磁兼容要求的配电线路，可敷设于同一金属线槽内。线槽内电线或电缆的总截面（包括外护层）不应超过线槽内截面的 40%，载流导体不宜超过 30 根”。这里可以看到，提及了电缆及电线，故电缆电线是可以同槽敷设的，但要注意这样做的前提是密闭的金属线槽而非镂空的梯架，因为电线需要防护。其次电线应该采用绑扎带成束固定于线槽内，既美观也便于管理。另一个建议则是建议选用护套线，护套线是有外护层的软芯电线，多了一重保护，在施工或后期的维护中都相对简单，也不容易破损，而普通塑料电线破皮都很隐蔽，且事故的出现和发展有一定的滞后性，出现后又难于查找故障点，所以线槽内的电线采用护套线是很有用的一个施工小妙招。

五、设备安装

1. 灯具效率的说明需要注意场合：常见的灯具效率表示为：“直管荧光灯透明保护罩或灯具效率不低于 70%，格栅式灯具效率不应低于 65%”，见《建筑照明设计标准》GB 50034—2013 中 3.3.2.1 条。设计人也最常引用，但需要注意灯具不同，效率可是不同的，规范中的 3.3.2.1-6 表这里不做罗列，只是说明设计时要是选取此表格中的不同标准，要把项目主要灯具的效率均做说明才可以，不可以在表示上仅表示一种，以偏概全。

2. 说明中应介绍开关距门口的距离，开关与门框相对的两个边缘要控制在 15～20cm 左右，而非线盒中间到门边的距离，可见《建筑电气工程施工质量验收规范》GB 50303—2015 中 20.2.3.2 条所述，且开关要设于右手侧，方便操作，这一点在设计中看似不重要，要知道开关所放位置不合理对于黑暗中的人危险极大，且因为使用频率太高，是相当不合理项。当然鉴于实际情况，这个距离可以适当放宽，如门边的开关盒存有构造柱时，如钢筋左边时小于 15cm，放在右边又大于 20cm，也不是并不存在，尽量挤在钢筋中间或是就稍大于 20cm 也未尝不可。另外一种如果是门侧为玻璃隔断或是矮窗台（安装高度不够），则建议开关设置于门扇打开后靠墙边，出墙 15～20cm 左右，也算是比较常规。如图 1-1 所示。

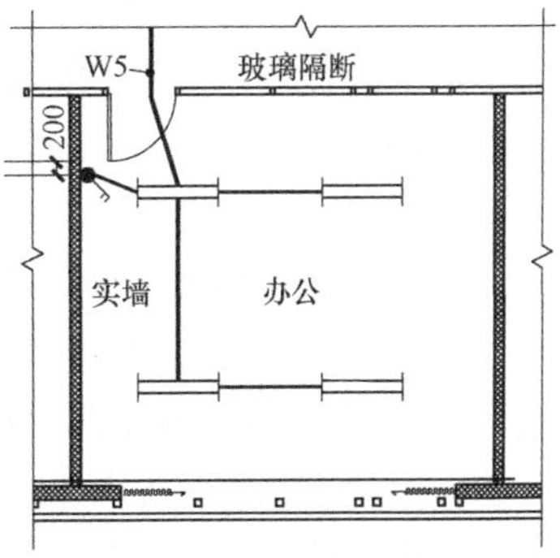

图 1-1　玻璃隔断开关位置示意图

3. 说明内补充："开关、插座和照明灯具靠近可燃物时，应采取隔热、散热等防火措施。卤钨灯和额定功率不小于 100W 的白炽灯泡的吸顶灯、槽灯、嵌入式灯，其引入线应采用瓷管、矿棉等不燃材料作隔热保护。额定功率不小于 60W 的白炽灯、卤钨灯、高压钠灯、金属卤化物灯、荧光高压汞灯（包括电感镇流器）等，不应直接安装在可燃物体上或采取其他防火措施"。详见《建筑设计防火规范》GB 50016—2014 第 10.2.4 条，这里将规范全文写出来，还是想说明这个条文的重要性。对火灾而言，当下是以电气火灾为最多，而电气火灾内，又以线路短路及设备发热两种情况最盛，所以限制设备高温发热十分重要，也是强制性条文，审图时需要格外注意，说明中也不要忘记介绍。这里，还需要注意 LED 光源，虽然 LED 被称为冷光源，但其实温度也并不低，常规 LED 灯具外部结温控制是在 70～80℃，内部结温控制在 100～110℃，所以，芯片表面温度也是可能高于 100℃的，故仍然建议将可燃物与引入线用不燃材料隔开，以杜绝火灾的可能。

4. 关于火灾时消防设备的供电时间：在《民用建筑电气设计标准》GB 51348—2019 中 13.6.6 条规定：消防设备在火灾时最少持续的供电时间：在消防泵房等场所要求达到 180min（火灾延续时间为两小时的建筑物为 120min）。规范要求在发生火情时灭火设备需要可以持续工作，要求达到 3h 供电时间，3h 后也就没有运行的任何必要了，应用该条文的前提是各种相关消防设备材料都需达到耐火 180min，但相关控制柜、风机风管、风道、供电电缆，是否都能实现 3h 内不烧毁呢？这是需要商榷的，如 A 级消防耐火电缆的火焰温度 950～1000℃，持续耐火时间 90min，并不能达到 180min 的要求；另外，按照国家标准《通风管道耐火实验方法》GB/T 17428—2009 进行型式检验，耐火排烟道耐火极限也只是需要达 1.0h 以上即可，要达到 1.5h 比较困难；再看消防风机，在达到 280℃时，排烟阀联动关闭风机，在火场一般用不了 180min 即可达到 280℃。所以，考虑消防供电时间应首要考虑各种消防设备材料的耐火时间，选择其中最短的耐火时间要求来确定消防供电时间，其实这样考虑应该更为全面和节约。当然，实际设计中仍然是需要说明的，但表示不仅消防电源最少持续的供电时间 180min，也建议要求与之配套的缆线、箱体、设备均可达到耐火 180min 的要求才妥当。

六、其他注意事项

1. 需要说明与该项工程的电气设备应符合国家相关检测标准、消防设备具有市消防局的准入规定，如本工程的电器产品应符合国家相关标准，需要有 3C 认证（国家强制要求），消防电器产品应有入网许可证（地方消防部门要求）等，见《建设工程质量管理条例》国务院令第 279 号 2000 年 1 月 30 日第二十二条："设计单位在设计文件中选用的建筑材料、建筑构配件和设备，应当注明规格、型号、性能等技术指标，其质量要求必须符合国家规定的标准。除有特殊要求的建筑材料、专用设备、工艺生产线等外，设计单位不得指定生产厂、供应商”。同时可以发现设计单位是不可以指定供货商或厂家的，但现实情况设计多习惯了某种产品的标注，尤其以断路器等居多，还是会标注厂家自带的型号和表示方式，而非采用通用的开关标识，如常见缩写：“ACB”为空气断路器、框架断路器，“VCB”为真空断路器，“MCCB”为塑壳断路器，“MCB”为微断，“DSL”为隔离开关，“ATSE”为双电源自动转换开关等。虽然产品型号并不能直接说明厂家或供货商的名字，但目前来看还是一眼就可分辨是哪家的产品，对于电气设计长远发展来看并不推荐，建议慢慢改掉这个习惯。

2. 需要说明不得使用淘汰产品，见《建筑施工图设计文件审查要点》中 6.8 条所述，目前常见的淘汰产品如：白炽灯、不节能的电感镇流器、卤粉荧光灯，S8 以下级别变压器，DW10 及以下级别的框架断路器，DZ10 及以下级别塑壳断路器，CJO 系列接触器，可见《机械工业第一批至第十七批淘汰能耗高、落后机电产品项目》中相关内容，而设计中最常见的两种被淘汰设备如下：

（1）图例中不要有白炽灯，虽然在《建筑设计防火规范》GB 50016—2014 中仍然提及了白炽灯可能出现的情况，但目前的国家级地区均有出台，白炽灯作为不节能光源，不可以继续使用，在设计中的同样要予以实施，以北京为例可见：京建发【2015】86 号文件中第 50 条。

（2）同样，京建发【2015】86 号文件中第 50 条也规定了：荧光灯电感镇流器不再可以使用，说明中建议要补充采用节能型电子镇流器，且应满足《管形荧光灯镇流器能效限定值及能效等级》GB 17896—2012 的要求。

七、图例部分

1. 产品的附加特性：

（1）消防广播应为阻燃型产品，见《公共广播系统工程技术规范》GB 50526—2010 中 3.6.7 条：“用于火灾隐患区的紧急广播扬声器应符合下列规定：广播扬声器应使用阻燃材料，或具有阻燃后罩结构”。

（2）灯具的防水：多数人都会注意的卫生间应该采用防潮灯具，见《民用建筑电气设计标准》GB 51348—2019 中 10.8.1.5 条所述，但其实露天阳台的灯具及开关也宜采用防潮型，照明规范 GB 50034—2013 中 IP54 的要求可见，因为是半露天的环境，相关配电回路应设置漏电保护及浪涌保护，容易忽视，但如果确定为非露天阳台，也无此要求。

（3）消防设备需要注明有入网许可，为消防部门的特殊要求。

（4）电气设备需满足 3C 认证，为电气行业入网销售的标准。

（5）带蓄电池灯具要有技术参数和灯具安装方式的表示：应急照明带蓄电池的时间建议按北京市地标《消防安全疏散标志设置标准》DB11/1024-2013 中 3.2.7 条：“消防安全疏散标志蓄电池组的初装容量应保证初始放电时间满足下列要求：建筑高度 100m 及以下的建筑不应小于 90min 的要求进行说明。虽在民规中有疏散指示灯的电池供电时间不小于 30min 的要求，但在这个地方规定的要求中，将不同建筑物的供电时间做了分段划分，最为常见的100m以下的建筑的蓄电池供电时间大大延长，因为电池随着老化，放电时间会比初装时的要求短很多，所以增加初装时的供电时间，也是希望能够给疏散者提供尽量多的逃离时间，且电池为直流电压低，并不给消防队员灭火是带来隐患，同样值得推广。

2. 防冻及海拔的要求：电气设备应选用防冻性能好的定型产品，此条限定于北方极寒地区的设计中要求介绍，当设于高海拔地区时需要增加设备海拔的要求，可见《20kV及以下变电所设计规范》GB 50053—2013中3.1.3条："在海拔超过1000m的地区，配电装置的电器和绝缘产品应符合现行国家标准《特殊环境条件高原用高压电器的技术要求》GB/T 20635的有关规定"，介绍即可。

3. 图例中应采用安全型插座（带保护门），目前项目中使用的插座，实际产品其实已经均为安全型，单孔内有异物插入，并不能打开保护门，必须两孔同时插入金属连接导体，才可以打开安全门通电，这样就杜绝了儿童玩耍触碰插座时可能产生的危险后果，但设计中仍要提及，以防假冒伪劣产品利用没有设计要求而混入建筑，这是重要的电气安全隐患，需要格外注意，所以需要说明并标注。可见《通用用电设备配电设计规范》GB 50055—2011中8.0.6.6条："在住宅和儿童专用活动场所应采用带保护门的插座"。

4. 关于疏散应急照明灯具选型问题，设计常见为疏散应急照明兼平时照明，像是地下车库的照明最为典型，普通照明和应急照明同时存在且同时使用，整体设计风格让产品选型是相同的，虽然设计说明中需要写到"应采用符合GB 13495.1—2015和GB 17945—2010（其中5.1条等）的相关规定产品"。应急灯具需要满足耐火时间的要求，故需要注意设置在距地面1m及以下的标志灯的面板或灯罩不应采用易碎材料或玻璃材质，见GB 51309—2018中3.2.1.4条。但实际选型往往并不能引起注意，实际的实施也确有困难，同一个场所、同一排灯具、同样的照度、同时的使用，让施工方和建设方去选择另外一种外表不同的灯具，其实不大可能，但这样又不能符合消防的要求，有安全隐患，我们可以在设计中着重说明应急灯具的要求不同，要求设计人采用满足消防要求的灯具，但这种不满足消防要求的灯具选择仍十分普遍，其实要求多为一纸空文，如果实际中产品确实无法实现同样的外形，不同的耐火，其实还不如应急照明单独选型、单独回路、单独风格，可能更为现实。

第二章　从设计深度考虑的常见审图问题及解析

一、说明常见深度问题

1. 图纸的表述最好就简：

(1) 尽量一次表达清楚：设计的合理表现在精炼，而不是繁琐和反复。如果可以在一个地方表达清楚，则不要再另一处再次说明，基于人脑记忆的局限，和在设计阶段想法的不断自我调整，很难保证所有重复描述内容保持一致，经常会出现平面与系统表述的差异，给施工带来困惑和不必要的错误。

(2) 如果需要后文对说明进行解释：有些时候说明中已经有所表示，同时也是正确的，而平面图或系统中需要解释和表达说明的意图，则需要注意前后一致和对应，这是设计深度的问题。

(3) 审核前后对应的错误：很多时候设计内容是错误的，或是与说明不能对应，这也要在审图中予以提出，以设计说明为主的强制性条文，说明是审核重点，如照明功率密度值，一般在说明中的功率密度表都会满足规范要求，但在平面图上却仍然超标，与表格对不上，此类情况应按违反强条审查；又如说明中所述的年雷击次数，在防雷平面中仍需复核一下计算是否正确，以避免计算值与实际项目不吻合，导致防雷等级的误判。

2. 主要设备材料表的表达深度：当下的设备材料表各设计院千差万别，依据《建筑工程设计文件编制深度规定》(2016 年版) 中 5.3.4.5 及 4.5.12：电气设备表要注明主要电气设备的名称、型号、规格、单位、数量、图例、安装要求等。在名称上要将设备主要技术性能指标注明，设备数量统计繁琐，且设计方的统计很难准确，最好能够交给预算部分进行统计，但作为设计深度的完整度和深度要求，但还是应列出主要的大型设备及主材数量，像是变压器、母线、高压电缆、主要电缆、主要配电柜、电容器柜等。此外，一般施工图不允许注明设备产品型号，但如果是最终的施工图纸，最好是与建设方的工程师沟通，按甲方招标文件要求决定是否列出产品的型号。

3. 施工图纸包括的内容：依据《建筑工程设计文件编制深度规定》(2016 年版) 中 4.5.1 条："在施工图设计阶段，建筑电气专业设计文件图纸部分应包括图纸目录、设计说明、设计图、主要设备表，电气计算部分出计算书"。

(1) 设计说明建议分为：强电专业设计说明 (以区别于弱电)、消防报警设计说明 (方便报审使用)、人防电气设计说明 (方便报审使用)、弱电智能化设计说明 (方便深化招标使用)、节能及绿色专篇 (审图方便) 等项，根据工程的大小设计人自定，较小的工程可以将强弱电及节能专篇合设，但消防及人防等因涉及报审，建议还是分开表示为妥。当工程项目由多个单体组成时，说明不宜采用同一张总说明，并应有各单体概况。

(2) 设计图一般分为平面图、系统图、大样详图等。1) 其平面图可包括：总平面图

(如为单体可不需要)、照明平面图、动力（电力）平面图（可将插座布置列于该图)、电力干线平面图（根据工程复杂程度决定)、弱电（智能化）平面图、消防报警平面图、防雷及接地平面图等。2）系统图可包括：高压系统一次及二次原理图（二次原理图可由深化单位完成，需标注)、低压系统一次及二次原理图（如有可引用图集)、末端系统一次及二次原理图（如有可引用图集)、弱电及智能化系统图等。3）详图可包括：机房详图（如变配电室的平面、立面、剖面)、竖井详图（如强电、弱电竖井)、需详细表示的大样图(如门禁、接地等)、需表示的电气安装图（柜体内部的布置图)、柜体基础图等。

(3) 计算书电气专业不多，主要为负荷计算（可表示于柜体的系统内)、照明计算(代表性场所的照度及功率密度计算，但要涵盖主要的功能房间)、不同负荷等级的电量统计表（建议列表表示于说明中)，年雷击次数的计算表（同时将年雷击次数数值在说明进行表示)，变压器负荷计算（需要单独计算列表，通过 EXCEL 表格设计公式对单台变压器下各种负荷进行计算和统计，并方便及时进行调整)，动稳定及热稳定、短路及压降等计算一般不出具计算书，依据当地审图的要求进行完善。

4. 设计依据是否完整：依据《建筑工程设计文件编制深度规定》（2016 年版）中 3.6.2.1 条中的内容，设计依据一般包括：

(1) 工程概况：参见上一章的介绍。

(2) 建设单位提供的有关部门认定的工程设计资料（如：供电部门、消防部门、公安部门、人防部门等)，建设单位设计任务书或设计委托书，有关的设计评审（尤其环评的要求更要注意)，协调的会议纪要等。

(3) 相关专业提供给本专业的工程设计资料，如建筑及水、暖、建筑结构各专业的条件图，与电气相关调整及修改的图纸设计文件。

(4) 设计所执行的主要法规和所采用的主要标准（包括标准的名称、编号、年号和版本号)；杜绝遗漏设计标准，或选用了已经作废的标准，详见前章介绍。

5. 在说明中需要填写各类用电负荷容量，如下文所述，建议单独成表，可见《建筑施工图设计文件审查要点》中 6.7 条："工程总负荷计算和分路负荷计算，应包括设备容量、需用系数、计算容量、功率因数、计算电流"。

6. 各需深化子系统与施工图的关联：依据《建筑工程设计文件编制深度规定》(2016 年版）中 4.5.3.11～12 所述，需要标明弱电或智能化系统与其他专业设计的分工界面、接口条件，即需要在施工图中明确哪些系统为专项设计，要求由专门具备资格的设计单位进行完成这些专项设计，明确深化或是专项设计图纸与施工图设计的范围界限及分工，如公建项目中普通照明施工图设计仅预留分支线槽，末端的管线及灯具、插座安装由装修深化单位二次进行设计；明确深化或是专项系统的系统之间的招标范围，如确认火灾广播系统与弱电系统中广播系统的交叉部分，应属于哪个专项设计单位的招标范围，按最终的招标文件要求来确定设计施工的范围，也是施工图设计对深化系统的分工表述。

7. 对相关专业的了解：

(1) 管线综合的必要性：管综分为：1）项目单体以内的空间综合图纸，主要是吊顶之内各专业管线的排布及关系，以确定吊顶的高度是否可行可维护，空间利用率最大，可见图 10-7 所示；2）外线埋地敷设施工的地下管网综合，是指各专业均为直埋或浅沟敷设时，交叉密集的环境下的各专业管路的布置图纸，可以确定如车库覆土深度是否可以满足多专业敷设的要求。因为室外人孔井的尺寸一般很大，会占用覆土的主要高度，如果人孔井可以满足高度，则覆土一般可以满足多专业一同敷设，如图 2-1 所示，室外地库覆土低于 3m，很难完成外线的综合敷设；3）室外综合管沟排布图，各专业管路均在一个公用的大型隧道内明装排布的布置图，后文会有详述，可见图 5-27。如有 BIM 设计（Building Information Modeling，数字信息仿真模拟建筑物所具有的各种关系），则相对会简化一些专业交叉工作，也使设计更为直观且不易冲突。如果没有 BIM 设计，则要绘制管线综合及设备位置定位的 CAD 图，通过剖面立体地了解管线之间的关系，管线的排布是否符合规范，是否会有冲突，以满足各相关各专业现场要求和图纸排布的合理，使设计尽量接近工程的现场实际，以免施工不交圈的发生。

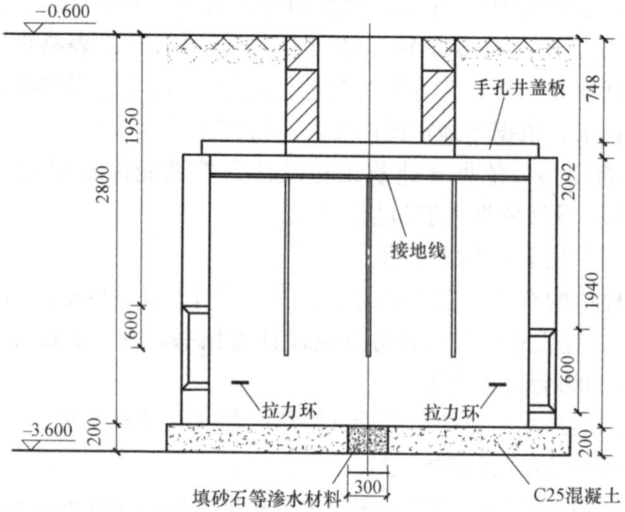

图 2-1 室外人孔井剖面示意图

（2）大体了解建筑结构等相关专业的设计要求，如板厚（超重灯具板厚的预埋件是否满足结构规范的要求），吊顶高度（吊顶内的空间能否满足灯具安装高度要求），层高（线槽和水暖管线一同敷设安装高度是否够用），室外消防用水量（便于确定消防负荷的供电等级）、屋顶栏杆的金属材质及壁厚（是否可以用来兼作为接闪器），柱内钢筋的连接方式及截面（是否可以利用柱内主筋作为防雷引下线），基础的防水做法（考虑自然接地体是否可能满足接地电阻）等。通过了解相关专业的大约情况，知晓电气图纸以外的审图隐藏问题。

二、系统常见深度问题

1. 关于竖向配电系统图：见《建筑工程设计文件编制深度规定（2016 年版）》4.5.6.1 条："配电干线系统图以建筑物、构筑物为单位，自电源点开始至终端配电箱止，按设备所处相应楼层绘制，应包括变、配电站变压器编号、容量、发电机编号、容量、各处终端配电箱编号、容量，自电源点引出回路编号。"干线系统图中宜将全部配电箱及编号表示出来，包括二级箱体及末端箱体，这里需要注意各配电箱的容量经常被人忽视，其实箱体容量和供电架构的表示，可方便供电容量的统计，也方便看图的人快速地了解设计思路、常见容量，回路号的缺失，尤其需重视。如图 2-2 所示。

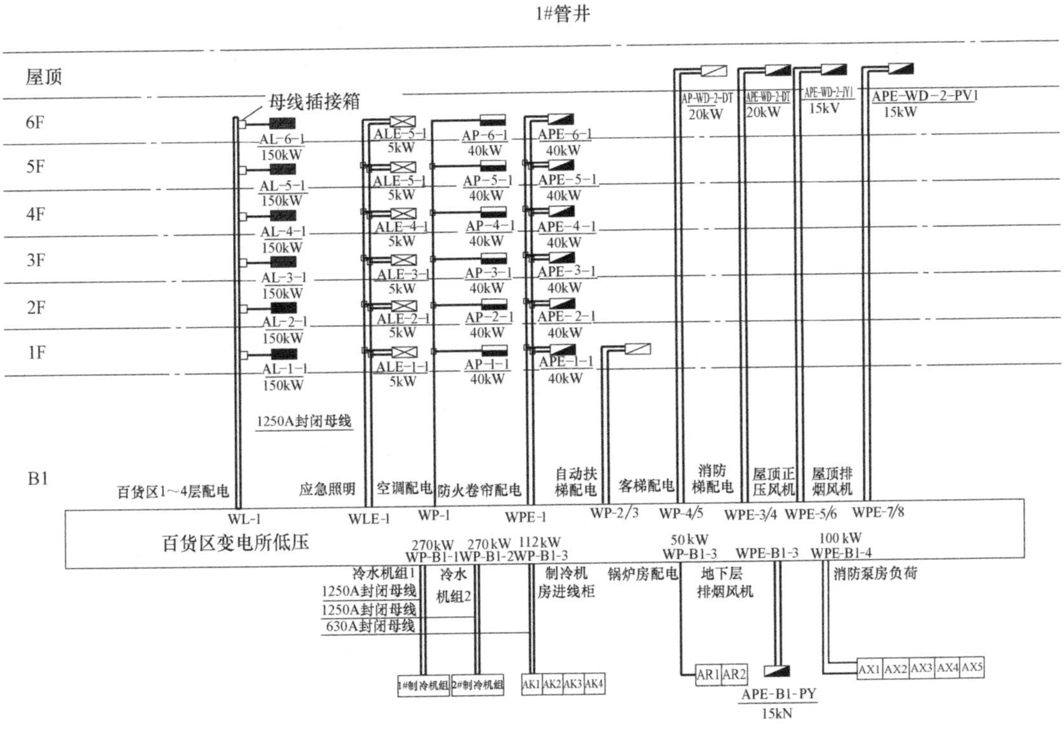

图 2-2　百货配电竖向干线示意

2. 弱电系统图不完善，深度不够的常见问题：

（1）见《建筑工程设计文件编制深度规定》（2016 年版）中 5.3.4.8 条第一款："系统图应表达系统结构、主要设备的数量和类型、设备之间的连接方式、线缆类型及规格、图例"。如垂直光缆要标注根数及芯数，大对数铜缆要注类别及对数，垂直桥架要注型号规格（均为方便预算算量），光缆铜缆的区别表示（斜插箭头的圆圈，方便界定区别）等。

（2）综合布线系统图保护管线缺少标注，弱电的设计经常以为只是一个管路设计的概念，但是其实除了路由的表示（常见于初设阶段），还要对相应的管径及敷设方式进行标注（施工图阶段，方便土建预留），见《建筑工程设计文件编制深度规定》（2016 年版）中 5.3.4.8 条第二款："平面图应包括设备位置、线缆数量、线缆管槽路由、线型、管槽规格、敷设方式、图例"。

（3）智能化集成管理系统的联动要求、接口型式要求、通信协议要求等需要在说明中表示，可见《建筑工程设计文件编制深度规定》（2016 年版）5.3.4.10 条，所以设计图的配线架不光需要有图形符号（要有数量、名称和形式的介绍），也要说明接口是卡接式还是模块式，光纤的尾纤类型（如 LC 到 LC 或 FC 转 SC、ST 到 FC 等），遵守什么通信协议（如 Modbus、LONWorks、LONWorks 等），交换机的类型（多为网络交换机），配线架端口数（多见 12 口 24 口等）等，可见后弱电章节的详细介绍。常见综合布线系统如图 2-3所示。

（4）建筑设备监控系统（BA）系统的设计深度：可见《建筑工程设计文件编制深度规定》（2016 年版）中 4.5.8.2 条："建筑设备监控系统及系统集成设计图：1）监控系统方框

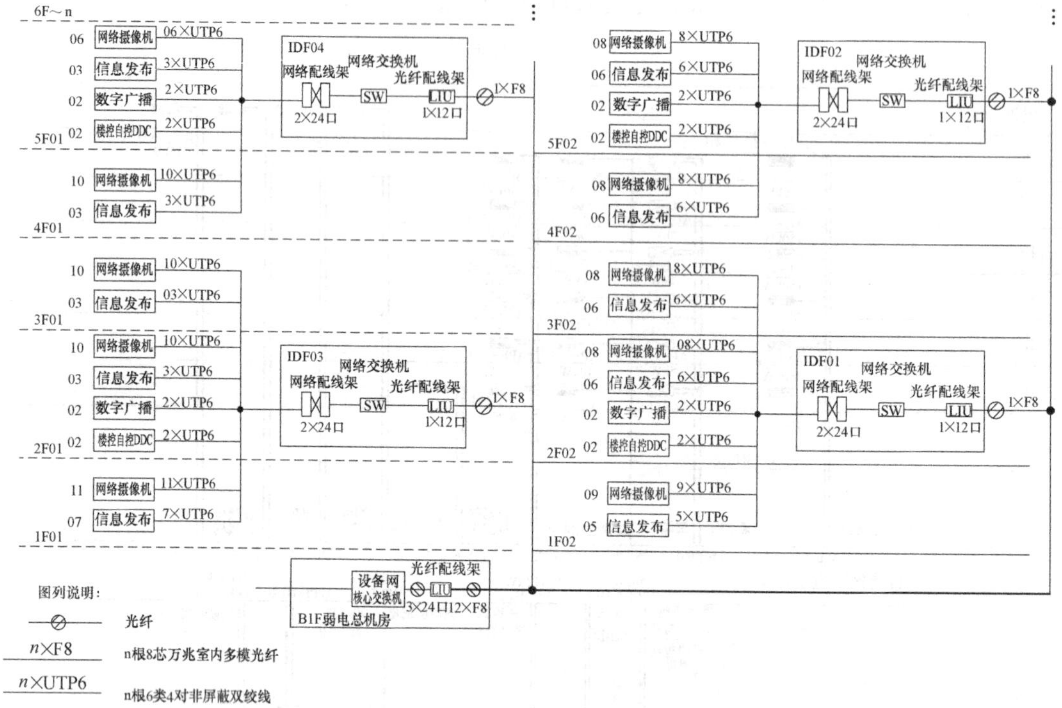

图 2-3 常见综合布线系统示意图

图、绘至 DDC 站止。2）随图说明相关建筑设备监控（测）要求、点数、DDC 站位置”。可见，BA 系统首先要绘制从建筑设备监控机房（或是合用机房）到 DDC 站为止的系统拓扑图，以表示该系统布线、控制的整体设计思路，再表示包含有 DDC 站的位置、线路的敷设路由及管材的平面示意图，明确施工要求达到的深度，和满足预留的条件，并根据设备专业的需要绘制功能点表图，点表图上表明设备监控的要求、点数，并建议表示对应二次原理图的图号或页码，让点表与二次原理图相互对应，不容易丢功能，也方便看图人理解控制意图。

3. 常见系统中遗漏事项：

（1）变配电室配电箱应预留变压器风机（如有，干变或可不设置）、温控器及直流屏的电源，也可以由变压器低压母线单独接引，但需要采用熔断器进行保护，以保证足够额分断能力，如图 2-4 所示。

（2）开关标注常见遗漏：1）断路器需要表示额定值（框架值），也需要表示整定值，常见遗漏额定电流的表示。2）热继电器除了需要表示出型号和额定电流也要表示出整定的范围，如 TA25DU19 为某品牌热继电器的型号及额定值，后加注（13～19A）才为热继电器的保护范围整定值，不可以遗漏 。3）常见的末端瞬时脱扣器要按设备类型进行选择，B 型脱扣器电流＞3～5I_n，C 型脱扣器电流＞5～10I_n，D 型脱扣器电流＞10～50I_n，所以可以看出 B 型常用于对电流敏感的电子类设备，C 型为常规型，多用于照明负荷，而 D 型脱扣器的承受的电流大，可以适用于启动电流较大的电动机类型负荷。

（3）系统中应按规范的要求表示普通照明强切、消防风机水泵的联动、手动启动、热继电器的报警线路，可在系统中表示引入信号的线缆规格和作用，可见《火灾自动报警系统设计规范》GB 50116—2013 中第 4.1 条的相关要求。而消防应急照明箱则要考虑强启，

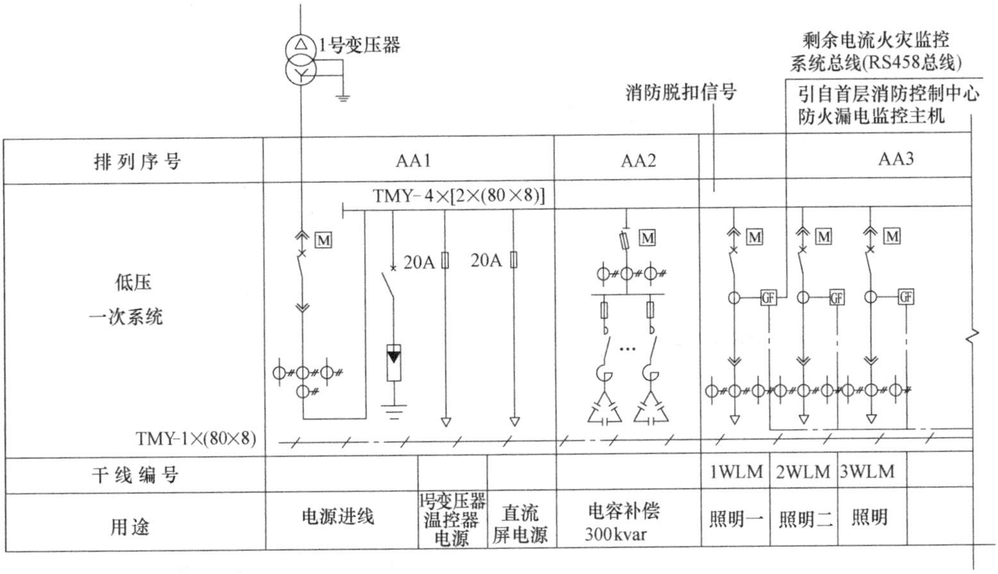

图 2-4　变压器低压母线温控器及直流屏预留电源示意图

控制用接触器方式要满足《建筑设计防火规范》GB 50016—2014 中 10.1.6 的要求："消防用电设备应采用专用的供电回路，当建筑内的生产、生活用电被切断时，应仍能保证消防用电。"常规情况下可以应按图集"14X505-1"中集中控制方式或设双控开关控制进行选择。各种信号的引入如图 2-5～图 2-7 所示。

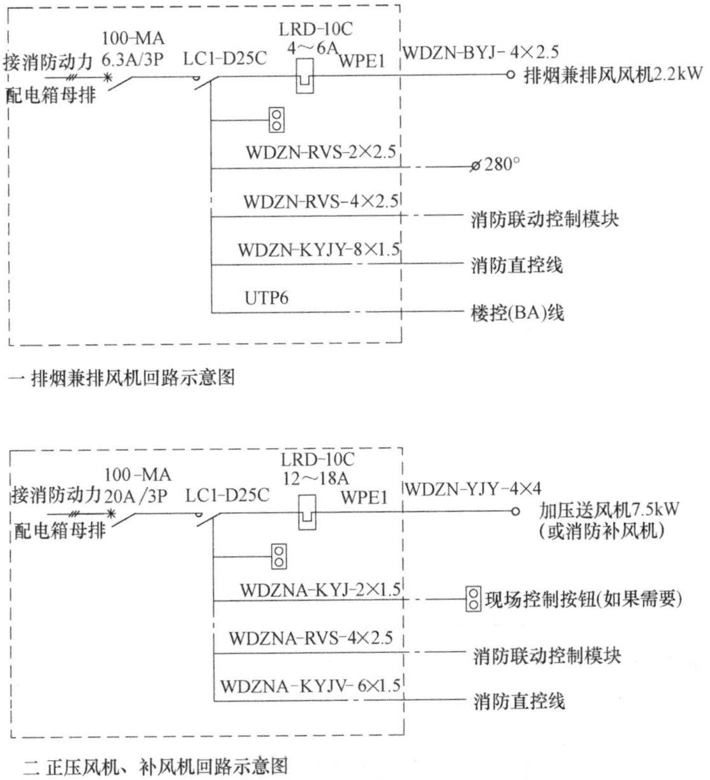

图 2-5　消防联动、直起、事故风机等系统示意图

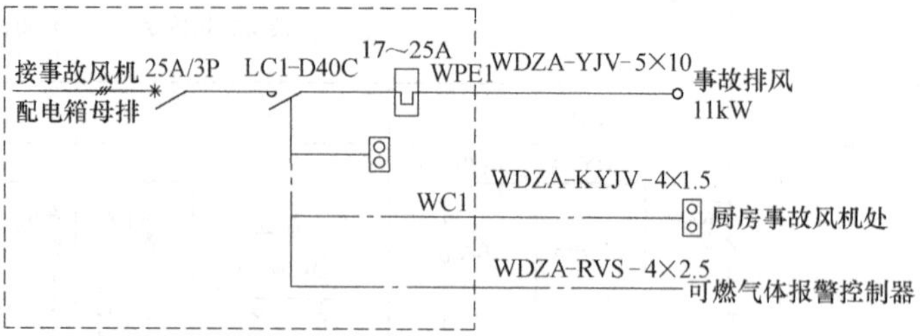

三 事故风机回路示意图

图 2-5　消防联动、直起、事故风机等系统示意图（续）

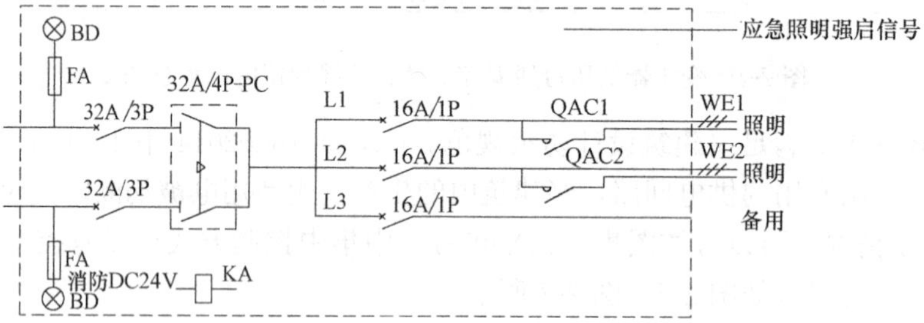

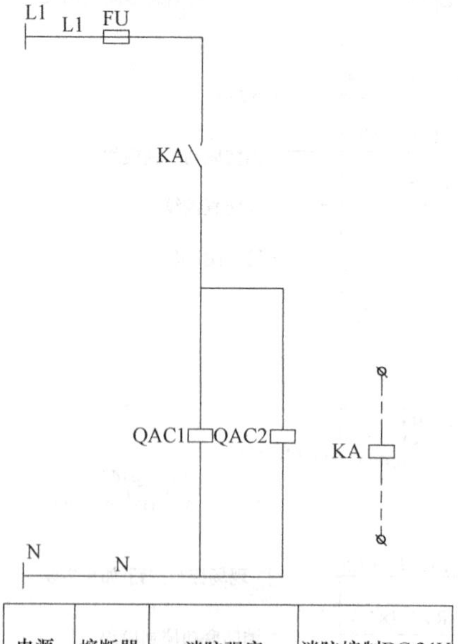

图 2-6　应急照明强启控制原理图

注：虽然 A 型灯具的出现强启已经很少使用，但适用 B 型灯具的场合、情况还可能用到，故保留示意图。

4. 电气系统图的原理图及供货深度要求：

（1）见《建筑工程设计文件编制深度规定》（2016 年版）中 4.5.7.1 条：“配电箱（或控制箱）系统图，应标注配电箱编号、型号，进线回路编号；标注各元器件型号、规格、整定值；配出回路编号、导线型号规格、负荷名称等，（对于单相负荷应标明相别），对有控制要求的回路应提供控制原理图或控制要求”。这里需要格外注意这个控制原理图的要求，即二次原理图需要表示，但如何表示呢？有设计能力的前提下建议还是自己设计，但如果不能全面表达原理图，会造成预选的不够准确和缺项，反而是个败笔，设计中常见到。笔者在早些年的设计中曾经很乐于表示二次原理图，认为表达的清楚。后来出现过一次厂家的埋怨，告诉我图表达的意思和功能并没有问题，但是却是会缺少一些次要元件的表示，则会让厂家在预算方面受到损失，恍然大悟。故后来我也尽量引用图集，不再表达并不擅长的原理图，如其 4.5.8.1 条的要求：“建筑电气设备控制原理图，有标准图集的可直接标注图集方案号或者页次”。选择图集的相关方案号，但需要注意如果没有可以参见的图集方案，不可胡乱按接近的情况进行选择，而是必须在设计图纸内表示二次原理图。

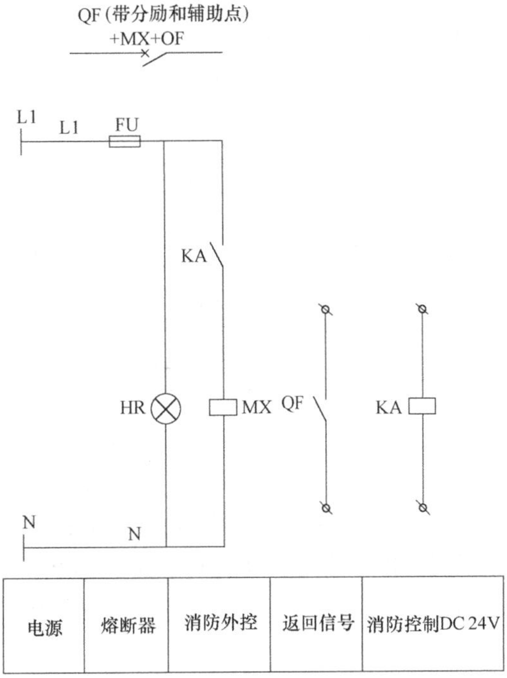

图 2-7　切除非消防负荷控制原理图

（2）箱体标准的要求：除了我们可以查到的固定柜及配电箱，电气设计中更多用到的是非标箱体。既然是非标箱体，则尺寸与规格都不能在现有图集或样本中找到模型，为了保证产品的质量，这里需要标明非标箱面的布置、电器元件选择应按甲方招标文件要求及相关电器设备制造行业标准进行加工制造。

三、平面图常见的深度问题

1. 图面制图要求：审图时主要注意平面图字体和图例是否太小，看不清楚，线条是否偏细，不容易识别，设计需要符合《建筑电气制图标准》GB/T 50786—2012 中的相关要求：

（1）字体的高度可见其 5.13 条：专业汉字一般不宜低于 3.5mm，字母及数字的高度不宜低于 2.5mm，一般由于汉字与字母的字高并不一样，大约 3.5mm 的汉字与 2.5mm 的数字大约相仿，从图纸角度来看比较协调。

（2）线宽可见其 3.1.1 条的要求，分为 0.5mm、0.7mm 和 1.0mm 三种。实际设计时，单体平面图建议采用 0.5mm，外线施工图建议采用 0.7mm、1.0mm，主要基于图纸的版面大小而定，可采用直接粗线绘制，也可以采用打印设置笔号粗度。

（3）条件图的处理，可见其 5.7.1 条，对建筑专业提供的条件平面图需要处理，如对应对剪力墙、柱子进行虚化，增加灰度打印，并删除无用的标注尺寸等。

（4）制图规范的要求与我们长期以来一些已经习惯的表达方式还是大有不同，设计时需要注意并且调整，如以下的几个方面：

1）线型的改变：接地线及接闪带的线型与常用的天正电气的表达不同，之前多用斜线点画线及叉状点画线绘制，现在这个表示形式确实不太直观，但需要适应，出处参见规范中表 4.1.4，如图 2-8 所示。

5	E	——E——	接地线
6	LP	—— LP——	接闪线、接闪带、接闪网

图 2-8　表 4.1.4 中接地线及接闪带的新表示

2）柜体的标注：箱体编号大约同现在的表示方式一致，但需要注意 35kV 电压等级的高压开关柜才采用 AH 进行表示，是我们一般表示的高压柜的常见缩写，而我们最常见的 10kV 电压等级高压柜体另外建议使用 AK 进行表示，可参见规范中表 4.24，如图 2-9所示。

35kV 开关柜		AH
20kV 开关柜		AJ
10kV 开关柜		AK

图 2-9　表 4.24 中柜体编号的细节

3）开关和插座的表达式样也发生了较大的变化，设计时需要更新设计图块，见规范中的详述。可参见规范中表 4.1.2 的内容，如图 2-10 所示的重点部分。

132		开关，一般符号 Switch, general symbol（单联单控开关）
133		双联单控开关 Double single control switch
134		三联单控开关 Triple single control switch
128		带保护极的电源插座 Socket outlet （power） with protective contact
129		单相二、三极电源插座 Single phase two or three poles socket outlet（power）

图 2-10　表 4.1.2 中开关和插座的表示的变化

4）除此以外，需要注意的是线路上下穿越本层时的表示方式，这一点其实多年来并未发生变化，但设计时总有歧义，审图也多见表达不妥的情况，其实并不是向上穿越就从下往上指引，或向下穿越就是从上往下指引，而是只要是穿越经过，不管上下，均为一端箭头向上一端箭头向下进行表示，可参见表 4.1.2，如图 2-11 所示。

118		垂直通过配线或布线 Wiring passing through vertically

图 2-11　表 4.1.2 中管线垂直通过的标准表达

2. 平面标注的深度要求：回路编号及导线规格等是否均已注明，依据《建筑工程设计文件编制深度规定》（2016 年版）中 4.5.7.2 条的相关要求："配电平面图应包括建筑门窗、墙体、轴线、主要尺寸、房间名称、工艺设备编号及容量；布置配电箱、控制箱，并注明编号；绘制线路始、终位置（包括控制线路），标注回路编号、敷设方式（需强调时）；由变电室引出的干线敷设在桥架上，应标注低压出线的回路编号"。这里面容易被遗漏是配电线路由哪里引来及引向哪里，尤其是线槽内的干线，故需要标示清楚；除此以外还需要在线槽分支处亦应标注两线槽的截面变化及敷设缆线的变化；另外，末端用电设备也建议表示设备的安装高度和方式，以便于施工现场确定预留管道的长度或是出地面的高度；当污水泵数量较多时，平面图中没有分别注明导线规格、敷设方式时，应补充大样统一标注，而没有必要每一台泵坑均去表示，既浪费图面也在视觉上不整洁。如图 2-12 所示。

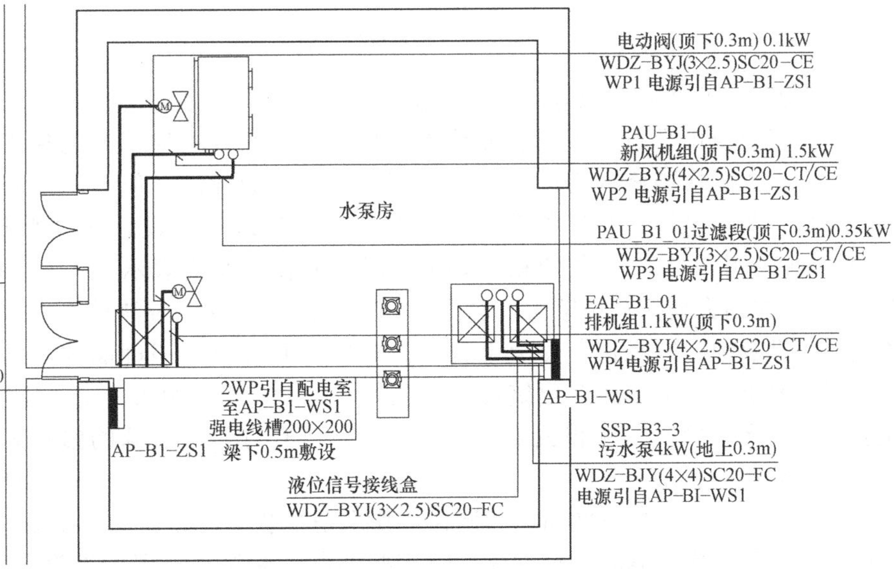

图 2-12　平面标注示意图

3. 照明的深度问题：

（1）灯具的标注：规格型号、安装方式、安装高度及灯泡数量需要以一个空间为单位在同一种灯具的附近标注清楚。可见《建筑电气制图标准》GB/T 50786—2012 中

3.4.1.3 条记述，如采用 a—b(c×d×l)/e f 的式样，其中：a：灯数；b：型号或者编号；c：每盏照明灯具的灯泡个数；d：灯泡容量 W；e：灯泡安装高度（m）；f：安装方式；l：光源种类。如果灯具为吸顶安装，那么安装高度可用“_”号表示。例如：5-HQI(1×70)/3 DS 表示 5 盏 70W 金属卤化物灯，每盏灯具中装设 1 只功率为 70W 的金卤灯，灯具采用管吊（DS）安装，安装高度为 3m。如图 2-13 所示。

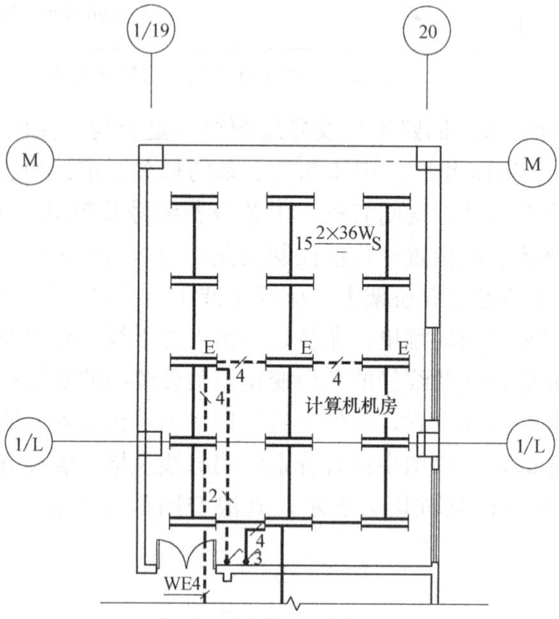

图 2-13　灯具标注平面示意图

（2）装修照明的深度要求：1）一般项目中，商业、办公等公建的照明多是装修时设计，但建筑中自行车库、物业管理用房、工具间等功能确定的用房，还是应完成照明设计。二次装修的房间，可以不用表示灯具的标注，但照明平面图上应表示出预留的照明配电箱，并标注预留的容量，见《建筑工程设计文件编制深度规定》（2016 年版）中 4.5.7.3 条的相关要求，同时需在房间内表示规范所要求的照度标准。2）考虑到大型体育场馆对于照明要求的苛刻，篮球、游泳馆等大型场馆的灯具还建议增设效率、眩光值、显色性等技术参数，并补充等照度曲线，以满足更为苛刻的照明要求，可见《体育建筑设计规范》JGJ 31—2003 中表 10.3.12：“灯具最低安装高度和光束投射角的相关要求”等，必须要有灯具或光源的参数表达，才可确认是否能够达标。

（3）插座布置上的深度问题：同样，如果是精装修设计，插座在很多房间内可以不用设计，等二次装修时另行深化，但有些场所需要注意设置：如汽车库、工具间、机房等后勤管理房间宜适当设置插座，方便维护及维修的使用。另外，酒店旅馆的公共区域需要设置清扫插座，见《旅馆建筑设计规范》JGJ 62—2014 中第 5.3.2 条二款：“走道、门厅、餐厅、宴会厅、电梯厅等公共场所应设供清扫设备使用的插座。插座回路（包括客房插座）宜设漏电保护开关”。清扫插座设计的位置重在合理性，并无太明确的要求，但尽量让维护、清理设备可以方便接电，让等候区的人可以有地方手机方便充电，或未来存有一定空间功能更改的可能，能够留有余地即为合理。

4. 变配电室及柴油发电机房的深度问题：

（1）当变配电室不由施工图设计单位设计而暂不能出图时，不能简单地注明由深化单位或是供电局设计，应表示变压器容量及台数，并建议根据现有配电系统设计变配电室的参考图，以作为平面预留位置的依据，因结构板洞需要提前预留，现浇楼板之前尽量要有开洞图，否则后期开洞难度很大，结构专业也难于复核破坏程度，如果实在难以确定，则需要与结构专业沟通，需要楼板满足后期人工开凿的要求。

（2）柴油发电机房易遗漏项：1）应该预留柴油发电机日用油箱与室外油罐的加油管的预留管，并注明管路大小及引至何处，具体做法可参考《柴油发电机组设计与安装》15D202-2 中 P84 页介绍。2）应说明柴油发电机启动、各级 ATS 动作的条件，如柴油发电机机组可以满足市电故障时，15～30s 内柴油发电机启动，机组就地控制，并装设快速自起动装置，连续三次，其总计时间不大于 30s，同时发电机可以允许 25％的短时超载。规范要求可见《民用建筑电气设计标准》GB 51348—2019 中 6.1.8.1 条："用于应急发电的发电机组平时应处于自启动状态，当市电中断时，低压发电机组应在 30s 内供电。"

（3）变配电室设置气体灭火系统，不可只表示两种报警探测器（为达到灵敏级别高的要求，要求设置两种探测器），还完善设置其他联动及显示设施，如：紧急启停按钮、放气指示灯、声光报警器等。可见《气体灭火系统设计规范》GB 50370—2005 中 6.0.2 条"防护区内的疏散通道及出口，应设应急照明与疏散指示标志。防护区内应设火灾声报警器，必要时，可增设闪光报警器。防护区的入口处应设火灾声、光报警器和灭火剂喷放指示灯，以及防护区采用的相应气体灭火系统的永久性标志牌。灭火剂喷放指示灯信号，应保持到防护区通风换气后，以手动方式解除。"这里，手动方式解除由紧急停止按钮完成，一般为内外均设，而声报警器及闪光报警器则是内外均需要设置。如图 2-14 所示。

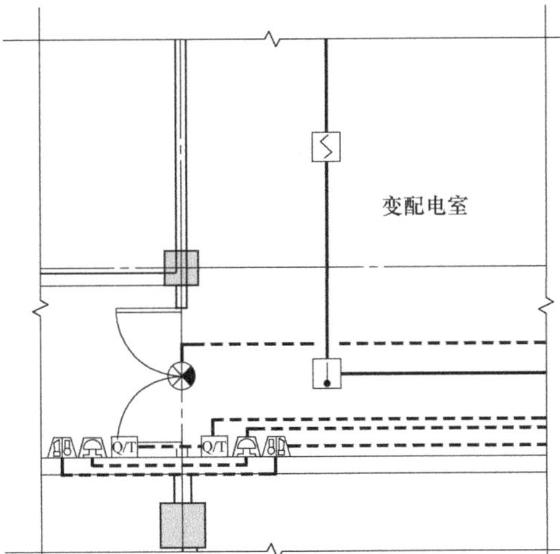

图 2-14　变配电室设置气体灭火系统深度示意

（4）变电室密闭母线、桥架应表示安装高度，以便于加工和现场安装，可以标注为相对标高，如梁下 20cm 安装，也可以采用建筑标高表示，如＋2.600m 安装等。可见《建筑工程设计文件编制深度规定》（2016 年版）中 4.6.5.2 条所述："图纸应有设备明细表、主要轴线、尺寸、标高、比例。"如图 2-15 所示。

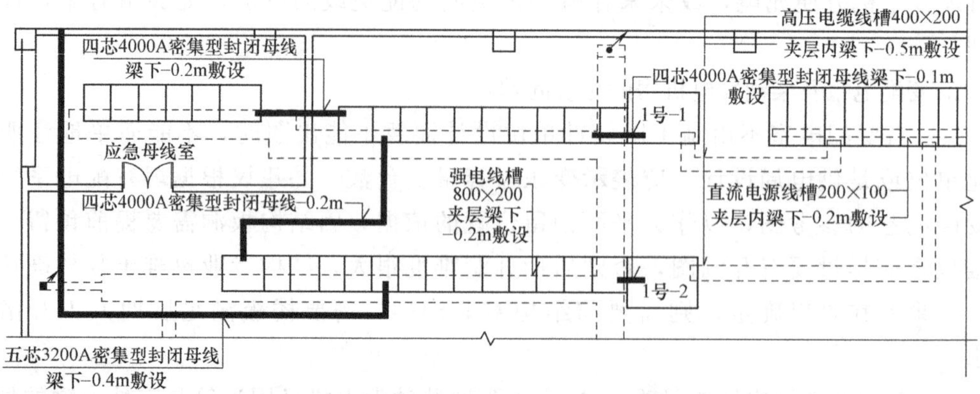

图 2-15　变配电室母线、线槽标注深度示意

第三章　节能专篇的常见审图问题及解析

一、公共建筑节能设计标准

1. 说明中的节能要求：要在设计说明中增加“节能设计”的相关专项设计说明内容，用规范性的语言概括地描述变配电系统、电气照明及控制系统、能源监测和建筑设备监控系统等方面依据有关节能设计标准所要采取的节能措施，以及对选用的能耗低、运行可靠的产品、设备有大概的介绍和要求。

2. 设备节能的设计思路：关于设备节能这部分的内容较多，实际操作也还是略有困难，如几年前还在大力推广的 T5 荧光灯，如今就已然不如 LED 光源节能，更不用说紧凑型荧光灯，已经基本处于淘汰的边缘，所以在设备的节能在具体操作上还是需要与时俱进，不可以用静止的眼光来看待；又如，CPS 控制保护开关，集成了热继电器和接触器。但从节能的角度来说，其实并说不出一二，但是这种设备的选用却可以让电机的保护特性与控制特性配合协调，从而提高控制与保护系统的运行可靠性和连续运行性能，虽不是节能设备，但却是节能的思路，还是值得大力推广。故节能的思路是快和新，而不是传统说法和老旧思维。

3. 以《公共建筑节能设计标准》GB 50189—2015 为主的公建节能常见问题：

（1）供电电压等级：见《公共建筑节能设计标准》GB 50189—2015 中 6.2.1 条：“电气系统的设计应根据当地供电条件，合理确定供电电压等级”。这里是指要按规范合理确定负荷的等级，而不要一味为了自认的安全，人为地提高本不重要的负荷等级，造成不必要的浪费。其实也并没有意义，如中水泵、事故风机等负荷等级为一级就有所偏高。

（2）负荷中心：其 6.2.2 条：“配变电所应靠近负荷中心、大功率用电设备。”变配电室尽量靠近的是负荷中心而非建筑中心，很多时候负荷中心并非建筑中心，需要在平面图中大体了解负荷的分布情况，来确定设计是否合理，机房区域多为主要负荷密集的区域，所以变配电室与各大主要机房就近设置即为负荷中心的意思，如果设于远离设备的区域，因其引至主要负荷的供电电缆众多，则供电距离很长，并不经济，压损也大。

（3）开关线缆的节能选择：低压开关的选择尽量要物尽其用，尽量选择多为 70～150mm^2 规格的低压出线电缆，宜选择整定值在 160～250A 左右的断路器。这样的选择既方便施工，电缆界面小施工难度也小，敷设方便，也是对电缆和开关最佳的使用区间，常规开关和常规电缆在制造过程中相对简单，所以能够节约能源和人工，如很多低压设计的出线回路计算电流很小，如整定电流为 63A 的低压出线开关，但考虑要满足低压侧分断能力较高的要求，则需采用框架值 100A 以上的塑壳开关，这就既占用了资源，也让设计并不合理，就需要提出。

（4）变压器的节能选择：要满足《公共建筑节能设计标准》GB 50189—2015 中

6.2.3 条："变压器应选用低损耗型，且能效值不应低于现行国家标准《三相配电变压器能效限定值及能效等级》GB 20052—2013 中能效标准的节能评价值"，需要与相关的绿色建筑评价标准对应打分，水泵风机亦同，只是考核人为水暖专业，如北京地区变压器要求能耗等级为 2 级以上为 2 分，1 级能耗为 3 分，但 1 星绿建最为普遍，只要不低于 2 级为常见审查底线，需在说明中注明即可，即可达到节能标准的审查要求。及 6.2.4 条：" 变压器的设计宜保证其运行在经济运行参数范围内"。除此以外在地方的节能标注中对结线方式有了进一步的要求，可以参考《北京市绿色建筑（一星级）施工图审查要点》中 2.5.3 条："电气设计说明及低压配电系统图住宅小区变电所应选用 D，Yn11 结线的低损耗节能型电力变压器"。考虑到变压器近些年新技术和新工艺不断涌现，新型节能变压器的也不断出现，所以在规范中具体到型号要求其实并不现实，建议设计中可以采用 S11 系列的硅钢片干式变压器或是采用非晶合金干式变压器，并均采用 D，Yn11 结线，（因为 D，Yn11 结线可以消除 3 倍次谐波对电网的影响），并要求能耗等级为 2 级以上，即可达到节能标准的要求，同时建议变压器的负载率保持在 60%～80%（见北京地区地标《公共建筑节能设计标准》DB11/687—2015 中 6.2.4 条的相关要求）。当项目范围内无变配电所，或由专业供电设计单位设计时，以及变配电所并不在项目建设用地范围内的情况，均可以看做该项已经满足规范要求，但需在设计说明中予以表示，并在平面图中表达表示供电要求。

（5）谐波处理和功率补偿：功率因素一般建议不低于 0.9，最好要求为 0.95，住宅可见《北京居住建筑节能设计标准》DB11-891—2012 "6.1.3 变压器低压侧应设置集中无功补偿装置。100kVA 及以上高压供电的电力用户，功率因数不宜低于 0.95；其他电力用户，功率因数不宜低于 0.90。" 为地方标准，但多数地区要求相仿，可以参照执行。又见《公共建筑节能设计标准》GB 50189—2015 中 6.2.6 条 "容量较大的用电设备，当功率因数较低且离配变电所较远时，宜采用无功功率就地补偿方式"，以及 6.2.7 条："大型用电设备、大型可控硅调光设备、电动机变频调速控制装置等谐波源较大设备，宜就地设置谐波抑制装置。当建筑中非线性用电设备较多时，宜预留滤波装置的安装空间"。无论是功率补偿还是谐波处理，在设备补偿容量或谐波源较大的情况时，均建议采用末端的直接补偿，补偿与谐波处理相似，以谐波处理为例，设置在末端箱体内的叫谐波保护器，谐波保护器与有源滤波器分用于不同的供电区域，低压母线侧建议采用有源滤波器，其保护谐波的面广，各次谐波均可消除，且可以有补偿的作用，谐波保护器则更多消除高次谐波，针对性强，直接对末端设备的谐波进行处理，价格也相对较低，系统绘制上与谐波源设备并联即可，如图 3-1 所示。

（6）走道的 LED 照明要求：在《公共建筑节能设计标准》GB 50189—2015 中对于公共建筑的公共照明有了新的要求。需要注意，其 6.3.4.5 条要求了长期没有人停留的楼梯、走道、卫生间、车库等场所宜采用 LED 光源，这一点虽是"宜"的要求，但由于 LED 光源功率很小，使采用 LED 光源的公共应急照明与疏散指示的整体负荷容量同样很小，使其可以采用区域或整体集中式的 EPS 统一进行供电，并且可以不再区分应急照明和疏散指示，使其在同一个回路中供电，让走线变得简洁。既省去了施工的麻烦，也降低了供电的电压，供电的超低电压解决了消防队员灭火时存在的人生危险问题，另外可实现平时使用的应急照明智能化控制及消防状态下的疏散指示智能识别，系统集成，维护方便，从节能的角度与光源发展的现状来考虑，均更为合理，所以应该积极配合执行。（这

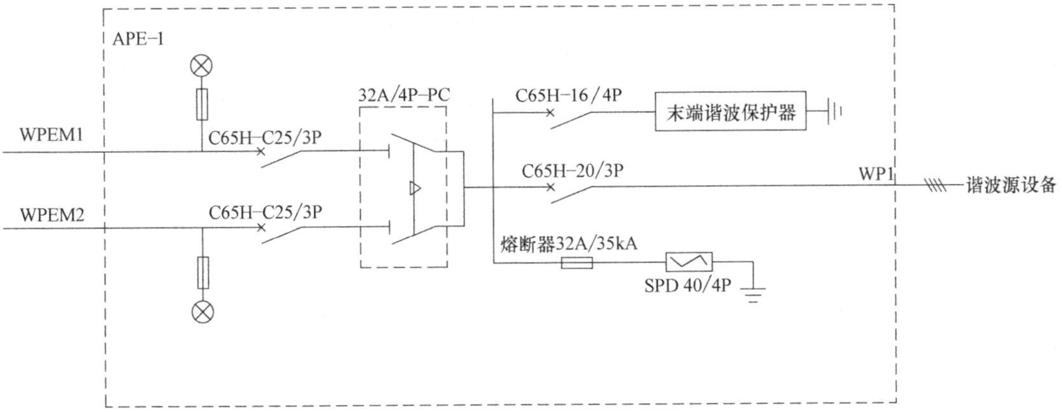

图 3-1　谐波保护器系统示意图

一段其实是写在 GB 51309—2018 出版前的内容，与后来出现的规范理解相同，也算是有一定的前瞻性，作以保留）。如图 3-2 所示。

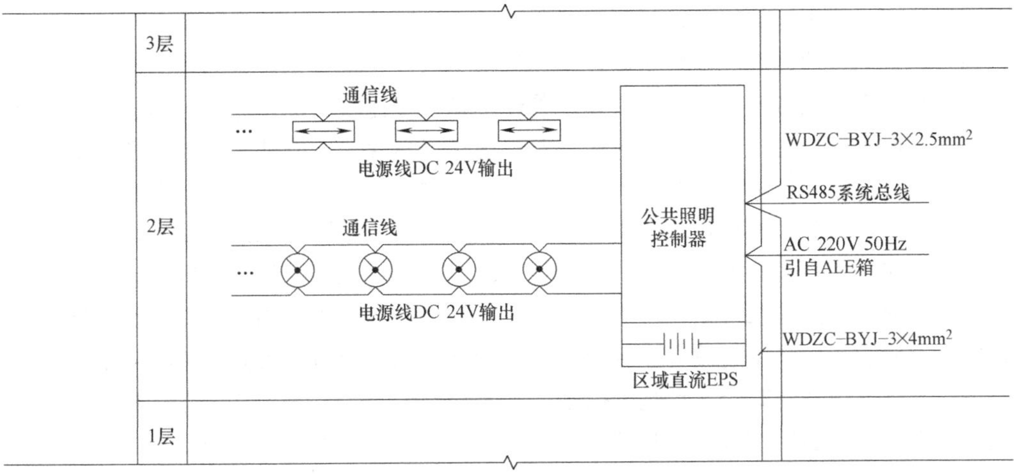

图 3-2　区域集中式 EPS 供电示意图

（7）夜景照明的节能要求：《公共建筑节能设计标准》GB 50189—2015 中 6.3.3 条："建筑夜景照明的照明功率密度（*LPD*）限值应符合现行行业标准《城市夜景照明设计规范》JGJ/T 163 的有关规定"。另外以北京地区为例，在《北京市绿色建筑一星级施工图审查要点》中 2.5.1 设计说明中同样有说明："景观照明设计需满足《 城市夜景照明设计规范》JGJ/T 163 第七节要求，施工图审查只需审查设计说明中有此条内容即可，不负责审查具体内容"。北京地区对此条的审查提出了一个具体审核的办法，即只要说明有相关的要求即可，也是认为景观照明多为专业的景观公司负责设计，但景观公司的深化图纸未必会走外审的程序，所以监控上可能会存有漏洞，使设计图不能实现夜景照明节能的意图，故此条为事前审查，对未来可能进行的景观及夜景照明提出了要求。从施工图的角度进行控制，杜绝浪费产生的可能，故在施工图阶段对此条文有所介绍和说明是有必要的，除了文字的介绍，同时可在设计依据中增加《城市夜景照明设计规范》JGJ/T 163—2008 及《公共建筑节能设计标准》DB11/687—2015 两条设计依据，予以对应。

(8) 照明开关的节能设计：一个开关控制灯具数量过多，并不节能，是因为灯具控制范围划分越细，可控制的区域和模式也就越多，所以从节能的角度来看一个房间内只要不是一套灯具，都不建议采用一个开关，而是尽量多设置开关来控制灯具。可见，《建筑照明设计标准》中 7.3.5 条："除设置单个灯具的房间外，每个房间照明控制开关不宜少于 2 个。"同时，在《公共建筑节能设计标准》GB 50189—2015 中 6.3.8.3："除单一灯具的房间，每个房间的灯具控制开关不宜少于 2 个，且每个开关所控的光源数不宜多于 6 盏"；对于开关控制的灯具具体数量上进一步有了要求，所以审图时需要注意原则为平面中开关不宜太少、控制灯具的数量也不宜太多，如单一开关控制的数量是否多于了六盏灯具。

(9) 灯具节能控制的要求：1) 见《公共建筑节能设计标准》GB 50189—2015 中 6.8.3.4 条："走廊、楼梯间、门厅、电梯厅、卫生间、停车库等公共场所的照明，宜采用集中开关控制或就地感应控制。"公共区域照明的节能控制如今已是主流，有感应开关、灯控系统、楼控系统等，不多叙述。这里要提及一个曾经旧规范有过的说法：电梯前室不可采用节能自熄开关，可能是担心灯具在电梯门打开的瞬间不能点亮，电梯前室会是黑暗的可能，如遇电梯平层有问题，则对乘客存有安全的隐患。笔者也只是猜测，规范早已作废，姑且算是一个原因吧。再后来修订国标规范中可能发现并无此类问题的出现，就不再对这个电梯前室再做特殊的要求，只是这曾经也是一个比较困扰设计人的问题，这里算是一个回顾。但需要注意在上海等地区这个要求现在仍然存在，设计时具体地区仍要具体分析，可见上海地标《住宅设计标准》DGJ08-20—2013 中 12.5.2 条："公共地下室、设备机房、门厅、电梯厅、电梯轿厢和避难层的一般照明不应采用自熄开关控制，其他公共部位一般照明应采用自熄开关控制"，道理可能大约就是我的猜测吧。2) 但仍需要注意公共照明应急部分的消防要求，见《住宅设计规范》GB 50096—2011 中 8.7.5 条："公共部位应设置人工照明，应采用高效节能的照明装置和节能控制措施，当应急照明采用节能自熄开关时，必须采取消防时应急点亮的措施。"即对于住宅公共部位的声光控等照明灯具及系统图，需要增设强启的线路，以满足消防时的强制启动功能，前文已经有记述，见图 2-6 所示。

(10) 采用能源管理进行节能：1) 电能计量装置装设起点：可见《公共建筑节能设计标准》GB 50189—2015 中 6.4.1 条："主要次级用能单位用电量大于或等于 10kW 时或单台用电设备大于等于 100kW 时，应设置电能计量装置"。"主要次级用能单位"这个概念可以参见《用能单位能源计量器具配备和管理》GB 17167—2006 的相关说明，这里不做详述，可以指出对于电力专业来说就是指大于或等于 10kW 的用电设备组，而当单台用电设备大于等于 100kW 时则被称为主要用能设备，与条文后面所述的是相同意义，该部分要求对于设计而言要求做到两件事。一是公共建筑配电系统的低压出线一般都要设置计量装置，因为低压侧的用电设备组基本都≥10kW，而大型设备出现≥100kW 的情况，则是指末端的设备，当达到末端设备达到 100kW 时，需要设置末端的计量装置，但如果前端已经设置有计量，则不必二次装设。2) 电能的分项计量：这一点不光是要写入说明，更要在系统中有所表现，以前的电气设计一般已经将动力和照明进行单独计量，现在则会增加一些新的变化，见《公共建筑节能设计标准》GB 50189—2015 中 6.4.3 条"公共建筑应按照明插座、空调、电力、特殊用电分项进行电能监测与计量"。在北京地区又依据

《北京市绿色建筑一星级施工审查要点》中 6.5.3 第 2 款：“应对照明、制冷站、热力站、给水排水设备、景观照明及其他主要用电负荷等设置独立分项电能计量装置；其中，制冷站、热力站内的冷热源、输配系统还应设置独立分项计量装置”。对标准进一步进行了明确，在具体的设计实施中，首先建议在低压侧的主要出线回路均设表计量，并着重注意各主要水泵、空调、景观照明等尤其不可遗漏，如图 3-3 所示，其中M符号为多功能电能表。另外，制冷站、热力站等大功率的末端设备，要增设末端的独立计量。如果为小型配电系统，低压进户，则在总配电柜母线侧，将照明插座、电力、空调分别设表计量即可。分体式空调如为一般为预留插座，也可列入照明的表计中，公共照明与套内照明建议分开表计；景观照明、航空障碍灯等功能位置接近的照明可合用一块表计；其他主要用电负荷则是指：数据机房、厨房设备、消防监控设备等没有提及的主要用电点，也建议单独设置表计；另外当低压母线侧不能拆碎细分的设备用电点，则建议在末端设置表计。电表设置如图 3-4～图 3-6 所示。3）说明中要表示电能计量相关要求，如建议采用联网、建议采用智能表等，因为是用于能源管理的电能表，所以该表计的目的并不是为了计量，更多是作为能量的统计评估之用，与之对应的低压配电系统与说明均有所表示。4）另外，在北京地区依据北京市地方标准《绿色建筑设计规范》DB11/938-2012 中 11.5.2-7，“可再生能源发电应设置独立分项电能计量装置。”故可再生能源的也需要独立计量，电气设计常见到的可再生能源发电主要是指风力发电及太阳能发电，虽是地标，建议在其余地区也可以参照执行。

（11）车库多有 CO 检测的要求，与风机联动，为绿色建筑要求，各地不同，北京地区可见 DB11/T 825—2015 中 8.2.13 条。

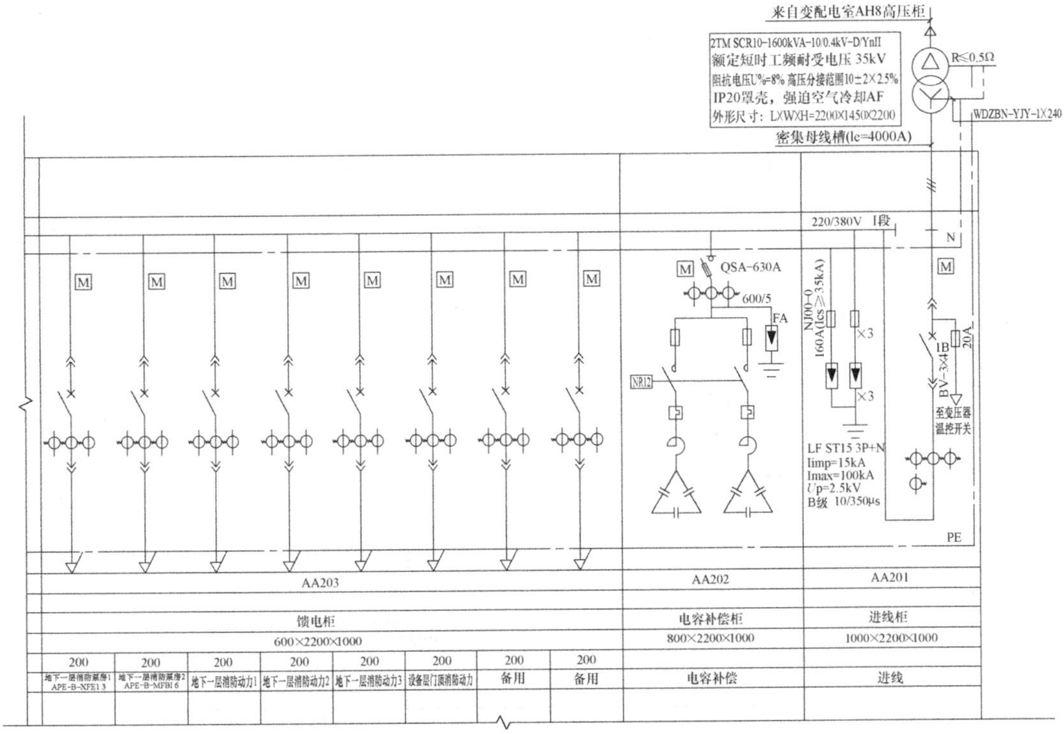

图 3-3 低压侧多功能电能表示意图

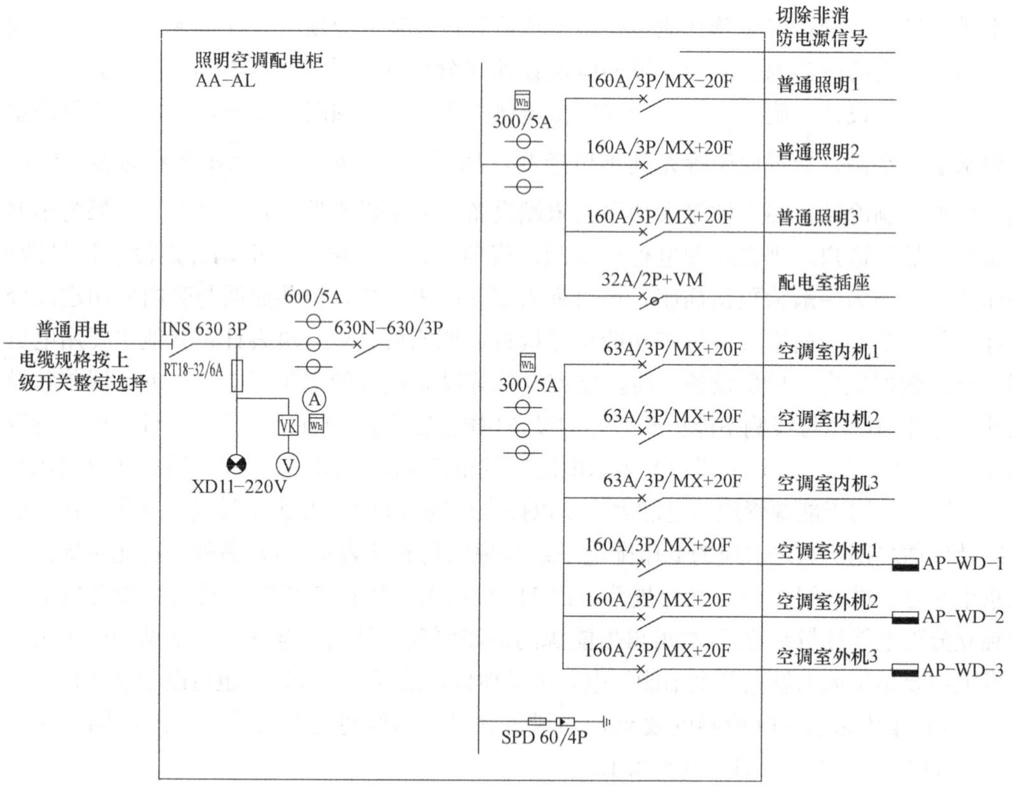

图 3-4　低压进户侧电能表配置示意图一

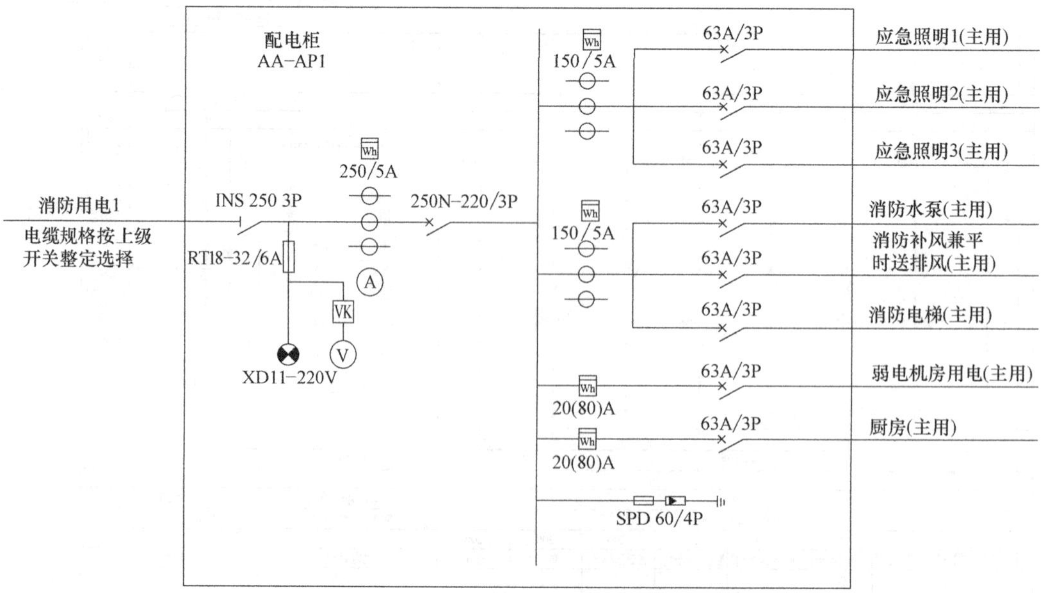

图 3-5　低压进户侧电能表配置示意图二

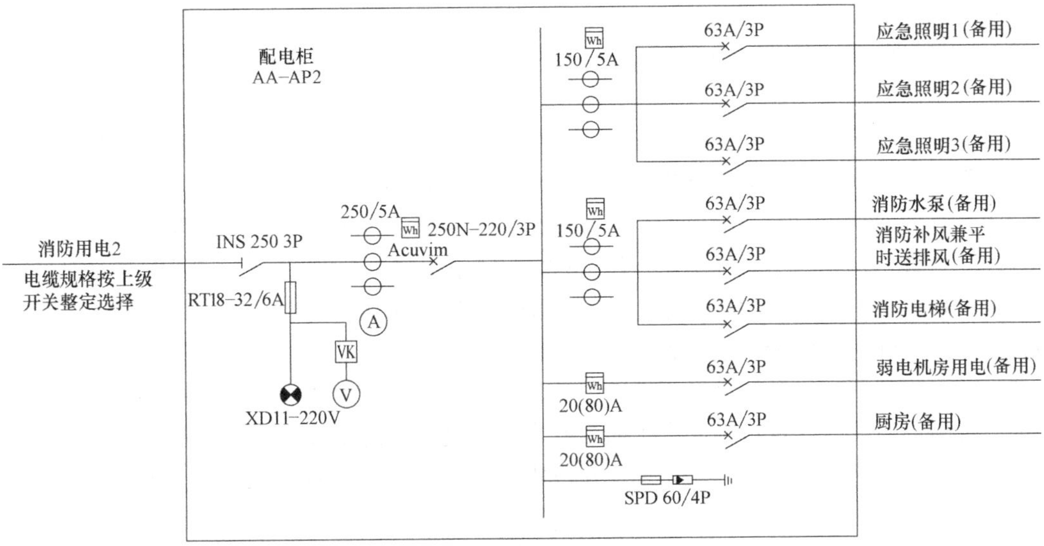

图 3-6　低压进户侧电能表配置示意图三

二、居住建筑节能标准

1. 设备的节能：由于在《公共建筑节能设计标准》GB 50189—2015 中各条目已经记述比较细致，且为国家规范，发布时间更接近现在，但行业标准《民用建筑绿色设计规范》JGJ/T 229—2010 仍有几条规定值得关注。

（1）滤波要求的适用场所：见《民用建筑绿色设计规范》JGJ/T 229—2010 中第 10.2.2 条："当供配电系统谐波或设备谐波超出国家或地方标准的谐波限值规定时，宜对建筑内的主要电气和电子设备或其所在线路采取高次谐波抑制和治理，并应符合下列规定：1. 当系统谐波或设备谐波超出谐波限值规定时，应对谐波源的性质、谐波参数等进行分析，有针对性地采取谐波抑制及谐波治理措施；2. 供配电系统中具有较大谐波干扰的地点宜设置滤波装置"。此本规范对于滤波的要求相对笼统，提出了超过谐波限值就需要设置谐波处理，但是作为民用工程谐波量级并不易在施工图阶段就能得出，使得谐波处理的设计难以存有依据，目前民用建筑还只能依据谐波设备的多少来确定是否需要治理，多数为以下几种情况：如有大量调光设备的照明负荷，如有大量使用镇流器的气体放电灯的照明负荷，数据中心等设有大量 UPS 的场所，存有大量电脑（开关电源）的办公场所，如采用变频启动的电动机组等情况均建议进行谐波治理，设于末端单独处理还是低压则整体治理，则按谐波源的谐波大小来分情况考虑。

（2）电梯及电机的要求：见《民用建筑绿色设计规范》JGJ/T 229—2010 中第 10.4.3 条："应采用配备高效电机及先进控制技术的电梯。"高效电机是指《中小型三相异步电动机能效限定值及能效等级》GB 18613—2012 中能耗在二级以上的产品，所以设计选择一级能耗就认为达到规范的要求标准，同时设计说明有高效节能的介绍内容，落实到具体的实施上，从施工图角度控制还是有一定难度，需要订货时设计单位与甲方及施工方进行二次核对，予以控制。

2. 照明节能上主要补充两点：

(1) 尽量使用天然光：见《民用建筑绿色设计规范》JGJ/T 229—2010 中第 10.3.1 条“应根据建筑的照明要求，合理利用天然采光。”之后的条款为介绍存有天然采光的环境照明的控制要求，明确相关区域其照明需采取声控、光控、定时控制、感应控制等一种或多种集成的控制装置，笔者这里则是要强调天然采光的利用。只要存有天然采光的公共空间，就有照明使用自然光的可能，可以配合建筑专业完成比如光导管的设计，通过单独设置的光导管，将光线引入距离窗户较远的空间，让白天的时段尽量不采用电气照明，这样更为合理，场所如单层的办公型建筑、厂房、库房等场所都可以推荐采用。由于主要使用光照度的时间还是白天，采用光导管如同设置了一个很好的灯具，因为最好的光线还是自然光，无论照度、显色性、健康性、舒适度都是最佳，如随时间配以局部的补充照明，并加以智能的时控或光控，则使人工照度和自然照度平滑地衔接，不存阶跃感，是很好的节能思路，可以达到真正的节能要求。建议审核人依据建筑情况给设计人提出修改建议，而不仅限于电气照明的角度来看待节能和合理。

(2) 显色性很重要：见《民用建筑绿色设计规范》JGJ/T 229—2010 中第 10.3.1 条“10.3.4 人员长期工作或停留的房间或场所，照明光源的显色指数不应小于 80”。该条从节能角度来说略有牵强，不过光源的显色性的好坏，确实可以决定视觉的舒适度，超过 80 的显色性只是一个标准，越高则是越接近于自然光，也越能够真实地反映物体的色泽，如果显色性指数比较低，则我们难于分辨颜色，如显色性差的高压钠灯，我们基本看到的物体颜色都偏暗黄。如果说一定要说高显色性和节能的关联，那也就是高显色性的光源大都是节能型光源，如 LED 灯珠或 T5 灯管等，也是从侧面要求使用节能高效的光源。

三、绿色建筑设计标准

《绿色建筑评价标准》GB/T 50378—2014，简而言之，就是一个评价系统，通过审核各项节能指标是否采用及采用的程度，得出该项要求的单项得分，累积各项得分，以确定项目是否可以达到期望的节能星级。

1. 见《绿色建筑评价标准》GB/T 50378—2014 中第 5.1.4 条“各房间或场所的照明功率密度值不得高于现行国家标准《建筑照明设计标准》GB 50034—2013 中的现行值规定”。这个是现行的审图重点也是强制性条文，审核的重点，应标注全主要功能房间照明照度值及功率密度值计算数据，并标明灯具效率等内容。

(1)“各房间或场所”的要求，其实已经要求涵盖了所有的功能场所，则填表时需要涵盖建筑的主要类型房间，尤其容易忘记的公共场所有：走廊、控制室、主要机房、网络中心、车库等，会客厅、卧室、卫生间、电梯厅这些场所均属于主要房间，需要分别列入表格说明。

(2) 但审图时也需要注意面积越小的房间照明功率密度值要达标越难，甚至有时会不太可能，尤其以电井为例，实际设计中 $2m^2$ 的壁龛式电气井道并不少见，则 30W 以上的照明都会使照明功率密度值超标，所以审图时需要依据《建筑照明设计标准》GB 50034—2013 中 6.3.14 条：“当房间或场所的室形指数值等于或小于 1 时，其照明功率密度限值应增加，但增加值不应超过限值的 20%”来放宽审核，室形指数值 $K=2\times$面积/(周长×高度)，高度多见的 2.7m 中。假若井道为正方形，采用室形指数值 K 的极限为 1

时，则 $1=2\times a^2/(2.7\times 4a)$，其中 a 为等效正方形的边长，可求出临界的边长为 5.4m，故审图时可以认为变换为正方形房间边长≤5.4m 的情况，室形指数值都比较接近或小于 1，审图时可以适当放宽标准，但不可超过照明功率密度限值的 20%。

(3) 填写的功率密度限制：除非无绿色建筑审查的建筑，可以标注为现行值，以北京为例新建民用项目，1000 平米以上项目均需绿色建筑审查，以目标值为要求，以达到节能的需要。

(4) 不可忘记统计镇流器的功率：镇流器的功率不可遗忘，是构成灯具功率的一部分，其功率可以查询相关的产品样本，常见设计中镇流器的功率可以参考如下经验值：1) T8（36W 光源）电感镇流器：9W；2) T8（36W 光源）电子镇流器：3W；3) T5（28W 光源）电子镇流器：3W；4) 金属卤化物灯（150W 光源）电感镇流器：17W；5) 金属卤化物灯（150W 光源）电子镇流器：11W，也可以按照灯具功率的 1/10 进行估算。

(5) 明确场所所处的位置，如楼层、名称、轴线号都需要有所表示，以便于审图人员核查。

(6) 备注中建议表明灯具的效率，可从《建筑照明设计标准》GB 50034—2013 中查询，因为如在说明中表示灯具效率，就要引用照明规范的效率表，灯具种类多，效率表也多，容易遗漏，也很啰嗦，功率密度计算表则可以将各种灯具均做表示，效率自然也能够进行全面介绍。

(7) 计算原理可以参见公式：$LPD=P/A$，其中 P 为包括镇流器所有照明设备的总功率（W），A 为计算面积（m^2），LDP 为计算功率密度。与之对应的标准照度及标准功率密度需从《建筑照明设计标准》GB 50034—2013 中查询。计算面积为套内面积即实际的净尺寸，其外需要注明灯具的类型及安装位置场所。具体示意表示可参见表 3-1 所示。

照明标准值及功率密度计算表 　　　　表 3-1

场所	楼层	轴线	光源种类	面积(m^2)	灯具安装容量(W)	标准照度(lx)	标准功率密度(W/m^2)	计算照度(lx)	计算功率密度(W/m^2)	备注
配电间	B1	E~J/1~2	三基色荧光灯	13	(36+4)×2=80	200	8	219	6	灯具效率≥75%
办公	1~5	P~Q/5~11	三基色荧光灯	44	(36+4)×8=320	300	11	279	7	灯具效率≥75%
库房	B1	C~F/14~15	三基色荧光灯	28	(36+4)×2=80	100	5	101	3	灯具效率≥75%
给水泵房	B1	B~G/4~8	三基色荧光灯	45	(36+4)×6=240	150	6	152	5	灯具效率≥75%
自行车库	B1	J~P/7~9	三基色荧光灯	45	(36+4)×4=160	100	5	106	3.5	灯具效率≥75%

四、地区节能标准

地区的节能标准虽然不适用于全国，但有些内容还是很值得推广和借鉴，这里也大致表述一些。

1.《北京市绿色建筑一星级施工图审查要点》：

(1) 对于照明眩光的要求：见《北京市绿色建筑一星级施工图审查要点》中 3.5.8 条："设计说明中应明确对建筑室内主要功能房间或场所的统一眩光值（*UGR*）的要求"。

国标规范可见《建筑照明设计标准》GB 50034—2013 中 5.1.2 条："公共建筑和工业建筑常用房间或场所的不舒适眩光应采用统一眩光值（*UGR*）评价，并应按本标准附录 A 计算，其最大允许值不宜超过本章的规定"。该点与节能无关，但与生活的质量有直接关联，针对不同级别的建筑物采用不同的 *UGR* 值，设计中将符合主要功能房间或场所的最大允许眩光值（*UGR*）在说明中予以表示即可，*UGR* 值分为 28、25、22、19、16、13、10 等七档。其中 28 为刚刚不可忍受值，25 为不舒适感值，22 为刚刚不舒适感值，19 为感觉舒适与不舒适的界限值，16 为刚刚可接受值，13 为刚刚感到眩光值，10 为无眩光感值。在《建筑照明设计标准》GB 50043—2013 的照度标准中一般采用了 25、22、19 的 *UGR* 值，也就是说可以按照规范的要求，根据场景不同，采用不同的炫光标准，实际设计时如果场所环境未定或是不明，则在说明中选取大于等于 19 即可。

（2）分时计费电表：实施分时电价政策的地区，每户需要安装分时分量计费电表，这是鼓励大家分时用电，错峰用电，低谷电价要低于高峰电价，使电能的使用相对平衡，且设置了低价位的正常用电量，以及高价格的超额用电量，超过设定的平均用电量后，电价会自动调高，督促使用者对于电能的节约，在国内许多大中城市已经实施，如上海、北京、广州等地区。实际实施中这些地区的供电单位已经采用分时分量计费电表，但仍需设计进行说明，在北京地区可见《北京市绿色建筑一星级施工图审查要点》中 2.5.4 条第三款："实施分时电价政策的地区，每户安装分时计费电表"。

（3）对于色温的要求：见《北京市绿色建筑一星级施工图审查要点》中 3.5.10 条"设计说明及图例中应标明主要功能房见或场所的室内照明光源的色温，且应满足《建筑照明设计标准》GB 50034—2013 表 4.4.1 的规定"。与眩光又略有不同，色温所体现的不仅是一种视觉的舒适感，更多的时候是照明对于场景的一种理解，需要温馨静怡的环境时，一般小于等于 3300K，如博物馆、幼儿园、酒吧餐厅的一般照明，医院照明也建议采用 3000～4000K 的偏暖色温；严肃紧张的环境，如车间、会议室等建议使用 5300K 及以上的色温；常规不需要营造气氛的场所建议使用 3300～5300K 之间的色温；室外景观照明为了维还原植物本色建议使用 4000K 左右的色温为宜，审图时可以参考对照。

（4）其余绿色建筑相关注意事项：节能说明中建议补充绿建一星级相关内容，以北京地区为例，规定了 300m^2 以上的建筑，均要达到绿建一星级的标准，并参加审查，所以有些需要是明确要求表述的，还是需要说明条款及内容，并通过查询，确定该项为控制项或是一般项，控制项为多为满足规范的要求部分，一般项多为文字描述或是数字类的部分，也为建议项。再通过《北京市绿色建筑一星级施工图审查要点》中附录 B 绿色建筑一星级施工图审查内容对照表，查询是否该条是否需要审查，一般多要明确居住性建筑审查要点的 2.5.1 及 2.5.4 条相关内容，及公共建筑审查要点的 3.5.1、3.5.2、3.5.7、3.5.8 等相关内用，具体条文设计人可以自己详查，这里不做熬述。

2.《公共建筑节能设计标准》DGJ32/J96—2010 江苏省的地区标准：

（1）空调与 BA 系统的设置关系：在《公共建筑节能设计标准》DGJ32/J96—2010 中第 9.5.1 条："采用集中空调方式的建筑物应设置建筑设备管理系统。"则具体到建筑设备管理系统的设置要求，有集中空调即需设置 BA 系统，其很容易产生异议的是 VRV 空调是否算中央空调？分体壁挂式机是针对中央空调而言，VRV 空调则是介于两者之间的一种形式，虽然同样分为室外机及室内机部分，但 VRV 空调机组包含有空调新风系统，应该说中央空调系统是包括 VRV 空调的，所以集中式的中央空调系统，如存在也需设置 BA 系统。

（2）甲乙类建筑对可再生能源设置的要求：在《公共建筑节能设计标准》DGJ32/J96-2010 其中第 3.1.1 条“按照建筑物能耗情况和围护结构能耗占全年建筑总能耗的比例特征，江苏省公共建筑应划分为下列两类：1　甲类建筑：单幢建筑面积大于等于 20000m^2 且全面设置中央空气调节系统的公共建筑，或单幢建筑面积小于 20000m^2，大于 5000m^2 且采用中央空调的重要公共建筑。2　乙类建筑：单幢建筑面积小于 20000m^2，或大于等于 20000m^2 但不设置或仅部分设置中央空气调节系统的公共建筑”。重要公共建筑是指政府投资兴建的建筑面积 5000m^2 以上的办公楼、社会发展事业建筑（如医疗、卫生、体育、邮电、通信、广播、交通运输等建筑等），对政府投资的公办、学校的建筑应属于重要公共建筑。那甲类、乙类建筑对于电气节能有什么关联呢？在江苏地区甲类节能建筑必须要有可再生能源的利用，如太阳能热水系统、地源热泵空调系统、光伏发电或光诱导照明系统等。见 7.0.1 条“根据当地气候和自然资源条件，应充分利用太阳能、地热能等可再生能源。甲类建筑应设置可再生能源利用系统”。这里对于建筑可再生能源的利用一个比较清晰的设置要求，其余地区也可以参考。

3.《公共建筑节能设计标准》DB11/687—2015：

（1）甲乙类建筑对分项计量的要求：在北京市地方标准《公共建筑节能设计标准》DB11/687—2015 中 3.1.1 条：按照建筑面积以及围护结构能耗占全年建筑总能耗的比例特征，划分为以下三类建筑：单幢建筑面积大于 10000m^2 且全面设置空气调节设施的建筑，为甲类建筑，具体类别里同样为重要的建筑类型；单幢建筑面积大于 300～10000m^2 的建筑，为乙类建筑，与空调无关；单幢建筑面积小于 300m^2 的建筑，为丙类建筑，与江苏地区不同，甲类建筑面积范围更大，对乙类建筑的介绍则一笔带过，其侧重点放在了甲乙类公共建筑低压配电系统需要实施分项计量，这部分内容参见前面叙述，则对于分类计量可见确实越加严格，其他地区可以参考。

（2）电气专业节能设计判定表：应补充 DB11/687—2015 中表 D.4.1 计算表：“电气专业节能设计判定表”。详见审查要点《北京市建筑工程施工图设计文件技术审查要点》（2016 年版）中 6.6.2 条“施工图设计说明中应叙述建筑类别、性质、面积、层数、高度、设计范围及分工、用电负荷等级、各类用电负荷容量、供配电方案、线路敷设、防雷计算结果及类别、火灾报警系统形式及其保护措施和电气节能措施等内容”。其中也提及了用电负荷容量，D.4.1 计算表就是对不同类型的负荷的计量、位置、分布等要求有表格的统计，这也是一种更为直观的负荷表示办法，对于能耗的分析有较大作用，值得推荐。

4.《绿色建筑设计规范》DB11/938—2012：

插座和照明只在回路出线侧区分：《绿色建筑设计规范》DB11/938—2012 也为北京地标，其中第 11.5.2 条对公共建筑的电能计量应按照用途、物业归属、运行管理及相关专业要求设置电能计量，分类很细，比国家标准更为细分，有的条目在工程设计上执行起来甚至有一定的困难，如其第四款：“办公建筑的办公设备、照明等用电应分项或分户计量”。普通的办公室内的办公设备多为计算机用电，大多数使用专用支路供电，但办公室内的非办公设备，如台灯，按理说就不能接在上述的插座回路上，除非另外敷设不同用处的照明专线回路，否则还是难于避免接于插座回路。即便真是实施彻底分开，也只会增加设计和施工的难度，并无实际意义。所以分类计量仍建议控制几大类即可，不可教条，按编制人的真实意图去操作，太碎实现起来有难度，也增加了系统的不稳定性，并不安全合理。

第四章　电气系统的常见审图问题及解析

一、高压系统图常见问题

1. 高压隔离柜

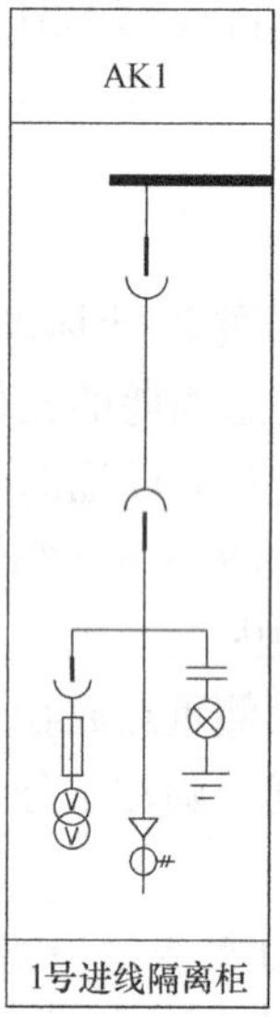

图 4-1　高压进线隔离柜示意图

（1）进线隔离柜容易遗漏电压互感器，并缺少与之对应的电压表，保护互感器的高压熔断器，该处电压互感器除了可以测量电压，也可以用于给弹簧储能交流操动机构供电，由于电压互感器是在开关之前，所以即便是合闸之前也是可以给弹簧储能交流操动机构供电，规范出处见《20kV 及以下变电所设计规范》GB 50053—2013 中 3.5.3 条“当小型变电所采用弹簧储能交流操动机构且无低电压保护时，宜采用电压互感器作为合、分闸操作电源；当有低电压保护时，宜采用电压互感器作为合闸操作电源、采用在线式不停电电源（UPS）作为分闸操作电源；也可采用在线式不停电电源（UPS）作为合、分闸操作电源。”所以进线柜需要表示电压互感器及与之相关的设备。如图 4-1 所示。

（2）10kV 变电所高压（中压）进线侧需设开关或是隔离触头，见《20kV 及以下变电所设计规范》GB 50053—2013 中 3.2.2 及 3.2.3 条：“配电所专用电源线的进线开关宜采用断路器或负荷开关熔断器组合电器。当进线无继电保护和自动装置要求且无须带负荷操作时，可采用隔离开关或隔离触头”。及“配电所的非专用电源线的进线侧，应装设断路器或负荷开关—熔断器组合电器”。1）专用电源线与非专用电源线的保护区别：专用电源线是指为设计项目独立配给的高压电源线，中间不存其他高压用户，非专用线则是指高压线上有数个用户，设计项目仅是其中一个用户，专用线供电中如果高压侧有带负荷操作或是有继电保护的要求，则建议采用断路器或负荷开关加熔断器的组合形式，但更多的情况是由于上级供电端已经设有保护，在检修时可以先切除上级的断路器，则进线柜所采取的操作属于不带负荷动作，故实际设计中更多地采用隔离开关或是隔离触头即可，固定柜常配隔离开关，抽屉柜则常配隔离触头，加之高压抽屉柜为当下的主流设计思路，所以设置隔离触头是最为常见的设计做法。如果为非专用电源线供电，则高压固定柜应设置断路

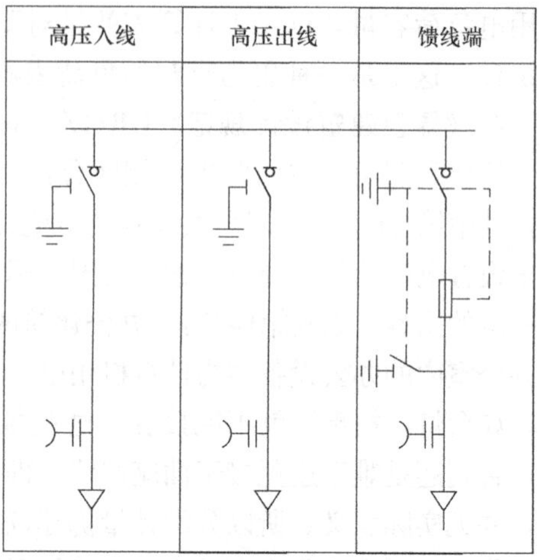

图 4-2　高压进线环网柜示意图

器或是负荷熔断器。2）专用电源线与非专用电源线的区分：高压线路如从高压开闭所配出，则一般为专线供电，所以中置式固定高压柜多采用隔离触点，只有当采用环网柜时，才会出现手拉手供电模式，即非专用线供电，环网柜多采用负荷熔断器，如图 4-2 所示。

2. 高压进线柜及出线柜：

（1）此外高压电器的选择与开关柜也需要匹配，高压进出线开关需要对动稳定及热稳定均需进行校验。

1）动稳定电流为断路器在闭合位置时，所能通过的最大短路电流，称为动稳定电流即 I_{max}，也被称为额定峰值耐受电流，它表明断路器在短路冲击电流作用下，承受电动力的能力，需要满足 $I_{max} \geqslant i_{sh}^{(3)}$，见《工厂供电》（三版）（3-51），$i_{sh}^{(3)}$ 为三相短路冲击电流，10kV 高压系统一般 $i_{sh}^{(3)}$ 不会超过 40kA，则高压断路器常采用额定短路动稳定电流即 I_{max} 选为 40kA 及以上即可，如果低于 40kA，则建议出具计算书，同时需要注意分断能力要小于供电局局端的分断能力。

2）热稳定电流是断路器在规定时间内，开关特性测试仪允许通过的最大电流 $I_t^2 t \geqslant I_{\infty}^{(3)2} t_{ima}$，其中 I_t 为热稳定电流，也是短路开断电流，常见高压热稳定动作电流为 20kA 或 25kA，t 为热稳定动作时间，需查询产品样本。如西门子真空断路器 $I_t = 25kA$，$t = 3s$，多数情况未知产品时，可取 4s，上述参数也可以参考《工厂供电》（三版）中附录八的要求，$I_{\infty}^{(3)}$ 为三相稳态电流即为短路电流有效值，一般高压侧 $I_{\infty}^{(3)} \leqslant 20kA$，$t_{ima}$ 为短路发热假想时间，t_{ima} = 固有合闸时间 + 固有分闸时间 + 0.05s，固有合闸时间及固有分闸时间可参考《工厂供电》（三版）中附录八，多可按最大 1s 考虑，则 $25^2 \times 4 > 20^2 \times 1$，表示常规热稳定动作电流为 25kA 或 20kA 断路器均可承受 10kV 短路电流的热效应，审图时短时耐受电流不低于 20kA 均认为可以满足要求。

（2）高压进线柜及出线柜需要设置三支两绕组电流互感器，一般鉴于制造成本的关系，高压系统均采用双绕组的电流互感器，分为保护用和测量用的两组，两绕组分别用于综保及测量仪表，其中一组通过测量仪表配合来测量电力系统的电流和电量（有计量柜的也可以预留为备用），另一组通过继电器配合保护电力系统的安全。为那为什么需要用三支电路互感器呢，而不是两只？是因为需要满足零序保护就需要设置三只电流互感器，才可以完成对地故障时的选线功能，去寻找故障点。一般多采用 10P10 或 10P20 级等用于保护，即当一次侧电流为额定二次侧电流 10 或 20 倍时，电流互感器要求的复合误差≤±10%。如图 4-3 所示。

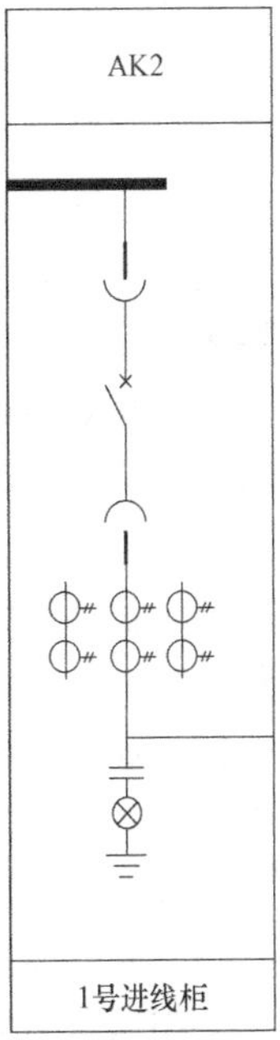

图 4-3　高压进线柜示意图

3. 高压计量柜：由于民用建筑多数由区域配电所供电，处于区域电网，所以需要设置计量柜，需要设置两支双绕组电流互感器，原理是用两个 CT 即可测量三相的平衡电流，均为 0.2 级功能为计量，如果设计采用了三支电流互感器，也并无错误，与进线柜的两只电流互感器相对比，只是稍有浪费的嫌疑，另设置一组电压互感器，也用于计量使用，同电流互感器类似功能为计量，采用 0.2 级，如某工程设置“10/0.1kV　0.2 级 15VA”电压互感器一套，电压互感器后需设置电压表一块，或者配套多功能电表使用，见《20kV 及以下变电所设计规范》GB 50053—2013 中 3.2.12 条：“由地区电网供电的配电所或变电所的电源进线处，应设置专用计量柜，装设供计费用的专用电压互感器和电流互感器。”如图 4-4 所示。

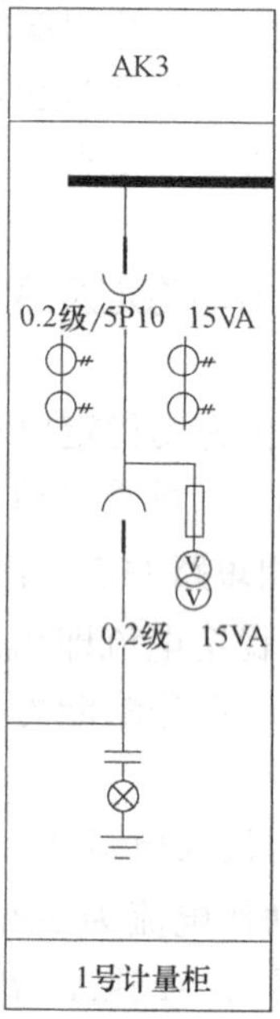

图 4-4　高压计量柜示意图

4. 高压避雷器的选择：多审查高压进线处母线避雷器的取值是否有误，供电局要求小电阻接地系统中一般建议采用规格为“HY5WZ2-17/43.5”，设置于各高压出线柜处，氧化锌避雷器的额定电压上述型号中的 17 表示额定电压。其理解为过电压有效值达到 17kV 左右，氧化锌避雷器就会开始工作。这个参数不建议过低，否则容易导致氧化锌避雷器负担过重烧毁。根据《交流电气装置的过电压保护和绝缘配合设计规范》GB/T 50064—2014 中 6.4.1.2 条所述，电气设备的操作冲击绝缘水平与操作冲击保护水平之比值不得小于 1.15，而 15kV 电气设备的耐受电压即操作冲击绝缘水平为 45kV，则避雷器的操作冲击残压应不大于 39.1kV（即 45/1.15）即可，10kV 高压系统选择 HY5WZ-17/43.5 即可满足要求（43.5/1.15＜39.1），其中 10kV 系统额定电压为 17kV，残压为 43.5kV，也有设计选取 HY5WZ2-12/32.4，操作冲击残压也可以达到要求（32.4/1.15＜39.1），但电压有效值偏低，审核时可以通过，但设计建议斟酌，如图 4-5 所示。

5. 继电保护方式是否合理：对于 35kV 以下的高压系统，多为小电流接地系统，现在多采用综合继电保护装置来完成，保护的原则是越靠近电源测重要性越高，也就是为什么末端配出只有过电流的长延时整定保护，而低压出线则要设置长延时整定保护及速断保护，低压主进则要有长延时整定保护及短延时整定，故高压进线则除了设置上述几种保护外，增加了零序保护，具体各地的高压继电保护并不相同，还应该参照当地供电局的具体要求。

(1) 零序保护对单相接地通过互感器在二次侧予以体现，进行报警，北京地区可见《京供生技【2000】29 号》之要求。

(2) 10kV 线路的应装设过电流保护，过电流保护的动作时间可为 0.5s。

(3) 当过电流保护的动作时间大于 0.5s 时，需装设电流速断保护，另外重要的变配电所引出的线路也应装设电流速断保护。

(4) 如果存在高压母联，则需要设置与高压进线开关的电气闭锁，保证不能同时投入两组高压，即“三者合其二”的逻辑功能。如图 4-6 所示。

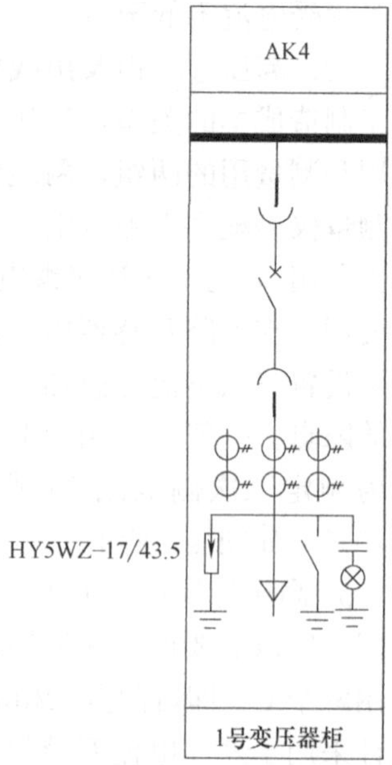

图 4-5　高压出线柜示意图

(5) 此外高压出线要设置两段式温度保护，接入综保装置，采用温度控制器的输出接点，作为综保装置的数字采集信号，温度值可以设定，设高温报警、超高温跳闸等，实现变压器的温度保护，高温过热首先会启动柜顶的排风机，超高温时高压出线开关直接跳闸。

6. 电气计量与测量：

(1) 电气测量需要参见《电力装置电测量仪表装置设计规范》GB/T 50063—2017 中 3.1.4 条的要求，可适用于高级 10kV 及低压的测量互感器的要求，电测量装置电流、电压互感器及附件、配件的准确度不应低于其表 3.1.4 的规定，可见电流互感器及电压互感器皆为 0.5 级即可满足测量用规范要求。

电测量装置电流、电压互感器及附件、配件的准确度要求（级）

表 3.1.4

电测量装置准确度	附件、配件准确度			
	电流、电压互感器	变送器	分流器	中间互感器
0.5	0.5	0.5	0.5	0.2
1.0	0.5	0.5	0.5	0.2
1.5	1.0	0.5	0.5	0.2
2.5	1.0	0.5	0.5	0.5

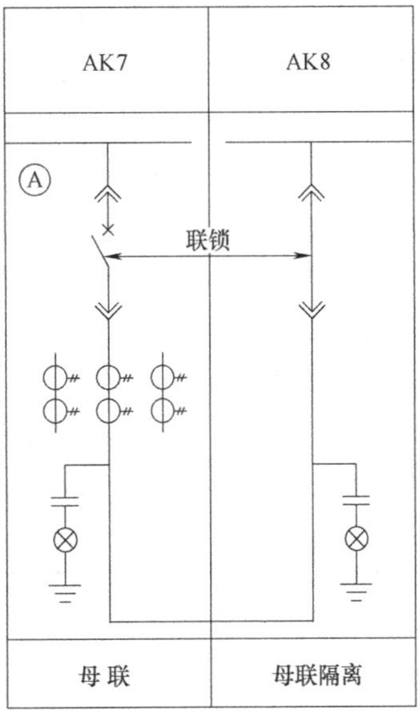

图 4-6　高压母联柜示意图

(2) 电气计量则需要参见《电能计量装置技术管理规程》DL/T 448—2016 中 6.2 条的要求，同样可适用于高级 10kV 及低压的测量互感器的要求，电计量装置、电流、电压互感器件、配件的准确度不应低于其表 1 的规定，由于常见民用建筑电能计量装置类别多为Ⅳ类及Ⅴ类，所以可见电流互感器及电压互感器同样皆为 0.5 级即可满足规范要求，电能表 1 级即可满足计量用设计要求。

准确度等级　　**表 1**

电能计量装置类别	准确度等级			
	电能表		电力互感器	
	有功	无功	电压互感器	电流互感器[a]
Ⅰ	0.2S	2	0.2	0.2S
Ⅱ	0.5S	2	0.2	0.2S
Ⅲ	0.5S	2	0.5	0.5S
Ⅳ	1	2	0.5	0.5S
Ⅴ	2	—	—	0.5S

[a] 发电机出口可选用非 S 级电流互感器

二、低压系统图常见问题

1. 低压断路器的选择

由建筑外引入的配电线路，应在室内分界点合理的地方装设隔离电器。见《供配电系统设计规范》GB 50052—2009 第 6.0.10 条："由建筑物外引入的配电线路，应在室内靠近进线点便于操作维护的地方装设隔离电器"，与 20kV 规范相比两本规范所述的电压等级不同，适用于 1000V 以下的低压供电环境。

(1) 主进开关的选择

1) 长延时电流脱扣器的选择：在《全国民用建筑工程设计技术措施（电气）2009》

中 5.5.4.2 条中，提及变压器低压侧主保护断路器的长延时电流脱扣器电流为变压器低压侧额定电流的 1.1 倍，又见其 2.6.2.3 条第 3 款中介绍了变压器低压侧的额定电流 $I_{et}=1.443\times S_{et}$，其中 S_{et} 为变压器的额定容量（kVA），则以 1000kVA 变压器为例，$I_{et}=1.443\times1000=1443\text{A}$，变压器主保护断路器的长延时过电流脱扣器电流 $I_{zd1}=1.1\times I_{et}=1587\text{A}$，则主保护断路器长延时过电流脱扣器额定电流可以选择 $I_{zd1}=1600\text{A}$，长延时的时间定制为在 6 倍长延时电流时做到 5～10s 之间（可见《北京电网 04kV 设备保护定值整定指导原则》中 3.3.1.2 条）。常见几种规格变压器主保护断路器的长延时电流脱扣器额定电流为如表 4-1 所示。

常见变压器主保护断路器的长延时电流脱扣器额定电流　　表 4-1

变压器容量(kVA)	800	1000	1250	1600	2000
长延时整定值 I_{zd1}(A)	1300	1600	2000	2500	3300

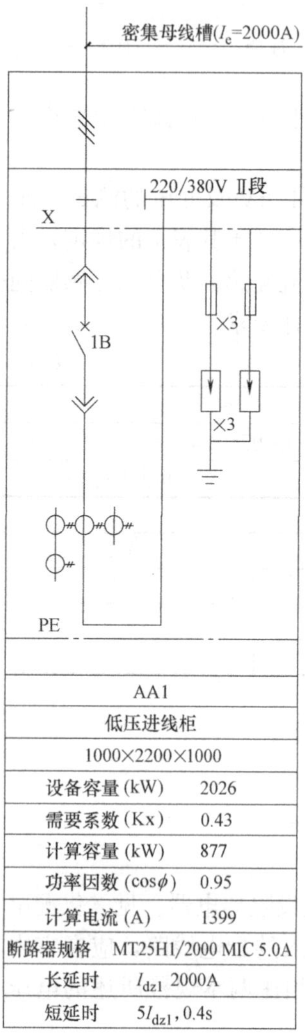

密集母线槽(I_e=2000A)
220/380V Ⅱ段
X
×3
1B
×3
PE
AA1
低压进线柜
1000×2200×1000
设备容量(kW) 2026
需要系数(Kx) 0.43
计算容量(kW) 877
功率因数(cosϕ) 0.95
计算电流(A) 1399
断路器规格 MT25H1/2000 MIC 5.0A
长延时 I_{dz1} 2000A
短延时 $5I_{dz1}$, 0.4s

图 4-7　低压主进开关选择示意图

2）短延时脱扣器的选择：在《全国民用建筑工程设计技术措施（电气）2009》中 5.5.4.3 条，提及变压器低压侧主保护断路器的短延时电流脱扣器电流为：$I_{dz2}=m\times1.3\times I_{et}$，（1.3 为可靠系数，$m$ 建议取 4），则 $I_{dz2}\approx5\times I_{zd1}$，故变压器低压侧主保护开关的短延时脱扣器整定电流一般为 5 倍 I_{dz1}，如上例中长延时电流脱扣器额定电流 $I_{dz1}=1600\text{A}$，则短延时电流脱扣器额定电流 $I_n=1600\times5=8000\text{A}=8\text{kA}$，时间定制可选 0.3s 或 0.4s（0.3s 出处可见《北京电网 04kV 设备保护定值整定指导原则》中 3.3.1.3 条中 b 款），审核时把握计算原则即可。

3）主保护器的瞬时保护功能建议取消：见《全国民用建筑工程设计技术措施（电气）2009》中 5.5.4.5 条："在不能保护系统的选择性时，可不设瞬时跳闸功能"，在《北京电网 04kV 设备保护定值整定指导原则》中 3.3.1.1 条中则建议仅保留长延时及短延时功能，其余功能全部退出，原理一样，审查时图纸如果能够实现三段式保护，自然也为正确，但是在低压侧主进开关确实有一定困难。如图 4-7 所示。

（2）母联断路器整定：

1）要求进线柜断路器长延时整定值≥母联柜断路器长延时整定值，母联柜断路器长延时整定值一般取 75%～80%的进线柜断路器长延时整定值（可见《北京电网 04kV 设备保护定值整定指导原则》中 3.3.2.2 条相关要求），时间定值相同，如主进开关长延时整定值为 2000A，则母联开关长延时整定值可以选 1600A，时间定制均为 0.3s。

2）母联柜与进线柜短延时整定值不应相同，也应有选择性，需要做到：进线柜短延时脱扣器整定电流≥母联柜短延时脱扣器整定电流，母联柜短延时脱扣器整定电流一般也取进线柜短延时脱扣器整定电流的75%～80%（可见《北京电网04kV设备保护定值整定指导原则》中3.3.2.3条），同时进线柜短延时脱扣器动作时间≥母联柜短延时脱扣器动作时间，如进线柜短延时脱扣器整定电流可为$5I_{zd1}$，动作时间0.4s，则母联短延时脱扣器整定电流建议选择为动作电流为$4I_{zd1}$，动作时间0.2s，虽然低压开关的动作时间的级差一般设定为0.1s，但建议采用0.2s的级差，用以保障动作的可靠性，审查时可以注意。对比上图的主进开关，如图4-8所示的母联开关。

（3）低压出线开关：出线开关建议仅保留瞬时及长延时保护功能，（可参考《北京电网04kV设备保护定值整定指导原则》中3.3.3.1条），所以低压配出回路需要表示瞬动保护参数。

1）瞬动过流脱扣器的选择：①动力出线回路可见《通用用电设备配电设计规范》GB 50055—2011中第2.3.5.3条，“瞬动过流脱扣器或过电流瞬动元件的整定电流应取电动机启动电流周期分量最大有效值的2～2.5倍”。常见的鼠笼式电动机起动电流一般是额定电流的4～7倍。两值相乘取中间值，则$I_{dz3}\approx8\sim17I_{B}$，其中$I_{B}$为设备计算电流，又在《全国民用建筑工程设计技术措施（电气）2009》中5.5.5.1条第三款中有$I_{dz3}=1.2(2I_{qmi}+I_{B(n-1)})$，其中$I_{qmi}$为最大一台电机启动电流，$I_{B(n-1)}$为除最大一台外线路计算电流，如果看做仅有一台设备，则即为$I_{dz3}=2.4I_{qmi}\approx8\sim17I_{B}$，两种算法思路结果都是一样。②照明出线回路可见《全国民用建筑工程设计技术措施（电气）2009》中5.5.3.8条，$I_{dz3}\approx(4\sim7)I_{B}$。③实际设计中建议额定电流较小的瞬时脱扣器额定电流$I_{dz3}=10I_{dz1}$，额定电流630A～1000A瞬时脱扣器额定电流$I_{z3}=8I_{dz1}$，额定电流1000A以上瞬时脱扣器额定电流$I_{z3}=4I_{dz1}$。而且选型时，要注意低压主处需考虑选择性保护，上一级的脱扣整定电流≥1.2倍下一级脱扣整定电流。

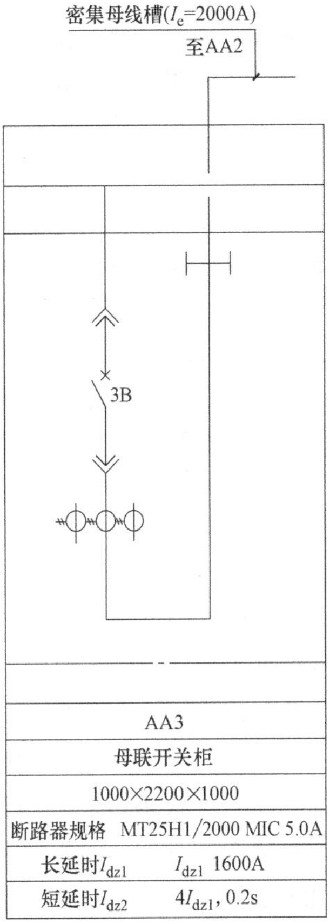

图4-8 低压母联开关选择示意图

2）长延时过流脱扣器的选择：$I_{dz1}\geqslant1.1I_{B}$，见《全国民用建筑工程设计技术措施（电气）2009》中5.5.3.6条所述，又见《低压配电设计规范》GB 50054—2011中6.3.3条“过负荷保护电器的动作特性，应符合下列公式的要求：$I_{B}\leqslant I_{n}\leqslant I_{z}$及$I_{2}\leqslant1.45I_{z}$式中 I_{B}—回路计算电流（A）；I_{n}—熔断器熔体额定电流或断路器额定电流或整定电流（A）；I_{z}—导体允许持续载流量（A）；I_{2}—保证保护电器可靠动作的电流（A）。当保护电器为断路器时，I_{2}为约定时间内的约定动作电流”，如果划分再细一点，应该说I_{n}为额定电流，I_{dz1}为长延时整定电流，$I_{n}\geqslant I_{dz1}$，因为选型时低压侧两项都要标注，而选型更多用的是I_{dz1}，则$I_{B}\leqslant I_{dz1}\leqslant I_{z}$更为实用。$I_{B}\leqslant I_{dz1}\leqslant I_{z}$并没有什么好说，断路器的整定电流需要大于计算电流并且小于电缆的载流量，而$I_{2}\leqslant1.45I_{z}$

其实与 $I_{dz1} \geqslant 1.1I_B$ 意义相仿，因为断路器 I_2 为约定动作电流，约定脱扣电流为 $I_2 = 1.3I_{dz1}$（约定动作的电流 I_2 要求为长延时脱扣器整定电流的 1.3 倍），即 $I_2 = 1.3I_{dz1} \leqslant 1.45I_z$，即 $I_{dz1} \leqslant 1.1I_z$，归纳一下两条文的要求，出现 $I_B \leqslant 1.1I_B \leqslant I_{dz1} \leqslant I_z \leqslant 1.1I_z$ 的要求，实际设计和审图中按 $1.1I_B \leqslant I_{dz1} \leqslant I_z$ 进行选择就可以达到规范的要求。

（4）低压开关的选择性要求：

1）规范要求：可见《低压配电设计规范》GB 50054—2011 中 6.1.2 条："配电线路装设的上下级保护电器，其动作特性应具有选择性，且各级之间应能协调配合。非重要负荷的保护电器，可采用部分选择性或无选择性切断"，何为非重要负荷，何种条件下必须采用选择性开关，并未说明太细，是因为断路器的选择性保护做到全覆盖确实有难度，在其后的条文说明中也有介绍，具体判断断路器的选择性及非选择性则要参见《全国民用建筑工程设计技术措施（电气）2009》中 5.4.3 条，有详细介绍，大约可以这样简化理解：一二级之间的保护器采用选择性开关即可（5.4.1 条），即低压侧的母联开关和低压主进开关均为选择性开关，设有长延时保护、短延时保护、瞬时保护的三段式保护，而之后的低压出线开关仅设有长延时保护和瞬时保护，为两段式保护，为非选择性开关，则开关需满足 $I_{(1)dz2}$（一级总开短延时整定值）$\geqslant 1.3I_{(2)dz3}$（一级分开瞬时整定值），（也可见《低压配电设计规范》GB 50054—2011 中第 6.2.4 条的要求："当短路保护电器为断路器时，被保护线路末端的短路电流不应小于断路器瞬时或短延时过电流脱扣器整定电流的 1.3 倍"），而末端箱体主进开关仅设长延时保护和瞬时保护，则为非选择性开关，则开关的长延时整定值需满足 $I_{(1)dz1}$（一级分长延时整定值）$\geqslant 2I_{(2)dz1}$（二级分长延时整定值），末级的开关一般均为非选择性保护，开关的长延时整定值同样满足 $I_{(2)dz1}$（二级分长延时整定值）$\geqslant 2I_{(3)dz1}$（三级分分长延时整定值）。低压侧的瞬时保护器这里不谈，主要因为短路电流接近，微断和塑壳的速断电流倍数基本为定值，为实现末端负荷不越级跳闸，需要将瞬时整定电流尽量小，但要躲过尖峰电流，所以一般末端的微断都是 $10I_n$，又大于电机启动的尖峰电流 $7I_n$ 即可。

2）常见保护选择性问题示例：例 1：如 1000kVA 变压器，低压馈出开关长延时整定值为 $I_{dz1}=200A$ 时，其瞬时保护整定可为 $10I_{dz1}$ 并无问题，但馈出开关长延时整定很大时，瞬时还为 $10I_{dz1}$，则不合理，因如主进开关长延时整定值为 1600A，短延时整定值为 4 倍的长延时整定值，即为 6400A，而设计中有长延时整定 630A 的大电流开关，其瞬时保护整定仍为 $10I_{dz1}$，瞬时保护整定即为 6300A，按 $I_{(1)dz2}$（一级总开短延时整定值）$\geqslant 1.3I_{(2)dz3}$（一级分开瞬时整定值），但可见 $6.4kA < 1.3 \times 6.3kA$ 与规范要求不符，出线开关的瞬动整定值大于了主保护开关短延时整定值的 1.3 倍，短路时主保护开关可能跳闸，支路配出的开关却不动作，导致故障面的扩大，所以需要设计将大容量出线回路的瞬时整定倍数调小，如修改为瞬时保护采用 $4I_{dz1}=2.52kA$，则可满足 $6.4kA > 1.3 \times 2.52kA$，通过调整整定倍数才可使上级完成选择性要求，故大功率的电机或是出线回路设计前要考虑与变压器是否配合。经常启动的电机，设备容量不大于变压器容量的 20%。不经常启动的电机，设备容量不大于变压器容量的 30%。道理也是如此，使开关上下级整定值容易实现上下级的配合，如 1600A 的主进断路器，30%就是 480A 左右，如为电机设备使用，如前文记述，其瞬时保护整定至少为 $8 \sim 17I_B$，如取 $10I_{dz1}$，$6.4kA \approx 1.3 \times 10 \times 0.48kA$，可见电动机超过变压器容量 30%后启动存在困难。

2. 裸导体需校验动稳定校验即母线校验动稳定，电缆电线不需要进行动稳定校验，但电缆电线需要进行校验热稳定。

（1）审核变压器的高压进线电缆规格型号是否正确：

主要考虑热稳定的校验问题，高压进线电缆的所选截面选择往往远大于载流量要求的要求，是因为高压电缆侧载流量偏小，但短路电流的影响偏大，相应的短路发热量更大，为电缆的主要损毁原因，故多利用短路发热量来选择电缆，可依据公式 $A=\frac{I_{d3}\cdot 1000\cdot\sqrt{t}}{C}$，（《工厂供电》附录表七），$I_{d3}$ 为短路电流的有效值，在高压侧一般不会超过 20kA 左右，t 为短路电流持续时间，一般不会超过 0.08s，均以大值考虑，热稳定系数查表 $C=137$，$A=33\text{mm}^2$，所以 10kV 高压电缆多为 50mm^2 以上。审图时对于 50mm^2 及以下规格的高压进线电缆，要求进行热稳定校验。

（2）低压母线的规格型号选择是否正确：

低压母线侧由于短路电流比低压末端大，也比高压前端大，则动稳定所产生的影响更大，发生短路时会产生很大的动能，摧毁母排，进而扩大故障面，所以低压母线需重视动稳定校验。参见《建筑电气强电设计指导与实例》中的计算章节，可知 2000kVA 变压器采用 4×[2×(TMY-125×10)] 铜母线时，$\sigma=44.6$MPa，小于 140MPa 的要求值（该值见《3～110kV 高压配电装置设计规范》GB 50060—92 中表 4.0.16，虽然已经是作废的规范，但鉴于新版中并无该项介绍，可以参考），该母排截面的选择参考了《10kV 及以下变压器室布置及变配电所常用设备构件安装》03D201-4 中 P229 页的规格，实际审图时可依据该图集，如可达到低压母线的规格，则其动稳定校验认为即可满足要求。

3. 电容器补偿

（1）容量选择的问题：功率补偿需要进行补偿容量的计算，但对于审图工作，则一般补偿容量可按变压器容量的 25%～30%进行预估，如某台 1600kVA 变压器，取同时系数 0.7 后实际计算功率 $P_1=1114$kW，实际补偿功率因数 $\cos\varphi 1$ 为 0.83，相应 $\tan\varphi 1$ 为 0.68，要求补偿后 $\cos\varphi 2$ 达到 0.95，相应 $\tan\varphi 2$ 为 0.33，则 $Q_c=1114(0.68-0.33)=390$kvar，取整可以按 400kvar，400/1600＝0.25，可知计算与预估基本一致，故如 1000kVA 变压器，电容补偿 500kvar 自然有误。又如 800kVA 变压器，电容补偿 2×200kvar 同样是不合理的补偿设计，要予以提出。

（2）无功补偿电容柜主开关的选择：需要计算长期允许电流，与有功功率计算电流的计算方式类似，如 1000kVA 变压器的补偿容量为一台 300kvar 补偿柜，则 $I=Q_c/(1.732\times U)=300/(1.732\times 0.4)\approx 433$A，需要乘以 1.35 的系数为 584A，则选择 630A 额定电流的开关或熔断器，配以 600A 的电流表即可。而每组电容器的断路器也需要单独设置保护，选择方式类似电容器组，如 30kvar 电容器组，每组电容器的断路器也需要单独设置保护，选择方式类似于电容器组，$I=Q_c/(1.732\times U)=30/(1.732\times 0.4)\approx 43$A，需要乘以 1.5 的系数，则计算电流为 64A，则选择 80A 的断路器或熔断器合适。1.35 及 1.5 的系数的出处见《20kV 及以下变电所设计规范》GB 50053—2013 第 5.1.4 条："并联电容器装置的电器和导体应符合在当地环境条件下正常运行、过电压状态和短路故障的要求，其载流部分的长期允许电流应按稳态过电流的最大值确定。并联电容器装置的总回路和分组回路的电器和导体的稳态过电流应为电容器组额定电流的 1.35 倍；单台电容器导体的

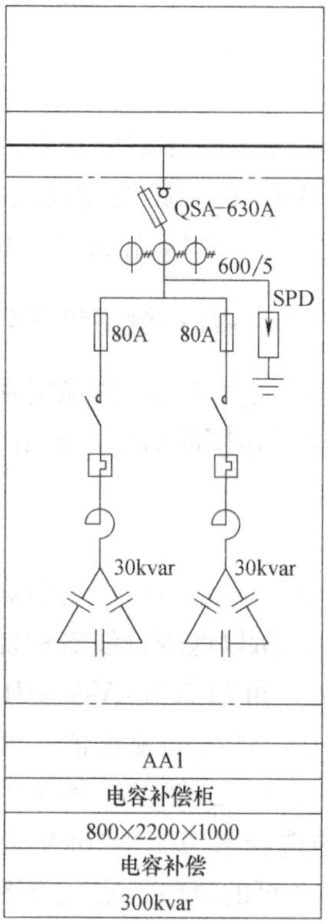

图 4-9　无功补偿电容柜开关选择示意图

允许电流不宜小于单台电容器额定电流的1.5倍。”如图4-9所示。

4. 剩余电流保护器的设置：

(1) 低压侧剩余电流保护的前世今生：

低压主进断路器最早应该考虑的是零序电流保护，见已经作废的《低压配电设计规范》GB 50054—95 中 4.4.10 条。之后的规范对于低压侧再无零序电流保护的说法及要求，在TN-S系统中不需设置零序电流保护，因零序电流偏大，易误动作。而在后来的《低压配电设计规范》GB 50054—2011 中 5.2.13 条中提及不能满足 $Z_s \times I_a \leqslant U_o$ 的应设置剩余电流保护器，但这要求对于具体施工图设计人员来说很难进行评估，难于取舍设置的标准。不过在其 6.4.3 条中提及为了减少因为电气火灾危险而装设的剩余电流检测或保护电器，其动作电流不应大于 300mA，但一般都是用于报警，切断电源的要求在现在规范中已经不见。曾经在《住宅设计规范》GB 50096—2011 中 8.7.2.6 条的条文说明，要求了防火剩余电流动作值不宜大于 500mA，也没有再提及切断电源的要求，所以只报警不动作成了当下的主流要求（其实这样有点违背了初衷，但毕竟不跳闸可扩大故障面，不好猜测）。但针对是选择 500mA 还是 300mA 的剩余电流保护，现在也基本有了共识，倾向于选择为 300mA，还是鉴于《低压配电设计规范》GB 50054—2011 更为权威。《民用建筑电气设计标准》GB 51348—2019 中 13.5.6 条亦有 300mA 的说法。

(2) 低压侧电气火灾监控系统的设置：

见《火灾自动报警系统设计规范》GB 50116—2013 中 9.2.1 条：“剩余电流式电气火灾监控探测器应以设置在低压配电系统首端为基本原则，宜设置在第一级配电箱的出线端”，低压前端侧设置剩余电流保护目的是为了减少火灾事故，故低压主母排上设剩余电流检测用互感器是有误的。裸金属发热周边并无易燃物，低压柜仅设置线缆及柜体的温度检测即可满足要求。由于出线电缆众多，一般会设置电气火灾监控系统，电流互感器应该设置于出线电缆上，监控模块采集电流变化信号，以确定线缆温度的变化，传回火灾监控主机，且并不宜设剩余电流检测功能。如设置剩余电流检测应明确剩余电流整定值（300mA），建议选择可见后第九章中一 . 5 条记述。如图 4-10 所示。

5. 低压侧系数的选取：

(1) 低压出线回路需用系数取值偏低，设计人为了“凑”比较小的开关或小截面电缆，则最常用的办法就是选择尽量小的需要系数，毕竟这个（K_x）需要系数在规范层次上并没有规范明确的要求，一般选取是按设计手册或国标图集中的相关内容，自由度偏大，典型的不合理设计：1）如空调负荷的需要系数，在图集中有要求 50 台以上空调需要系数 K_x=0.3～0.4，则设计人员取 K_x=0.6 或 0.5 字面上看还算偏大了，但如果考虑空调负荷的实际使用情况则不然，其实小区内跳闸多数发生在夏日，尤其是分体式空调居多的民用小区，在夏天夜间空调使用的时段和数量都很集中，需要系数其实并不低，实际使

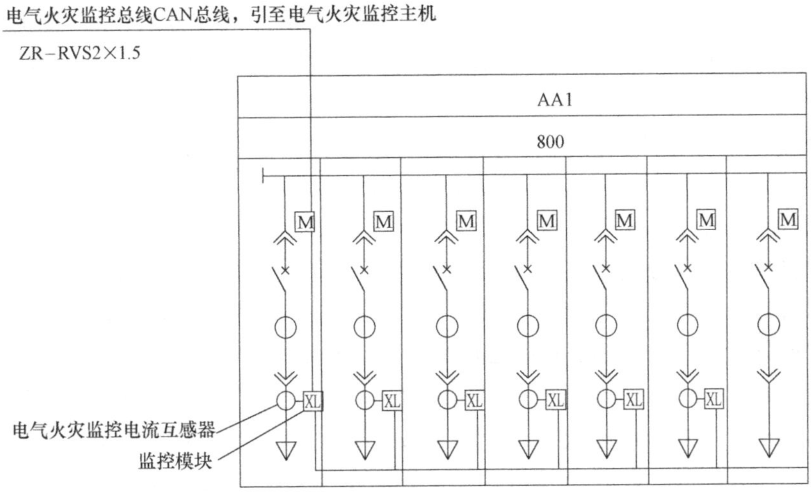

图 4-10　低压侧电气火灾监控系统示意图

用中屡见跳闸，故多台空调负荷的需要系数建议设置在 0.7 左右较为合理，0.5～0.6 的取值其实并不能满足实际使用要求。2）又如厨房负荷的需要系数选取过高，厨房负荷中含有多重负荷，但极少同时使用，在民用电气的负荷重占比很大，但是需要系数却是很低，一般 K_x=0.4 或 0.5（可参考 19DX101-1-3-23）即可，太大的系数使系统选型吃力，且并不合理。3）其外配电柜中如果只有三台及以下的电力设备，需要系数 K_x=1，见《全国民用建筑工程设计技术措施（电气）2009》中 2.7.7 条注 1：“一般电力设备为 3 台及以下时，需要系数宜取 1”，则是考虑设备数量很少时，同时使用的概率极大，如果能选择较小的系数，过载的概率则会大大提高。

（2）功率因数的选取：因为要考虑电梯的暂载率问题（民用建筑中仅电梯常见暂载率的问题），所以电梯负荷的 $\cos\varphi$ 取值可为 0.5 左右，普通风机和水泵负荷的 $\cos\varphi$ 取值 0.8～0.85 左右，空调负荷 $\cos\varphi$ 取值应为 0.8，大型厨房用电负荷的 $\cos\varphi$ 取值 0.8～0.9 左右（可参考 19DX101-1-3-23），照明回路的 $\cos\varphi$ 取值 0.9，（可见《公共建筑节能设计标准》GB 50189—2015 中“6.3.5.1：“灯具的选择应符合下列规定：使用电感镇流器的气体放电灯应采用单灯补偿方式，其照明配电系统功率因数不应低于 0.9”），其中如果太大或是太小都不是很合理。功率因数及需要系数的选取如表 4-2 所示。

功率因数及需要系数选取示意表　　　　**表 4-2**

负荷计算	设备容量 P_e(kW)	240	81	50	50	68	35	45
	需用系数 K_x	0.5	0.8	1(三台)	1(两台)	0.9	0.9	0.8
	计算容量 P_j(kW)	120	65	50	50	62	32	41
	功率因数 $\cos\varphi$	0.8	0.8	0.8	0.8	0.8	0.9	0.8
	计算电流 I_j(A)	227	123	95	95	117	54	78
	干线编号	11WPM	12WPM	17WPM	19WPM	2WPM	1WLM	5WPM
	回路名称	厨房	水处理	普通风机	液压机	普通水泵	照明	空调

6. 分断能力：

（1）I_{cu}与 I_{cs}的关系与区别：主开关及配出回路开关断流能力是否能满足要求，极限

短路分断能力 I_{cu}：按试验程序 O-t-CO 所规定的试验条件（O-分断；t-间歇时间；CO-接通和分断），可见只实现了一次分断，之后可接通断路器但不能继续承载其额定的分断能力，至于以后是否能正常接通及分断，断路器不予以保证；而额定运行短路分断能力 I_{cs} 即我们一般选择断路器时候说的分断能力，为预期的额定分断能力，按试验程序 O-t-CO-t-CO 可见可看出达到这个值后，断路器依然可以多次分断，即还可以继续使用，设计时可以选多取 100%I_{cu}、75%I_{cu}、50%I_{cu} 等几档，如果选择为 100%I_{cu}，则 $I_{cu}=I_{cs}$。

（2）设计中的常见分断能力：1）微型断路器分断能力即 I_{cs}、I_{cu} 两值也是相同的，因为微断的长延时热保护最大整定值为 63A，可遇到的最大尖峰电流大约为 $I=63\times8=504$A，故断路器常见分断能力在 6～10kA。2）对于大型框架式断路器可以按下述估算：630～2000A 的额定电流：$I_{cu}=80$kA，$I_{cs}=50$kA，3200～4000A 的额定电流：$I_{cu}=100$kA，$I_{cs}=80$kA，4000～6300A 的额定电流：$I_{cu}=120$kA，$I_{cs}=100$kA，审图时可作为参考。3）塑壳断路器的分断能力，多见为 I_{cu} 的选择，分为 25kA、36kA、50kA、70kA 等挡，再高的级别也有，但在民用建筑用得比较少，这里不提。考虑低压侧的实际短路电流一般不会超过 36kA，则设计中 36kA、50kA 两个级别的断路器应用最多，依据项目具体情况选取。

7. 低压缆线的选择：

（1）变配电室配出线的降容系数：变配电室低压侧的往往多条电缆引出，在系统上选择电缆线槽时，易忘记考虑降容系数。如某项目有 40 条出线电缆外，另有两条母线，不仅是线槽内需要考虑降容，母线和线槽穿越留洞时，距离太近同样会增加电缆的发热量，也要注意线槽与母线的距离要求，降容系数的选取可见《电力工程电缆设计规范》GB 50217—2018 中表 D. 0. 6 所述。常见的电缆托盘桥架（即金属线槽），单排敷设需要载流量打 0. 7 的系数，双排敷设需要载流量打 0. 55 的系数，三排敷设需要载流量打 0. 5 的系数，该处的载流量选取为敷设在空气中的载流量。以 YJV-70mm² 为例，在环境温度 35℃ 的线槽内敷设，可选择载流量 $I_{z_{(空)}}=236$A，如为单排敷设，降容后的载流量为 $I_{z_{(槽)}}=236\times0.7=165$A，与在墙内管内敷设的载流量 $I_{z_{(暗管)}}=157$A 接近，稍低于明装管道敷设的 $I_{z_{(明管)}}=186$A 的要求，则可以认为如果不是大量电缆多排敷设，则电缆线槽内的电缆载流量可以不用复核，可以按暗敷配管的载流量作为审核的参考标准。可见电缆线槽也是一个大号线管，但如电缆三到四排贴邻在线槽内敷设，则需要审核降容系数对载流量的影响。

（2）电线、电缆载流量的依据：审查建筑电气施工图中电线、电缆载流量等，建议依据国家建筑标准设计图集《建筑电气常用数据》19DX101-1 中所列的电线、电缆载流量及修正系数的有关数据，不同敷设条件下的参数选择：1）环境温度：室外布线时，在空气中、电缆沟及隧道内敷设，可以按＋40℃进行考虑；室内配线时，在室内吊顶、电缆竖井、电缆槽盒、托盘内或梯架上布线可按＋35℃考虑；电缆在土壤中直埋时，可按＋25℃考虑。2）热阻系数：在工程设计中，当未能明确土壤类型及地理位置时，华北、东北地区的一般土壤热阻系数可取 $PT=1.2$km/W 选择；华北、东北地区的一般土壤热阻系数可取 $PT=1.2$km/W 选择；华东、华南地区的一般土壤热阻系数可取 $PT=0.8$km/W 选择，可见图集《建筑电气常用数据》04DX101-1 中表 6. 27 所述。19DX101-1 中无此参数，可参考作废图集的内容。

8. 配电级数的要求：

见《供配电系统设计规范》GB 50054—2011 中 4. 0. 6 条："供配电系统应简单可靠，

高压等级的配电级数高压不宜多于两级；低压不宜多于三级。”同一说法在《民用建筑电气设计标准》GB 51348—2019 中 7.1.4.1 条：“变压器二次侧至用电设备之间的低压配电级数不宜超过三级”。本条款条文说明“向非重要负荷供电时，可适当增加配电级数，但不宜过多，”基本限定了，供电等级建议最好为三级，不宜超过四级，如果超过四级建议审核提出。供电级数越多损耗自然越大，浪费也多，每多一级自然均需要有备用回路，累积起来即为浪费。另外为实现上下级开关的选择性，开关额定电流会选择的更大，也会造成浪费。所以从供电系统的合理性上考虑，尽量做大第二级，让末端箱体配出支路回路数量不多较为合理，同时也让上口开关的额定值偏于常规，不用太小，电缆截面相对合理，这也是节能的要求。

9. 低压出线回路柜内断路器的配置建议从大到小均匀设置，不建议一面低压柜内均设计为整定值限制在 250A 以下的小开关，或是均为 400A 以上大开关，出线断路器整定值太小，则使前端开关与末端设备断路器整定值接近，选择性不好，且容易造成出线回路较多，电缆纷杂，散热不佳。此外电缆截面会选择偏小，甚至有可能出线电缆截面小于末端设备的供电电缆截面。这是由于末端配电柜所带设备少的则需要系数普遍较大，电流较大，而上级配电柜由于所带设备多，相对需要系数会小，在负荷变化不大的情况下，会出现这种下一级的计算电流大于上一级的奇怪现象。在新入行的设计师中容易出现这样的问题，其实原因还是系统的配置并不合理，如图 4-11 所示。而一个出线柜内的单个开关整定值太大，则柜体内增设新的出线会有困难，备接小负荷会有困难，让系统的可塑性变差，也并不可取，所以低压出线最好是由大到小各级整定电流值均有较为合理。

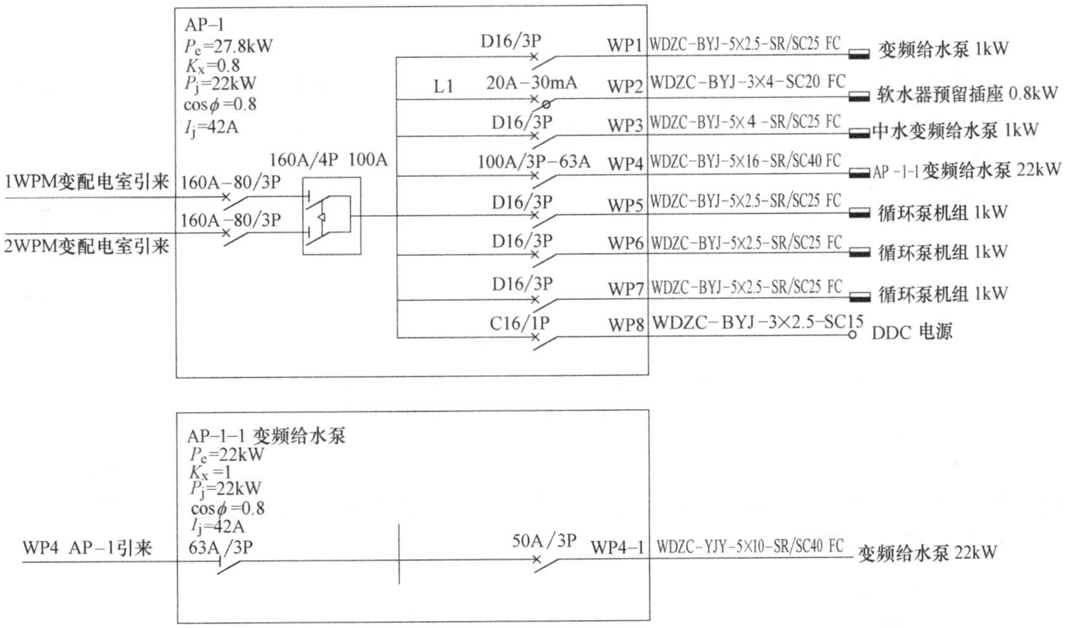

图 4-11　负荷配置不合理的系统示意图

10. 馈出线电流互感器的设置位置：

(1) 低压系统出线回路 50A 及以下额定电流的开关，直接接入电流表，不需设置电流互感器。

（2）大于 50A 额定电流的开关，很多设计图纸会将出线的电流互感器设置在抽屉柜内，一般为 3 个（多为三相，如果为单台三相电机设备，可以采用单相电流互感器）。实际上确定电流互感器是不是在抽屉内，要看断路器的额定电流大小。如果断路器额定电流过大，则外形尺寸也大，自然互感器就装不下，具体可以按小电流（400A 及以下）的电流互感器可装在抽屉内，一般不引出电流二次线。而大电流（400A 以上）的互感器装在抽屉外，抽屉内不设电流表，由电流二次线接外部的电表。如图 4-12 所示。

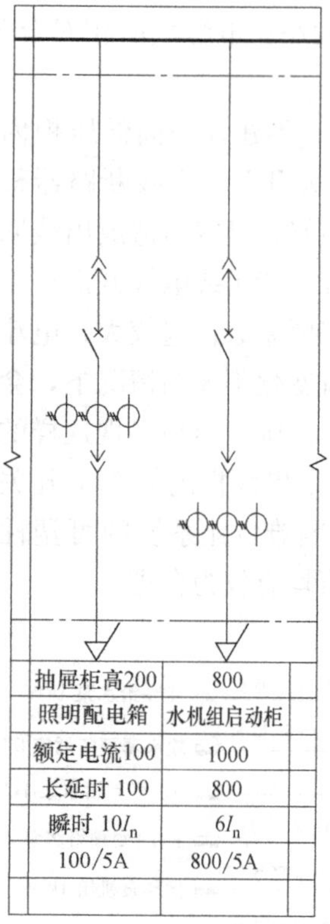

抽屉柜高200	800
照明配电箱	水机组启动柜
额定电流100	1000
长延时 100	800
瞬时 $10I_n$	$6I_n$
100/5A	800/5A

图 4-12　电流互感器设置示意图

11. 竖向干线的合理性：

（1）链式接线干线系统带箱不可过多，因为一个箱体出现短路，容易扩大故障面，尤其消防负荷当采用链式接线时，末端箱体数量则不宜超过 5 个，总容量不超过 10kW，见《民用建筑电气设计标准》GB 51348—2019 中 13.7.11.2 条："对于作用相同、性质相同且容量较小的消防设备，可视为一组设备并采用一个分支回路供电。每个分支回路所供设备不宜超过 5 台，总计容量不宜超过 10kW"。

（2）T 接方式由于线缆可以被保护，更多被设计使用，如支线采用断路器则可以进一步控制故障面，作为干线常用模式，箱体可不限数量，尤其适合应急照明箱使用。由于应急照明的容量普遍较小，箱体偏多，可以采用断路器 T 接，但为了保证消防系统的可靠性，仍不建议末端应急箱体太多，但负荷可以略放大。

（3）普通负荷采用 T 接出线的回路容量不宜太小，且供电距离远，如某单体建筑出线回路为 15kW，后设 3 个 5kW 配电箱，经 150m 到达箱体。虽然压降并无问题，但太过于浪费，应该想办法在二级回路进行合并，电缆直供的距离应尽量缩短，这是设计合理性的问题，前文也有过介绍。适宜选取 70～150mm^2 的电缆，选择 160～250A 左右的开关为最佳，故可以通过合并减少出线，进而减少低压柜，节省面积及造价，以达到供电的合理性。

（4）T 接方式可用于小容量的消防负荷，但是排烟防烟风机、消防电梯、消防水泵几种设备不允许采用，这几项需要单独回路设置双电源供电，可见《建筑设计防火规范》GB 50016—2014 中 10.1.8 条："消防控制室、消防水泵房、防烟和排烟风机房的消防用电设备及消防电梯等的供电，应在其配电线路的最末一级配电箱处设置自动切换装置"如图 4-13 所示的几种模式。

12. 电缆分支：

（1）T 接电缆的保护：

1）等截面 T 接，T 接电缆是低压末端设计的常用手段，对于数量多、负荷小的设备组群，十分合适，干线电缆在 T 接后，T 接分支电缆与主干电缆建议截面是相同，分支电缆并不缩径，这样就不存在分支电缆保护缺失的问题。2）如果有设计将电缆截面减小，按负荷侧的计算电流进行了电缆选择，则 3m 之内可以变径，可见《低压配电设计规范》

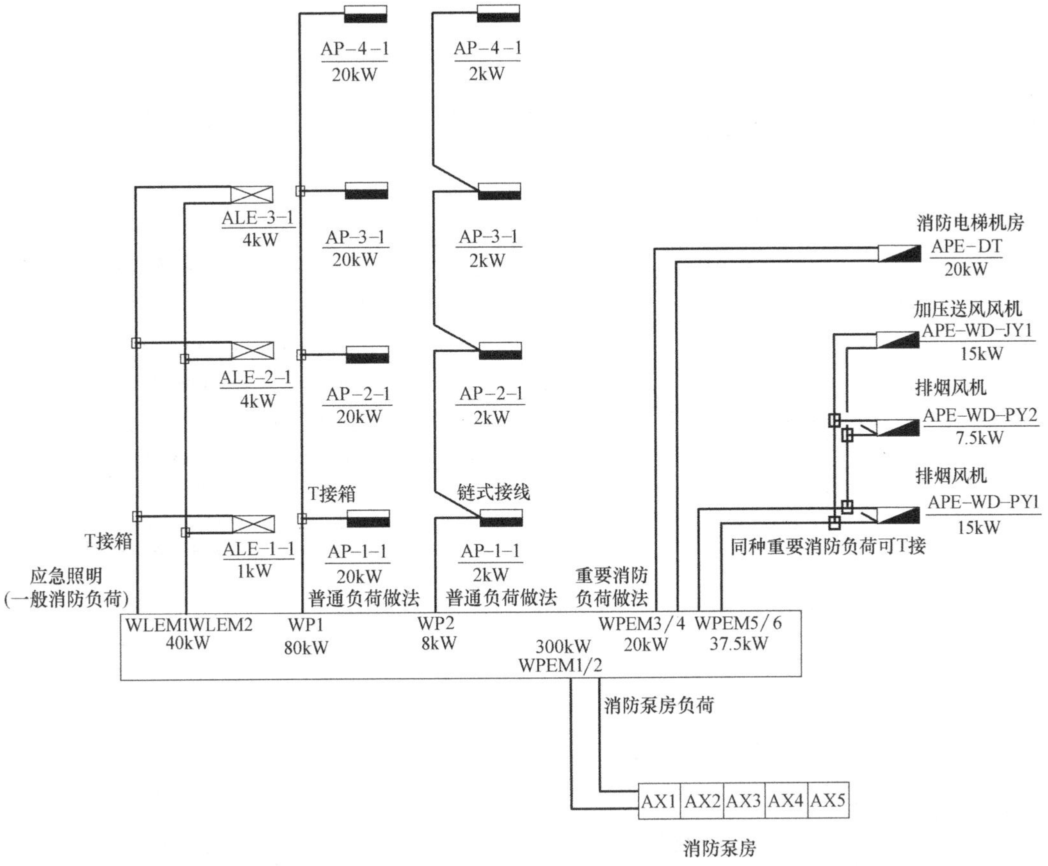

图 4-13　常见干线示意图

GB 50054—2011 中 6.2.5 条："短路保护电器应装设在回路首端和回路导体载流量减小的地方。当不能设置在回路导体载流量减小的地方时，应采用下列措施：1 短路保护电器至回路导体载流量减小处的这段线路长度，不应超过 3m"，主要考虑的情况是分支电缆距离很短，支线可以近似看作如母线一样，且多为箱体以内的线缆，视为出现故障的可能很小，则不装保护开关，分支箱设于电气竖井，末端电源箱则在走道，距离大于了 3m，如截面由 $240mm^2$ 减小为 $70mm^2$ 的情况，这种情况则应考虑分支线缆的保护。3）故如从干线 T 接至下级箱体距离大于 3m 采用树干式配电时，尽量是同截面 T 接，当不采用同截面电缆 T 接时，则配电箱系统电源进线处就不应选用隔离开关，需要选择可以保护该段分支线路的断路器。常见线缆 T 接如图 4-14 所示。

（2）谐波对线缆的影响：

变频电源的包含了许多高次谐波，高次谐波经多次反射，幅值叠加可达到几倍的工作电压。正常的三相正弦供电系统中，当三相电流平衡时，其中性线的电流为零的，若出现三次谐波或是更高次谐波，则高次谐波的电流分量在中性线内并不存在相位差，所以会产生叠加成谐波量的高次倍数，所以谐波设备的中性线电流可能会更大。这其中三次谐波占比较大，其他高次谐波影响略小。考虑到高次谐波在中性线的电流叠加，变频设备的中性

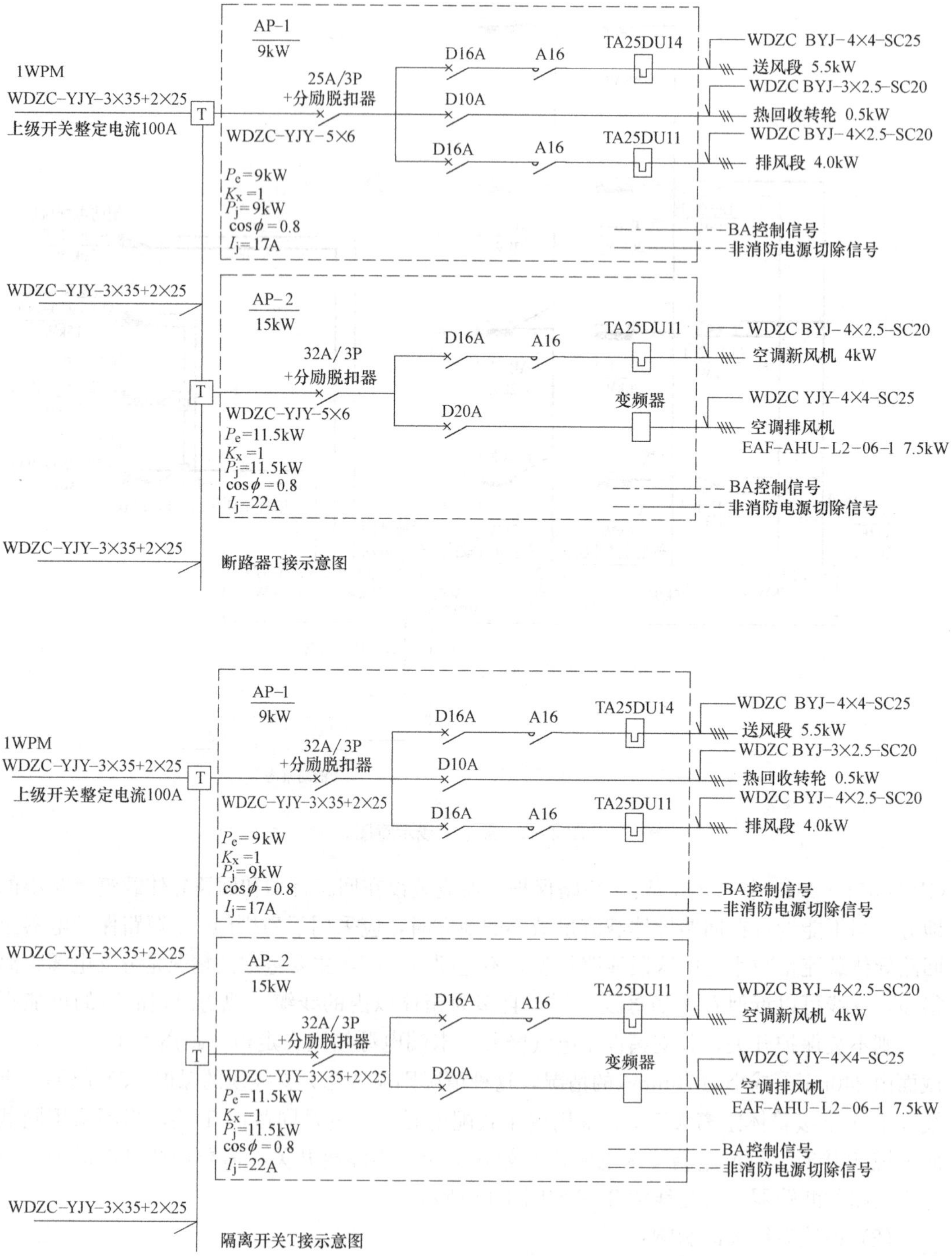

图 4-14　线缆 T 接系统示意图

线截面应不小于相线的截面。见《电力工程电缆设计规范》GB 50217—2018 中 3.6.9 条：“1kV 以下电源中性点直接接地时，三相四线制系统的电缆中性线截面，不得小于按线路最大不平衡电流持续工作所需最小截面；有谐波电流影响的回路，尚宜符合下列规定：1

气体放电灯为主要负荷的回路，中性线截面不宜小于相芯线截面，或有明确的高次谐波存在。2 除上述情况外，中性线截面不宜小于 50%的相芯线截面”，另外在《低压配电设计规范》GB 50054—2011 中 3.2.9 条：“在三相四线制线路中存在谐波电流时，计算中性导体的电流应计入谐波电流的效应。当中性导体电流大于相导体电流时，电缆相导体截面应按中性导体电流选择”。故常见的民用建筑项目，重点审核高压钠灯、金属卤化灯、电梯、变频水泵、变频风机等设备回路的中性线是否偏小，电源电缆的相零应采用同截面。

13. (1) 关于 TN-C 系统中 PEN 线严禁接入开关设备的问题，见《低压配电设计规范》中 GB 50054—2011 第 3.1.4 条所述，该“条文”违规多发生在 TN-C-S 系统的电源进户的处理上，主要为了降低造价，即变压器出线侧为 TN-C-S 系统，室内配电系统为 TN-S 系统，实际中 TN-C-S 系统的应用更多，那变压器下低压主进开关和联络柜的开关是 3P 还是 4P？有人认为是因为工作中性线与保护地线共用，所以 PEN 线不可以断开，故此处的进线开关要选用 3P。而在《全国民用建筑工程设计技术措施（电气）2009》中 91 页注 1 也有明确的说法，则建议采用 4P 开关，确实存有一定争议。但从供电单位的角度考虑则建议采用 3P 开关，因更是担心出现断零故障，断零故障是指 4P 开关如果长期使用，触头表面产生会被氧化，逐步形成绝缘层，由于相线的开合会产生拉弧，高温对相线的触头是一种自然清理，消除被氧化的作用，但 N 线上没有大电流，开合时自然也没有电弧，时间长了就形成 N 线的接触不良，如 N 线触头被氧化层阻断，后果会是单相设备电流变大，以致烧毁，为常见的一种电气故障，故 4P 开关在供电系统的前端是慎用的，断零故障破坏面会比较大，供电单位比较常用 3P 开关。综上所述，笔者个人还是认可变压器下低压主进开关最好采用 3P 型开关，但仅限于此处使用，而联络柜的开关则 3P 和 4P 认为均可，互有利弊，可见第七章中四 .6（2）条的介绍。如图 4-15 所示。

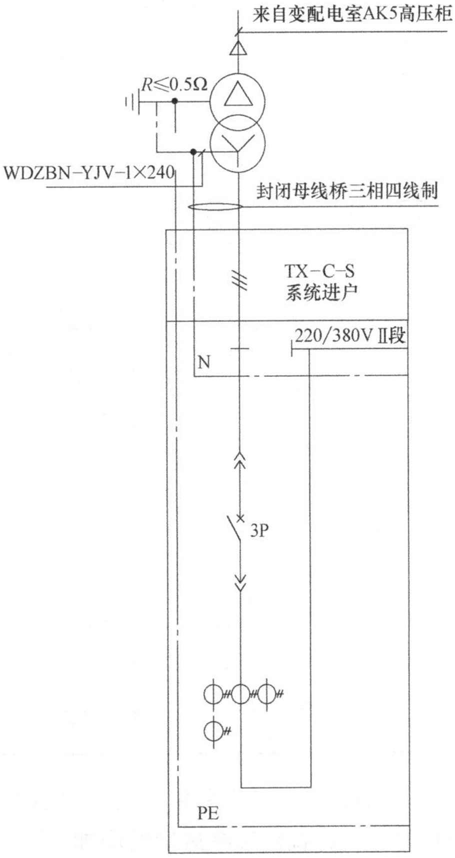

图 4-15　变压器低压主进开关级数示意图

(2) 对于这个问题，经常还附带另外一个不符合相关专业规范的问题，即在住宅进楼电源开关采用 4 极漏电开关时，多线画法表达为将 PEN 线当成零线，接入开关 N 极并穿过漏电开关后，再重复接地，其做法则还不符合《民用建筑电气设计标准》GB 51348—2019 中第 7.5.5.2 条的规定：“PE 或 PEN 线严禁穿过漏电动作保护器中电流互感器的磁回路”，以防造成漏电开关误动作，正确的接法应将进线 PEN 线先接入 PE 接地端子（该端子与地网或 MEB 连接）完成重复接地后，PE 与 N 线分开，N 线再接入四级开关的N极，也应用文字明确表达在开关前重复接地。

三、末端配电系统

1. 末端开关选择的常见问题：

（1）末端设备开关的热保护：末端开关一般为配电型断路器，常见为微型断路器，其长延时过电流脱扣器的整定值要求是计算电流1.1倍左右，前文已经有类似记述，实际审核仍需注意，可参见《全国民用建筑工程设计技术措施（电气）2009》中5.5.3.6条要求。

（2）末端设备开关的选择性：实际设计中末端断路器多选择为上下两级均为非选择性断路器，常存在下一级与上一级配电箱内开关的电流整定值相同，无级差的设计出现则是完全无选择性，在存有短路电流之时，下级的开关承受的电流与上级接近，上级开关容易误动作，需要审图提出，即便有级差如果仅差一级，对于选择性的要求来说一般还是做不到，选择性仍然不好。但依据前文所述，可以不提，但如果设备重要，建议选取大两级的微断，这样一般可以达到选择性的要求。

1）以施耐德C65系列的产品样本为例，其中表内数值为要求小于等于的短路电流范围，一般实际中可以满足，重点是看上下两级微断的选择性配合，如表4-3所示。

上下级均为微断的选择性配合 **表4-3**

上级断路器 I_n(A)		C65N/H D曲线											
		2	3	4	6	10	16	20	25	32	40	50	63
下级断路器	额定电流												
选择性限值(A) C65 B曲线	1			50	72	125	200	250	300	400	500	630	800
	2			50	72	125	200	250	300	400	500	630	800
	3				72	125	200	250	300	400	500	630	800
	4				72	125	200	250	300	400	500	630	800
	6					125	200	250	300	400	500	630	800
	10						200	250	300	400	500	630	800
	16								300	400	500	630	800
	20									400	500	630	800
	25										500	630	800
	32											630	800
	40												800
	50/63												

2）如果为了实现极差接近的开关达到选择性配合也是有办法的，可将上级开关改为塑壳开关，代价就是成本造价的增加，设计中并不建议采用，但如果设备重要，必须实现选择性保护时，可以按工程进行取舍，如下施耐德产品样本表4-4所示，表中的T代表了上下级无条件完全实现选择性。

上级为塑壳开关的选择性配合　　表 4-4

上级断路器 脱扣单元		NSX100F/N/H/S/L Micrologic 2.0,5.0,6.0 I_{sd}:$10I_r$								NSX160F/N/H/S/L Micrologic 2.0,5.0,6.0 I_{sd}:$10I_r$				
下级断路器	额定电流(A)	40				100				160				
	设定值 I_r	16	25	32	40	40	63	80	100	63	80	100	125	160
选择性限值(kA)														
DPN C 曲线	≤10	0.4	0.4	0.4	0.4	T	T	T	T	T	T	T	T	T
	16			0.4	0.4	T	T	T	T	T	T	T	T	T
	20			0.4	0.4		T	T	T	T	T	T	T	T
	25				0.4		T	T	T	T	T	T	T	T
	32							T	T		T	T	T	T
	40								T			T	T	T

（3）末端开关的级联：主开关及配出回路开关断流能力是否能满足要求，主要还是看低压出线开关的分断能力是否可以满足短路电流分断的要求。由于低压侧母线短路电流一般在 40kA 以下，鲜有超过的情况，而末端单相短路电流更是一般在 10kA 以下，则一般线路的分断能力更多利用连级来实现。连级是指利用上级开关分断能力较大的优势来提高末端开关的分段能力，仍然以施耐德产品为例，一般可见末端开关的分断能力多会有一倍以上的提升，所以末端设备的分断要求一般是比较容易实现的，如下施耐德产品样本表 4-5 所示。

上下级开关的级联配合　　表 4-5

上级断路器	NSX160F
分断能力(kA rms)	85
下级断路器	分断能力(kA rms)
DPN (相电压 130V)	20kV
DPN N (相电压 130V)	30kA
C65N	40kA
C65H	50kA
C65L≤25A	65kA
C65L≤40A	65kA
C65L≤63A	65kA
C120H	40kA
C120L	40kA
NG125H	85kA
NG125L	

（4）开关的级数选择：

1）住宅建筑的低压主进线开关应采用 4P，是因为住宅建筑的主进开关需要采用剩余电流动作保护装置，可见《住宅设计规范》GB 50096—2011 中 8.7.2.6 条所述，保护原理所致，需要采用 4P 开关，这里不做过多介绍。

2）三相电机设备回路开关应采用 3P，因为三相电机电流平衡，中性线不存在电流，所以没有必要采用 4P 开关。

3）照明回路的开关应采用 1P，其实不仅是照明，只要是末端设备不存有剩余电流保护装置的单相回路，均为 1P 就够，可见《民用建筑电气设计标准》GB 51348—2019 中第 7.6.8.4 条："在 TT 或 TN-S 系统中，当 N 导体的截面与相导体相同，或虽小于相导体但能被相导体上的保护电器所保护时，N 导体上可不装设保护"。

4）双电源自动切换开关应为 4P，多见用于末端的互投装置及柴油发电机的双电源切换开关，可见《民用建筑电气设计标准》GB 51348—2019 中第 7.5.3 条第二款：“TN-C-S、TN-S 系统中的电源转换开关，应采用切断相导体和中性导体的四极开关。

5）IT 系统中当有中性导体时应采用四极开关，常见即隔离照明用变压器的次级保护开关应采用 2P 开关（可见图 4-22），则是 7.5.3 条第五款的要求，只是三相变为单相，原理其实相同。

（5）末端电动机的接地故障保护要求：除了短路保护也需要设置接地故障保护，可见《通用用电设备配电设计规范》GB 50055—2011 中 2.3.1 条所述，实际设计和审图中需要表述当电动机的短路保护器件满足接地故障保护要求时，应采用短路保护兼作接地故障保护。有人说需要兼用的断路器验算接地故障灵敏度，可能会难以保护的情况，但我觉得可能多虑了。在《工业与民用供配电手册》（第三版）中表 4-32 中，可以清晰地看到末端设备单相接地故障电流（8.83kA）是远小于三相短路电流（18.91kA），故其实仅需说明即可。

2. 末端剩余电流保护的常见问题：

（1）剩余电流火灾报警信号线应采用阻燃型耐火线，见《火灾自动报警系统设计规范》GB 50116—2013 中 11.2.2 条所述。

（2）剩余电流保护器的动作时间：需要表示在说明或是系统图中，说明配电线路在接地故障保护时其切断故障回路的保护时间，见《民用建筑电气设计标准》GB 51348—2019 中 7.7.6 条：“对于相导体对地标称电压为 220V 的 TN 系统配电线路的接地故障保护，其切断故障回路的时间对于供电给手持式电气设备和移动式电气设备末端线路或插座回路，不应大于 0.4s”，也可见《剩余电流动作保护器的一般要求》GB 6829—2008 中 5.4.12.1 条之表一所述：直接接触保护用的剩余电流保护器要求漏电电流为小于等于 30mA（$I_{\Delta n}$）时，最大分断时间为 0.3s。综上所述，插座回路的漏电开关的动作时间应该取上述的小值 0.3s，审图时要求剩余电流保护开关应标明允许漏电流值及动作时间，常见表示为 30mA 及 0.1s，是因为产品设计多为 0.1s，并非 0.3s 不可行，但确实 0.1s 可靠性更高。如图 4-16 所示。

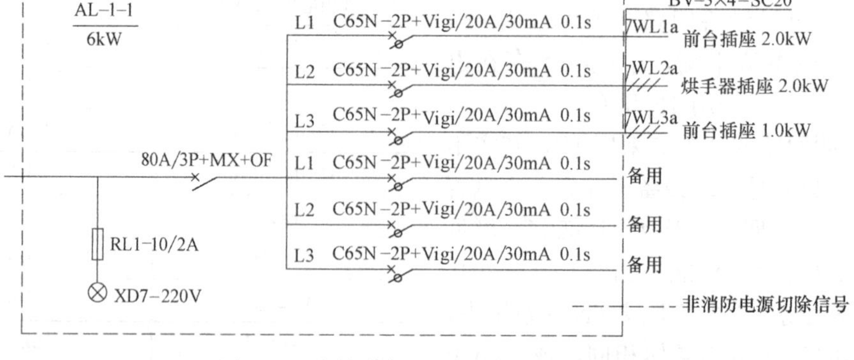

图 4-16 末端剩余电流保护器系统示意图

（3）带浴霸、淋浴的照明回路宜设剩余电流保护装置，见《住宅电气设计规范》JGJ 242—2011 中 9.4.4 条：“装有淋浴或浴盆卫生间的照明回路，宜装设剩余电流动作保护器，灯具、浴霸开关宜设于卫生间门外”，在其条文说明表述为：“为卫生间照明回路单独装设剩余电流动作保护器安全可靠，但不够经济合理。卫生间的照明可与卫生间的电源插座同回路”，如此就对住宅的卫生间照明做法重新定义了，也不失为好办法，唯一不足是卫生间的环境比较潮湿，浴霸、淋浴的照明容易漏电，也更加容易发生跳闸。虽然为“宜”的要求，但可以提出，建议设计将其纳入插座回路。

（4）太阳能热水设备系统的剩余电流保护：在《民用建筑太阳能热水系统应用技术规范》GB 50364—2018 中第 5.7.2 条：“太阳能热水系统中所使用的电器设备应有剩余电流保护、接地和断电等安全措施”。第 5.7.3 条：“内置加热系统回路应设置剩余电流动作保护装置，保护动作电流值不得超过 30mA”，太阳能热水器的电气系统图的设计其实在施工图阶段并不常见，多由厂家完成深化的系统设计，预留系统的供电前端也不需要在总开关处设置漏电保护，因为漏电动作的断电面太大，但卫生间如果留有太阳能辅助电加热回路的插座，则需要设置漏电保护。这个要求与卫生间插座的要求一样，比较常见。但还是需要在说明中予以介绍。如果施工图有该部分的系统设计，则需要明确内置的加热系统需要设置 30mA 剩余电流动作保护装置，原因是认为其长期在水中工作，是为了保障检修人员的生命安全而进行的要求，集中式太阳能系统中还有其余的循环泵、补水阀、电锅炉等，正常均不在水中工作，就像生活水泵、消防泵一样，造成水中带电的几率相对极少，故未强调设置 30mA 剩余电流动作保护装置。但为了提高人身安全的可靠性，如设置了保护动作电流值不超过 30mA 的剩余电流保护也不应判为是错误，可参考图 4-17 所示。此外保温水箱的内胆、电加热、水泵及控制柜外壳必须有接地保护。

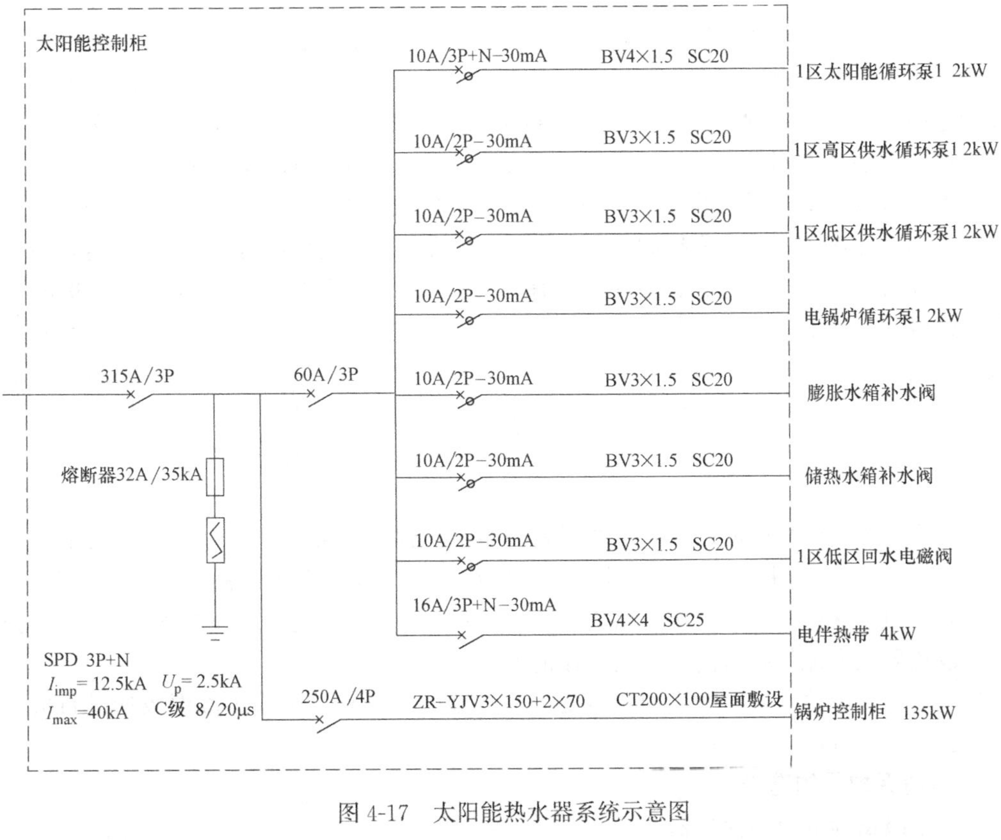

图 4-17 太阳能热水器系统示意图

(5) 在泵站、游泳池、水池等水下固定安装设备的剩余电流保护装置：应按《剩余电流动作保护装置安装和运行》GB 13955—2005 中第 4.5.1 条的要求在其末端出线回路装设防触电的终端剩余电流保护装置，容易被遗漏的水下固定安装设备之场所需要如下：游泳池（针对游泳池的设备配出回路）、喷水池（针对喷水池的设备配出回路）、浴池的电气设备（浴室的插座配出回路），安装在水中的供电线路和设备（针对如排水泵、雨水泵、污水泵等配出至设备的回路）等，以排水泵为例，如图 4-18 所示。

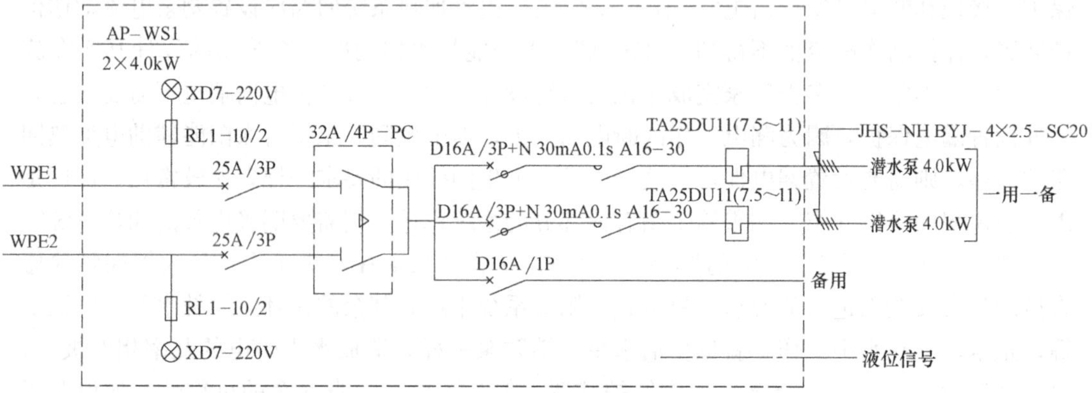

图 4-18 排水泵漏电系统示意图

(6) 室外电气设备是否需要装设剩余电流保护：根据《民用建筑电气设计标准》GB 51348—2019 第 7.5.5.5 条第 2 款中的规定，及《剩余电流动作保护装置安装和运行》GB 13955—2005 中 4.5 条的要求，均提及室外工作场所的用电设备的配电线路应设置剩余电流保护。室外的用电设备很多，如屋面的空调室外主机、冷却塔及屋顶风机、水泵等，是否其配电回路均需设置剩余电流动作保护装置？首先来说这些设备与“(5)”条中的水下设备工作环境还是不同的。水下设备长期设在水中，容易出现漏电，人员接触到故障设备直接受到伤害。而室外屋面的空调室外主机、冷却塔及屋顶风机、水泵等动力设备则不需人员直接用手操作，多为远程控制或是现场按钮控制，也不会选择雨天的环境进行维修。另外装有设备的屋顶多设有金属围栏，设有金属围栏杜绝了漏电伤人的可能。如果不设置金属围栏或多是不上人屋面，非专业人员不允许上去，所以 TN-S 接地系统中，笔者是不建议设置剩余电流动作保护装置的。作为人员间接接触防护 30mA 的动作电流，在室外阴雨潮湿环境中极容易造成剩余电流动作保护装置误动作，适得其反，会影响设备工作的稳定性，故屋顶设备的防电击还是补充辅助等电位联结较好，也是对人员安全的保护，在后文会有描述。

(7) 至交流充电桩的配出回路需要设置剩余电流保护，可见《电动汽车充电站设计规范》GB 50966—2014 中 5.4.2.1 所述，条文解释中说交流充电桩是高压大功率设备，故要设置剩余电流保护，但笔者个人认为如上文“(6)”条所记述，室外电气设备且无另外防护，设置剩余电流保护有助于人员操作的安全。

(8) 电伴热电热水器的配出回路需要设置剩余电流保护，可作为潮湿场所进行分类，见 GB 13955—2017 中 5.8 条。

3. 浪涌保护器的选择：

(1) Ⅰ级试验的电涌保护器：

1）进出建筑物的配电线路应设适配的浪涌保护装置，详见《建筑物防雷设计规范》GB 50057—2010 中 4.3.8.4 条："应在低压电源线路引入的总配电箱、配电柜处装设Ⅰ级试验的电涌保护器"，及 4.3.8.5 条："在低压侧的配电屏上，当有线路引出本建筑物至其他有独自敷设接地装置的配电装置时，应在母线上装设Ⅰ级试验的电涌保护器"。可见低压进户处及有外引出线的母线（项目极少见有不引出的情况）均要设置Ⅰ级试验的电涌保护器。

2）冲击电流的要求，重点注意参数的表达，其一是电压保护等级的要求，需要满足≤2.5kV 的要求，这一点在审查中常被发现，并没有标注，其二是冲击电流的要求，可依据《建筑物电子信息系统防雷技术规范》GB 50343—2012 中 4.3.1 条的规定，确定项目在 A～D 类型建筑中的分类，A 类建筑 I_{imp}（10/350μs)≥20kA，B 类建筑 I_{imp}（10/350μs)≥15kA，C、D 类建筑 I_{imp}（10/350μs)≥12.5kA，设计中需要至少选择 I_{imp}（10/350μs)≥12.5kA 的冲击电流可认为符合最低的要求，一般而言设备选型都已经表达了冲击电流指，但需要注意为 10/350μs 才为一级试验产品，出现 8/20μs 则为错标。

3）另外需要注意低压电源线路引入的总配电箱均需设置Ⅰ级试验的电涌保护器，与建筑物的防雷等级并无关联，第三类防雷建筑物在低压电源引入的总配电柜处也需设Ⅰ级试验的电涌保护器。如图 4-19 所示。

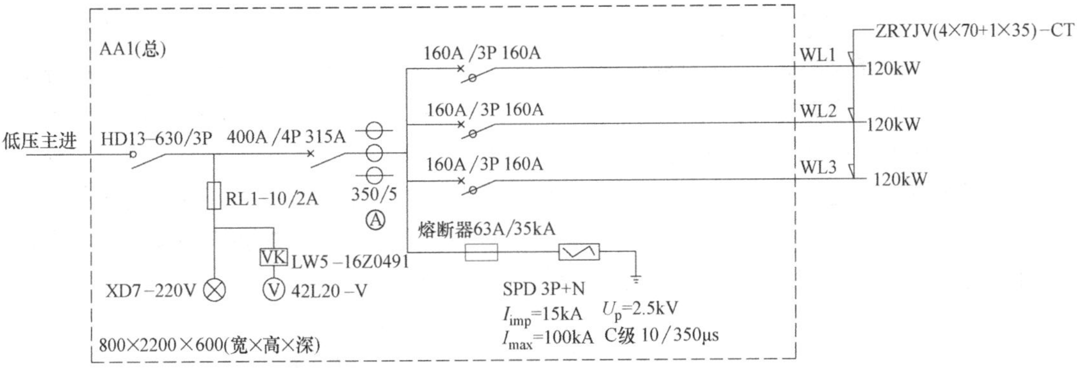

图 4-19　Ⅰ级试验的电涌保护器系统示意图

（2）Ⅱ类或Ⅲ类试验的电涌保护器：

1）可见《建筑物电子信息系统防雷技术规范》GB 50343—2012 中 5.4.3.3 条所述："在配电线路分配电箱、电子设备机房配电箱等后续防护区交界处，可设置Ⅱ类或Ⅲ类试验的浪涌保护器作为后级保护；特殊重要的电子信息设备电源端口可安装Ⅱ类或Ⅲ类试验的浪涌保护器作为精细保护。"加之规范中图 5.4.3-1 的示意，可说明二级配电箱（后续保护区）、动力设备机房配电箱（如电梯机房的配电箱，也为后续保护区，处于 LPZ0B 与 LPZ1 交界）及网络机房、数据机房、智能化系统机房、消防安防控制室配电箱（重要的电子信息设备）等设备建议设置Ⅱ类或Ⅲ类试验的浪涌保护器。

2）又见该规范 5.2.8 条："进入建筑物的金属管线（含金属管、电力线、信号线）应在入口处就近连接到等电位连接端子板上。在 LPZ1 入口处应分别设置适配的电源和信号浪涌保护器，使电子信息系统的带电导体实现等电位连接"，则屋顶风机、窗井内潜污泵（并应选用防水型）等设有室外设备的室内配电箱应设电涌保护器。

3）冲击电流的要求，见《建筑物防雷设计规范》GB 50057—2010 中 6.4.5.3 条：“若无此资料，Ⅱ级试验的电涌保护器，其标称放电电流不应小于 5kA；Ⅲ级试验的电涌保护器，其标称放电电流不应小于 3kA。”可确定审图时Ⅱ级试验的电涌保护器不可小于 5kA，多数设计中选择 10kA 较为常见。见图 4-20 所示。

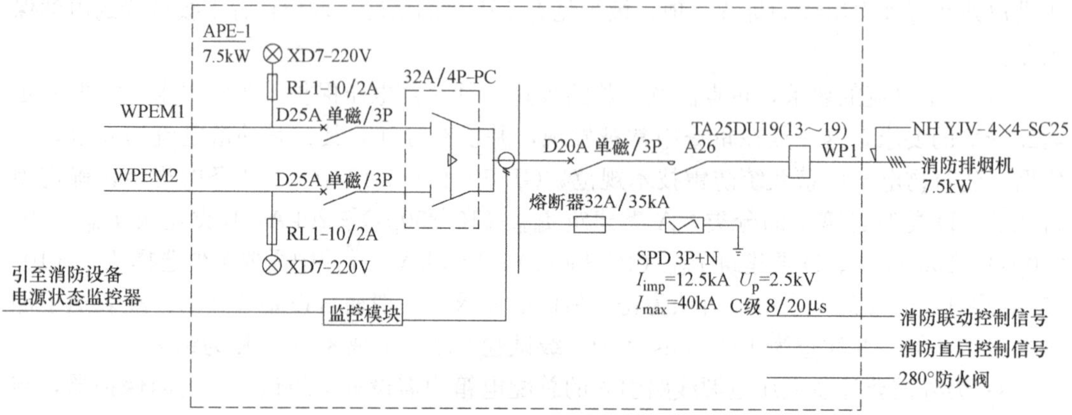

图 4-20　Ⅱ级试验的电涌保护器系统示意图

（3）弱电浪涌保护器设置：在《建筑物电子信息系统防雷技术规范》GB 50343—2012 中 5.4.3.3 条所述：“使用直流电源的信息设备，视其工作电压要求，宜安装适配的直流电源线路浪涌保护器”，这部分浪涌保护器要参见弱电的系统图，出入户的各种带铜材质的线缆的进户均需考虑。这里需要注意光纤由于材质和原理，并不存在直流电源流通，也就没有了浪涌电流侵入的可能。所以审图时发现多设置了，也要提出。但由于绝大多数在用光缆并不是完全无金属附着，其中包含有金属加强芯、金属护套等金属设备，故建议金属外皮需要做接地处理。此外光电转换之后的铜缆处也可以加装浪涌保护器，来杜绝可能雷电流的侵入。弱电浪涌保护器设置如图 4-21 所示。

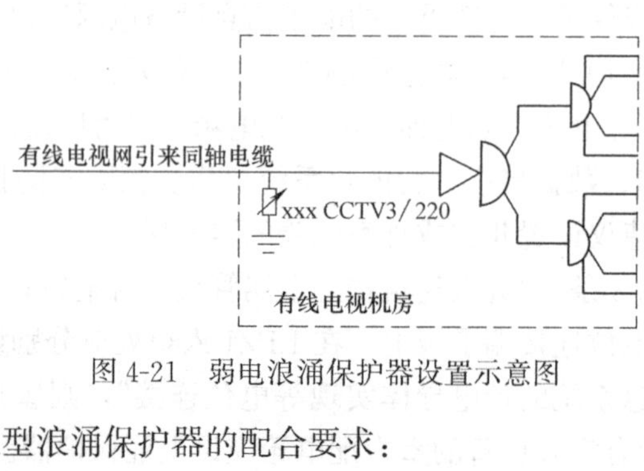

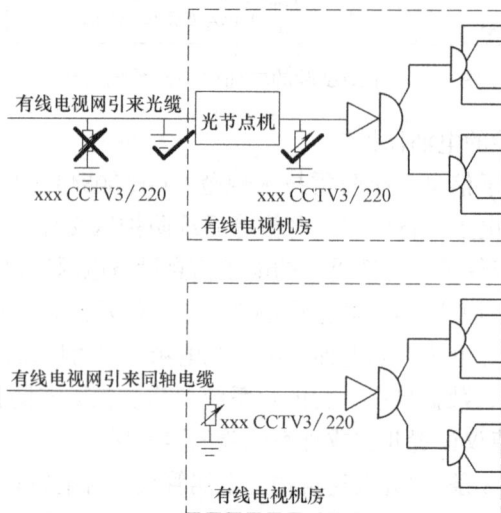

图 4-21　弱电浪涌保护器设置示意图

（4）开关型与限压型浪涌保护器的配合要求：

1）开关型浪涌保护器采用气体放电管（GDT）、火花间隙等开关型元器件，放电能力强，但是残压比较高，一般用于LPZ0和LPZ1区，即总配电箱处；限压型SPD采用压敏电阻（MOV）等限压型元器件，残压低，限压型浪涌保护器而是用在LPZ1及后续区域中，即二级配电箱或是电子设备机房配电箱等处。

2）设计可以选择开关型＋限压型浪涌保护器或限压型＋限压型浪涌保护器模式，由于开关型浪涌保护器导通前，其后的限压型浪涌保护器会承受全部的雷电流，如超出耐受能力，雷电流则可能烧毁限压型浪涌保护器，即为配合不好，而限压型＋限压型浪涌保护器两组设备伏安特性均为连续的曲线，不存在配合的问题。实际设计中退耦合及自动配合功能的设计说明一般少见，多审核的是两级浪涌保护器之间的线路距离要求，通过一定长度的电缆作为退耦合的工具，以达到浪涌保护器的配合，开关型＋限压型浪涌保护器模式：浪涌保护器之间线路长度不低于10m，限压型＋限压型浪涌保护器模式：浪涌保护器之间线路长度不低于5m，规范要求见《建筑物电子信息系统防雷技术规范》GB 50343—2012中5.4.3.6条所述。

（5）太阳能热水系统的浪涌保护：《民用建筑太阳能热水系统应用技术规范》GB 50364—2018中5.7.2条："太阳能热水系统中所使用的电器设备应有剩余电流保护、接地和断电等安全措施"，实际设计中浪涌保护如何设置，设有太阳能热水器的住宅，卫生间如果留有太阳能辅助电加热回路的插座，则建议于户箱中设电涌保护器，二类试验的浪涌保护器即可。屋顶的太阳能系统控制柜则需要设置电涌保护器，设置于太阳能控制柜的母线侧，同样应满足Ⅱ级试验的要求，其电压保护水平不应大于2.5kV，与其他出屋面的设备所设浪涌保护器的规格一致即可，如图4-17中所示。

4. 双电源互投的要求：

（1）PC级双电源互投开关额定电流不应小于回路计算电流的125％：见《民用建筑电气设计标准》GB 51348—2019中7.5.4.3条："当采用PC级自动转换开关电器时，应能耐受回路的预期短路电流，且ATSE的额定电流不应小于回路计算电流的125％"。由于PC级双电源互投开关的额定电流与整定电流其自带的负荷开关是一致的，则负荷开关的整定电流多会大于等于保护互投机构断路器的整定电流，如计算电流为27A则互投机构前断路器的整定值可为32A，则多选40A负荷开关的PC级双电源互投开关。

（2）PC及CB级双电源互投开关的区别：常见的两路电源转换电器产品的有两种：由断路器组成的CB级互投开关及由负荷开关组成的PC级（整体式）互投开关。PC级互投开关是比较理想的双电源转换电器产品，切换时间比较快，但却不能作为短路后备保护，需要在互投机构前增设断路器才可实现，这方面CB级互投开关则不存在。虽然CB级互投开关的转化时间虽然稍慢，但也可以满足5s的消防切换时间见GB 50116—2013中4.9.2条，并非不可使用。但需要注意由于断路器的使用，尤其是微型断路器的使用。两只断路器的分断能力也是一致的，如果配电箱小母线下接多台设备，由于开断电流相同，距离又很近，短路时有可能出现两台微型断路器均无法动作（分断能力不够）或全部断开（同时断开短路电流）的情况，扩大了事故面。故民用建筑电气设计中，常用PC级互投开关，由断路器组成的CB级开关，则仅限用在单台的消防设备，不允许在混合负载（照明动力混合）、多台消防设备、存备用关系（一用一备的排水泵）的供电系统中使用，如图4-18所示。

5. 系统中隔离电器的要求：

(1) 给电梯供电的断路器前应加装隔离开关：详见《通用用电设备配电设计规范》GB 50055—2011 中 3.3.2 条所述，每台电梯或扶梯的电源线应装设隔离开关，设置的原因还是为了方便检修时，留有明显的断开点，来保证操作人员的人身安全。除此以外低压进户侧同样需要装设隔离开关，详见《供配电系统设计规范》GB 50052—2009 中 7.0.10 条："由建筑物外引入的配电线路，应在室内分界点便于操作维护的地方装设隔离电器。"原理与电梯类似，需要说明有明显断开标志的断路器也是可以作为隔离电器使用的，故如果设计中采用了类似功能的开关，可以按满足规范来审核。隔离电器在电梯系统中的应用如图 4-22 所示。

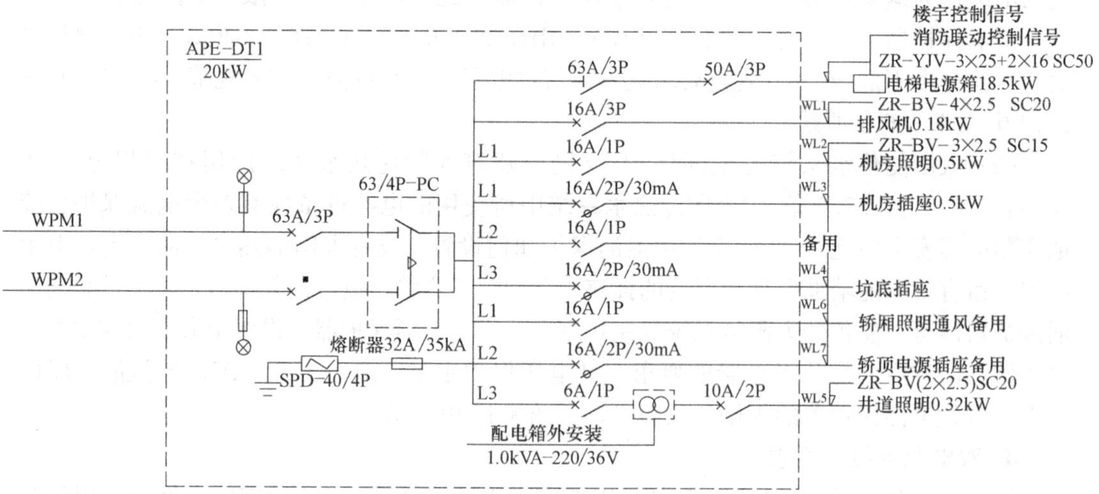

图 4-22 电梯电源箱隔离开关设置示意图

(2) 电缆两端并不是上下级关系，下级可装隔离开关，一根电缆的上级开关与末端开关是属于一个供电级层，故没有必要均采用断路器进行保护。建议出线侧采用断路器，末端侧采用隔离开关，常见在放射式供电的系统中，即本箱上级已设置了保护开关，专用回路的下端设置隔离开关即可；采用干线上分支回路的系统，一般支线上要选用断路器进行保护，但如果分支线路长度不超过 3m，或是为等截面 T 接，则本箱内主开关仍可选隔离开关，上文有详述，不多重复。可见《民用建筑电气设计标准》GB 51348—2019 中 7.1.4.4 条："由本单位配变电所引入的专用回路，在受电端可装设不带保护的开关电器；对于树干式供电系统的配电回路，各受电端均应装设带保护的开关电器"。

(3) PC 级双电源互投应该不算隔离电器：见《民用建筑电气设计标准》GB 51348—2019 中 7.5.4.6 条："所选用的 ATSE 宜具有检修隔离功能；当 ATSE 本体没有检修隔离功能时，设计上应采取隔离措施"，ATSE 箱选 PC 级，即已经为隔离开关，看似可以达到要求，但由于一体的结构，从双电源互投机构上并不能直接看到隔离开关的明显断点，故不能算为设有隔离功能，但厂家可以做到有检修隔离的显示。问题并不是所有的互投装置都自带有隔离功能，其实目前市场上大部分的互投装置是并不设置隔离功能的，故图上需要明确注明带隔离功能的要求。如果不标注，则建议 PC 级双电源互投前设置有隔离作用的隔离开关或断路器，如图 4-22 所示。

6. 重要设备机房的照明和插座如何解决：

火灾时的消防作业及救援人员仍继续工作的场所，需要设置备用照明，之前所述很多时候也与值班照明相重合，备用照明可以单独设置照明箱体，也可以由该防火分区内的应急照明配电箱引接，由设计人以机房备用照明的规模来确定，如下详述。

（1）要说明大型的电子信息机房的备用照明不应引自本房间电子信息设备配电箱，即设备电源及备用照明不可共用一个箱体，见《电子信息系统机房设计规范》GB 50174—2008 中 8.1.8 条："用于电子信息系统机房的动力设备与电子信息设备的不间断电源应由不同回路配电"，及其条文说明："电子信息系统机房内的空调、水泵、冷动机等动力设备及照明等其他用电设备应与电子信息设备用的 UPS 分开不同回路配电，以减少对电子信息设备的干扰"，均可理解为机房照明与机房的电子设备电源不可同路供电，那机房备用照明电源应该取自哪里？实际设计中有以下几种处理方式：

1）单独设置电源，设置一个照明的独立双电源照明配电箱，针对大型的信息机房较为合理，备用照明数量众多的情况；

2）也有的就近取自机房外公共区域的应急照明电源，针对小型的弱电机房，备用照明灯具比较少的情况；

3）甚至也可以取自机房电源的互投开关后，如同电梯机房的照明类似，取自机房电源的互投箱内，只要不从 UPS 电源或设备专用控制柜后接取电源即可，单独回路供照明用电可认为与设备用电并无关联；

4）插座回路及排风机之类的小负荷，也可以同上述第三种照明的配电思路进行设计，即可从双电源互投箱接引电源，但重要机房的空调一般要求比较高，如恒温恒湿型的空调机组，则建议单独供电。弱电机房双电源互投箱如图 4-23 所示。

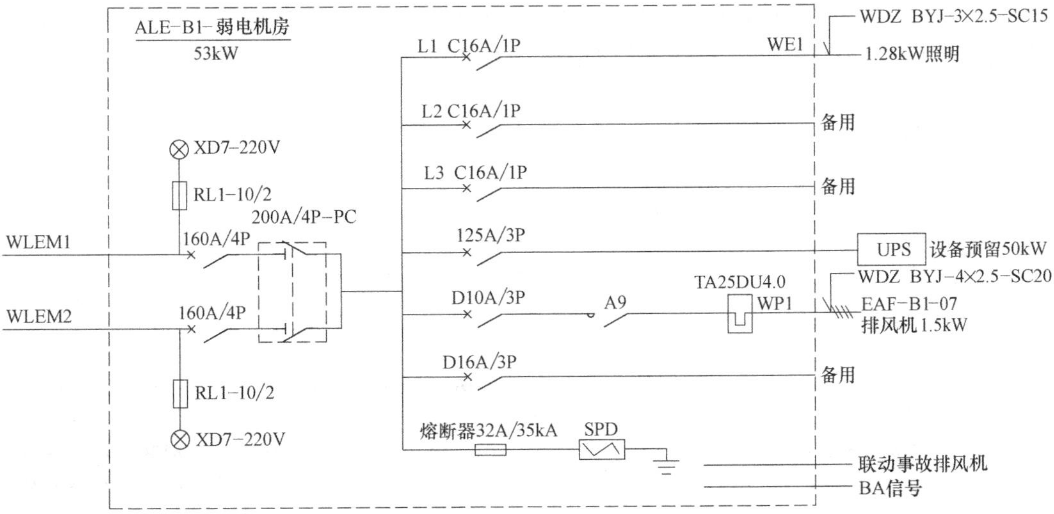

图 4-23　弱电机房双电源互投箱系统示意图

（2）防排烟机房等消防设备机房的备用照明电源，由于灯具数量少，且供电级别较高，但对于照明电源的稳定性要求不高，反倒可以从风机配电箱中接引。

（3）电梯机房照明电源应与电梯电源分开，见《民用建筑电气设计标准》GB 51348—2019 中 9.3.5.1 条规定："机房配电应符合下列规定：轿厢、机房和滑轮间的照明和通风、电源插座等应与曳引机分别设置保护，即电梯机房总电源开关不应切断上述供电回路"，这个问题目前已经没有什么争议，都是认为电梯的双电源互投箱并不为电梯总电源开关，双电源箱后单独设置厂家负责的电梯电源箱，才为电梯的总电源，机房的照明则接引自双电源箱内母排即可，如图 4-22 所示。

（4）消防器材间等与消防有关联的设备间的照明应设备用照明，消防器材间为存放专门用于火灾预防、灭火救援和火灾防护、避难、逃生的产品，消防时不应影响使用，同理参与灭火的气体灭火钢瓶间的照明也应设消防备用照明，以上类似的机房照明均不应接于普通照明回路，但考虑灯具数量少，也不宜单独设置箱体，建议接引公共应急照明。

（5）警卫值班室的照明：一类高层建筑警卫照明为一级负荷，见《民用建筑电气设计标准》GB 51348—2019 中附录 A 第 26 条，所以一类高层警卫室的照明不接于普通照明箱，虽不是消防负荷，但供电级别与应急照明相同，但不可共用一个照明回路，由于灯具数量同样很少，建议从应急照明箱单独分一个支路较为合理。

（6）消防配电箱内不允许设有插座回路，见 GB 50016—2014 中 10.1.6 条，但消防电梯、变配电室配电箱需要酌情考虑，各地要求多不相同，在北京可以设置插座。

7. 事故风机电源的负荷等级及供电：

要满足相应的供电要求，首先应该满足使用的需要。如《民用建筑供暖通风与空气调节设计规范》GB 50736—2012 第 6.3.9 条所述，事故通风一般是在发生火情结束后才运行，目的为排出气体灭火后的灭火气体，应该不可视为消防负荷。又以《建筑设计防火规范》GB 50016—2014 第 10.1.1 条文解释中所列设备为准，该条文解释中所列设备也不含事故通风机，故事故风机电源不应按消防负荷进行分类，也不应列入消防供电的配电系统中。但考虑到为重要负荷，依据 GB 50052—2009 中 3.0.1.3 条中断供电将在经济上造成较大损失时，视为二级负荷，所以建议采用双电源供电。如图 4-24 所示。

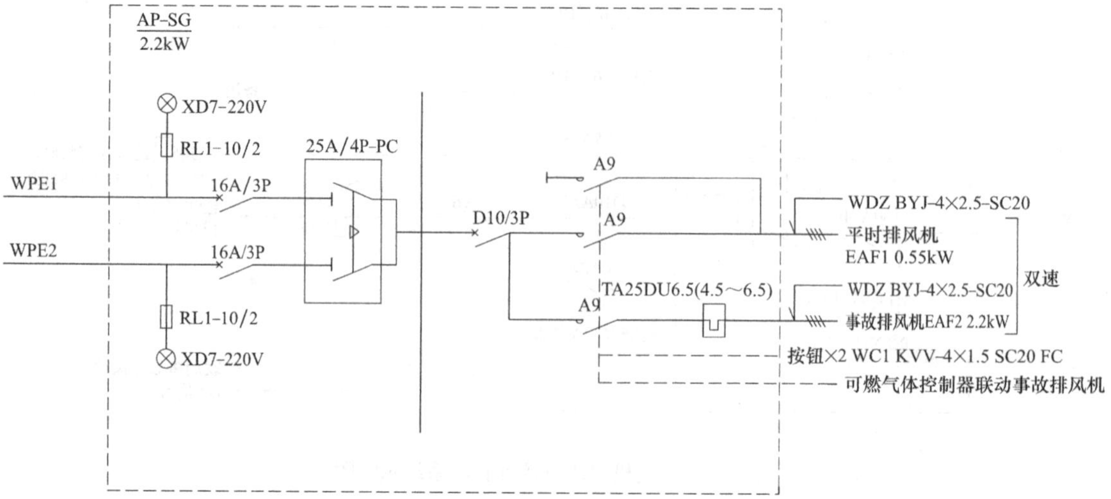

图 4-24　事故风机系统示意图

第五章　电气平面图审图的常见问题及解析

一、照明平面设计

1. 灯具布置注意事项

（1）LED 灯具的要求：照明系统中的每一单相分支回路电流如果采用的是 LED 光源，可以放宽照明支路中所带光源数量，这是《民用建筑电气设计标准》GB 51348—2019 中第 10.7.4.2 条的要求，需要说明这条规范的实施前提是 LED 灯具的光源功率很小。早期的 LED 光源确实功率很小，但当下 LED 光源灯具日渐普遍，随着照度的要求提升，集成式 LED 灯具功率也随之增大很多。实际审图中如果出现 LED 光源采用与荧光灯功率相似的情况，则要判别末端灯具整体功率是否较大，线缆及开关是否可以予以保护等问题。后来在《建筑照明设计标准》GB 50034—2013 中进行了限定，在其 7.2.4 条："在正常照明单相分支回路的电流不宜大于 16A，所接光源数或发光二极管灯具数不宜超过 25 个；当连接建筑装饰性组合灯具时，回路电流不宜大于 25A，光源数不宜超过 60 个，连接高强度气体放电灯的单相分支回路的电流不宜大于 25A。"则对之前的规范进行的完善，LED 灯具数量上限同样限制在 25 个以内，同时回路电流有了要求，一个回路不可超过 25A，需要注意的是实际上装饰用的灯带多为 LED 光源，其按米来定义的光源功率，则此时的照明回路的光源功率＝灯带的长度×每米功率，这给实际审图带来了一定的麻烦。除了实际测量图纸的办法以外，也可以看控制灯具的开关电源容量是否满足断路器的控制范围，毕竟它是灯具的前端起钳制的作用。某项目入口照明如图 5-1 所示。

（2）安全电压的一般要求：水下照明的电压等级 24V、36V 等是不允许的，而要求是 12V 及以下。可见《体育场馆照明设计及检测标准》JGJ 153—2007 中第 7.1.5 条："游泳池及类似水下场所水下灯具的电源电压不得大于 12V"。在《民用建筑电气设计标准》中第 12.10.15 条更为苛刻，水下照明，并未提及电压等级，但要求水下灯具的任何可导电部分与观察窗之间不可有电气连通。实际比 12V 要求更高。虽然 36V、24V 均为安全特低电压，但只能用于一般干燥场所的安全照明，并不能用于水下照明，水下照明只能选用 12V 或是 6V。同时要注意常用的应用浸水场所中，按摩浴缸接线盒的也应采用 12V 安全特低电压供电，其安全电源应设于 2 区以外。当未采用安全特低电压供电时，应说明必须采用专用于浴盆的电器。无障碍厕所呼叫按钮的电压等级：可见《 民用建筑电气设计规范》JGJ 16—2008 中第 17.6.2 条内容，无障碍厕所呼叫系统供电电压要求≤50V，审查时建议独立成系统，如从照明回路上接线，则建议注明设备自带变压器。

（3）航空障碍灯的设置要求：主要依据建筑物所在位置上方是否有航道，如果在机场净空保护区范围之外，又低于 150m 可以不设。可参见《民用机场飞行区技术标准》MH 5001—2013 中 9.11.1.1.4 条："距离起飞爬升面内边 3000m 以内、突出于该面之上的固

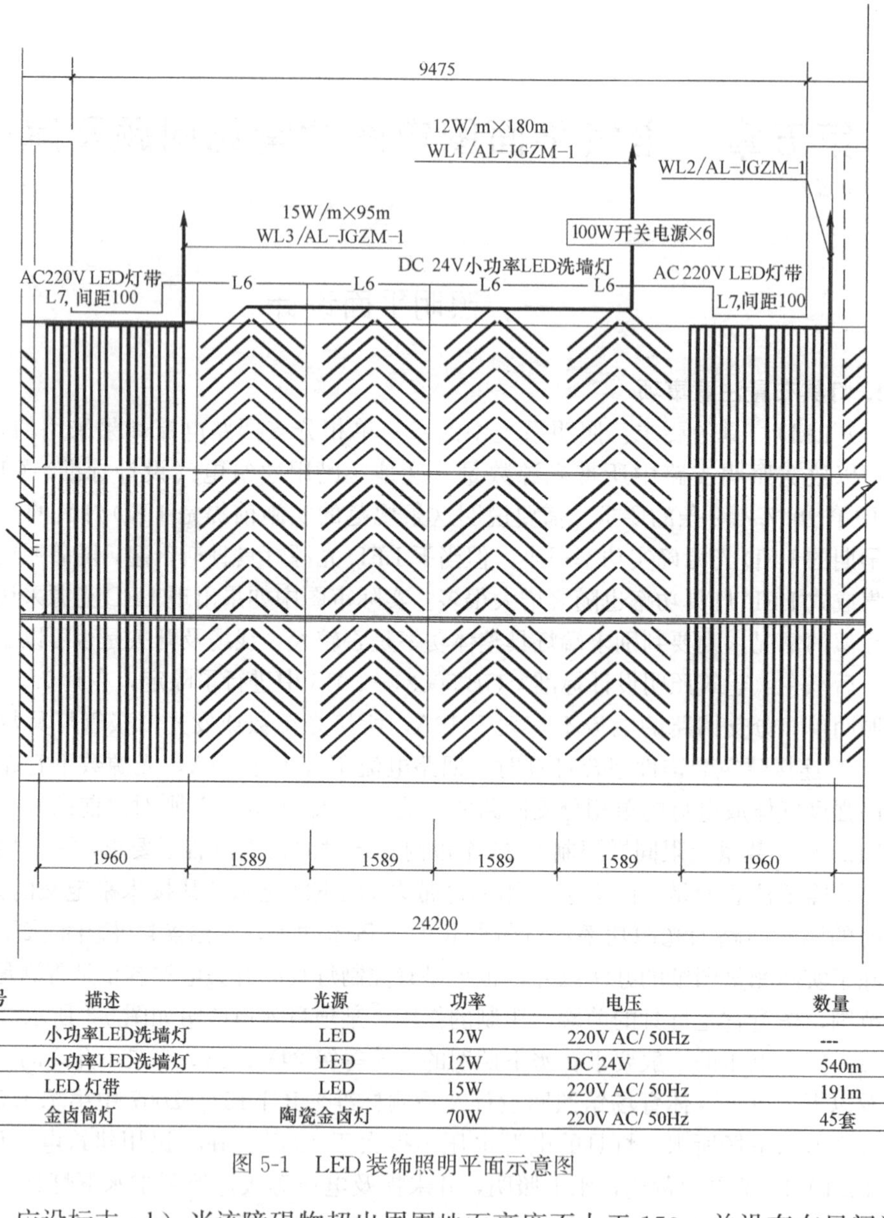

图形编号	描述	光源	功率	电压	数量
L5	小功率LED洗墙灯	LED	12W	220V AC/ 50Hz	---
L6	小功率LED洗墙灯	LED	12W	DC 24V	540m
L7	LED 灯带	LED	15W	220V AC/ 50Hz	191m
R1	金卤筒灯	陶瓷金卤灯	70W	220V AC/ 50Hz	45套

图 5-1　LED 装饰照明平面示意图

定障碍物，应设标志，b）当该障碍物超出周围地面高度不大于 150m 并设有在昼间运行的 A 型中光强障碍灯时，可略去标志”。当需要设置航空障碍灯时，在航道左右 3km 的范围内，建筑物超过 45m 的情况，需要设置，可见其第 9.11.2.3.2.1 条：“面积不太大的高出周围地面不及 45m 的物体应用 A 型或 B 型低光强障碍灯予以灯光标示”。不过即便如此还是不容易确定 3km 的范围，最终还是需要征询当地航空部门的意见。另外注意在 45m 处，45～150m 间及 150m 以上设置的航空障碍灯的强度并不同，分别为低光、中光及高光型，四角设置航空障碍标志灯，中间的墙面设置航空闪光障碍灯。如图 5-2 所示。

（4）汽车库入口段应考虑过渡照明：

1）见《地下建筑照明设计标准》CECS45：1992 中 5.4.1 条：“各类地下建筑出入口部分均应设计过渡照明”，照度的计算比较复杂，一般审图也难以核算。既然是过渡照明，

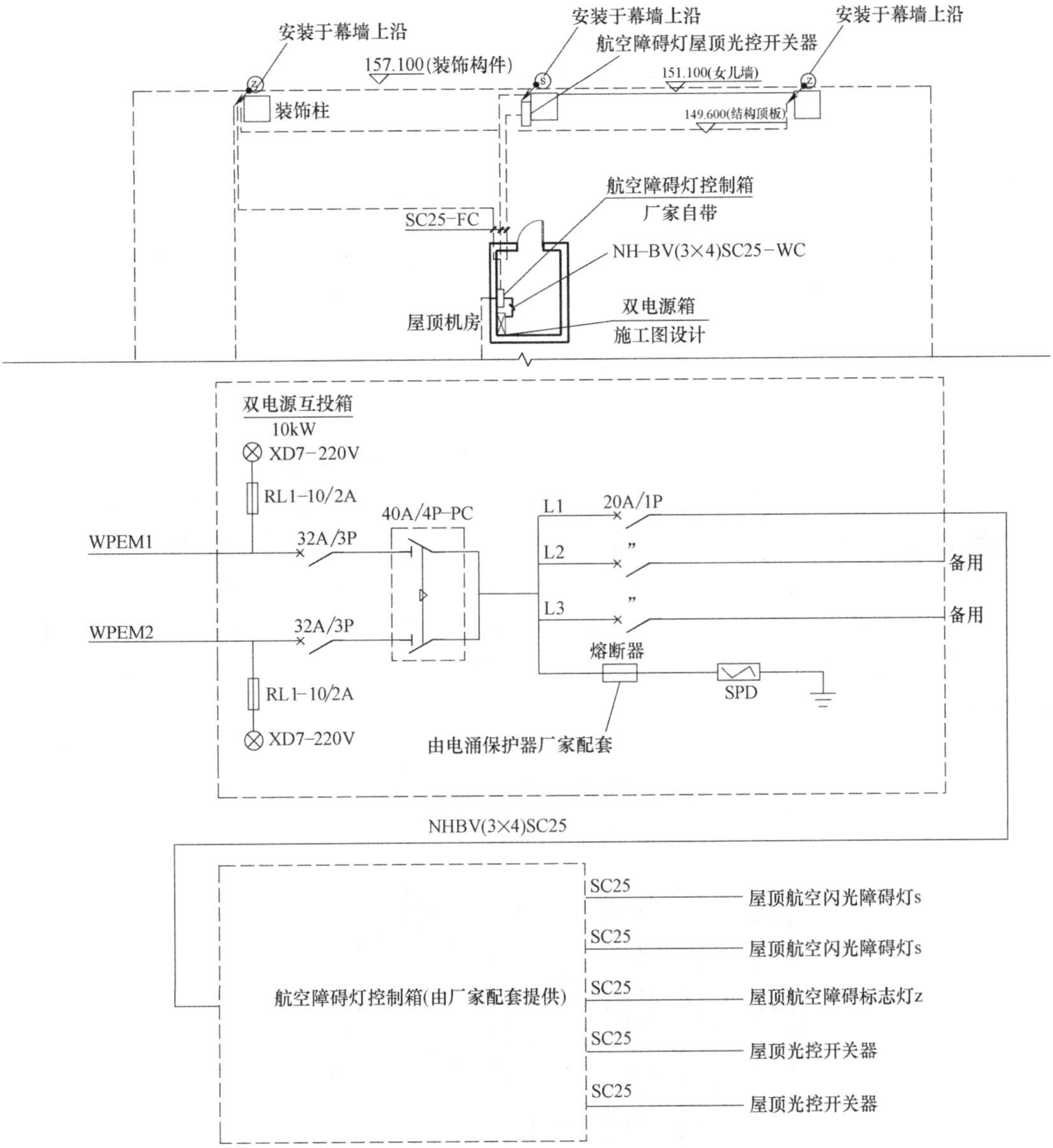

图 5-2　航空障碍灯平面及系统示意图

就是行车出库照度逐步减弱的过程，出入口照度可以酌情按内部照明的 1/4～1/2 进行考虑，即照明灯具功率密度对比内部有一半左右的减少。

2）另外由于建筑平面内不能全面表达高差的变化，车库的出入口多会以剖断线进行表示，坡道经常不能表达全面，仅是部分内容，由于没有参照底图，没有表达的部分照明没法绘制，所以需要用文字或是箭头将照明平面予以补充说明，因为施工单位仅依照平面图进行施工，所以容易丢掉那些不能从图纸明确表达的部分。

3）如车道出了地面，上方没有顶板时，则两边的矮墙上可以设置连续壁灯，作为过渡照明。

4）另要注意汽车坡道室外部分的灯具应为防水型灯，如为露天要选择壁灯。如图5-3

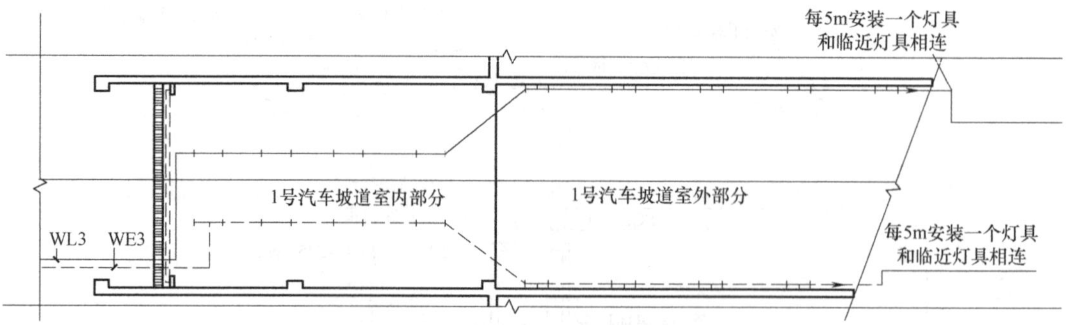

图 5-3　车库出入口过渡照明平面示意图

所示。

(5) 书库开放书架上方灯具排列容易错误，书库照明宜采用窄配光型灯具，并推荐使用荧光灯。灯具宜按书架的位置平行布置，设于两排书架之间，使光线尽量照射到书的侧面，达到这种特殊使用场所的照明需求。在《图书馆建筑设计规范》JGJ 38—2015 中 8.3.9："书架行道照明应有单独开关控制，行道两端都有通道时应设双控开关"，在《教育建筑电气设计规范》JGJ 310—2013 中 8.5.2.2 条："书库宜按书架或走道分组，阅览室宜按阅览桌分组"进一步说明了照明应该按书架进行分区控制的要求。如图 5-4 所示。

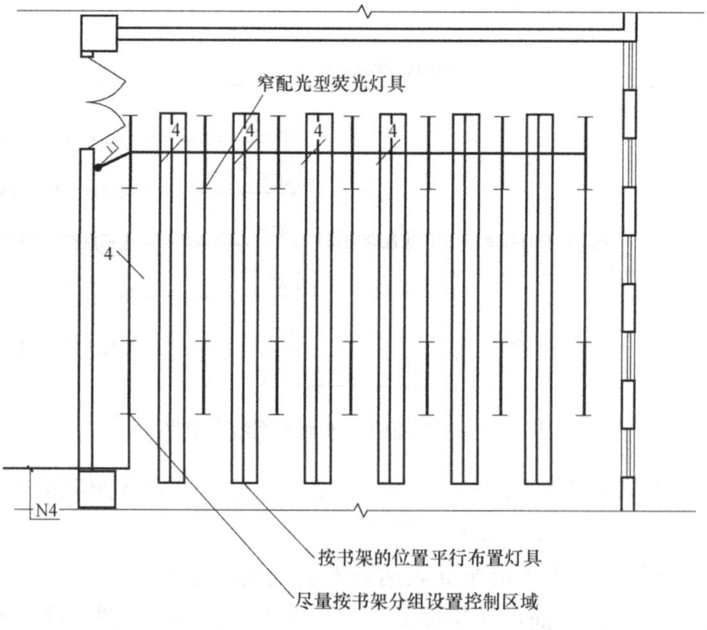

图 5-4　书架上方灯具布置平面示意图

(6) 灯具安装的高度问题：不是规范的问题，却是生命安全的问题。房屋的层高与灯具安装高度对不上多是笔误，如某消防泵房层高仅 4.5m，而灯具却标注安装于 5.5m 处。灯具安装的高度不合理，如某机房高 6.5m，设计却是灯具吸顶安装，高度太高，不但照度不能保证，容易浪费，眩光难以控制，最可怕的是检修十分困难。在作者的施工生涯中，安装工人的高梯折断，工人坠梯而下鲜血直流，运气好才保住了生命，时至今日还历历在目。血的教训，让我了解到设计人的一个轻描淡写，就是施工人员的生命危险，所以灯具的安装高度很重要。即便照度的均匀度不好，顶装灯具在安装高度超过 5m 时，只要不是大面积开敞空间，且升降设备方便进入的场所，笔者建议都采用壁灯。容易出现安装检修空间狭小的场所多见于顶层的楼梯间，即顶层楼梯间的休息平台，由于其顶与楼顶板标高一致，但地面却比顶层地板低了半层，故实际高度是一层半的层高高度，出现吸顶安装的设计，灯具的高度容易高过 5m，且空间狭小，建议采用壁灯。如图 5-5 所示。

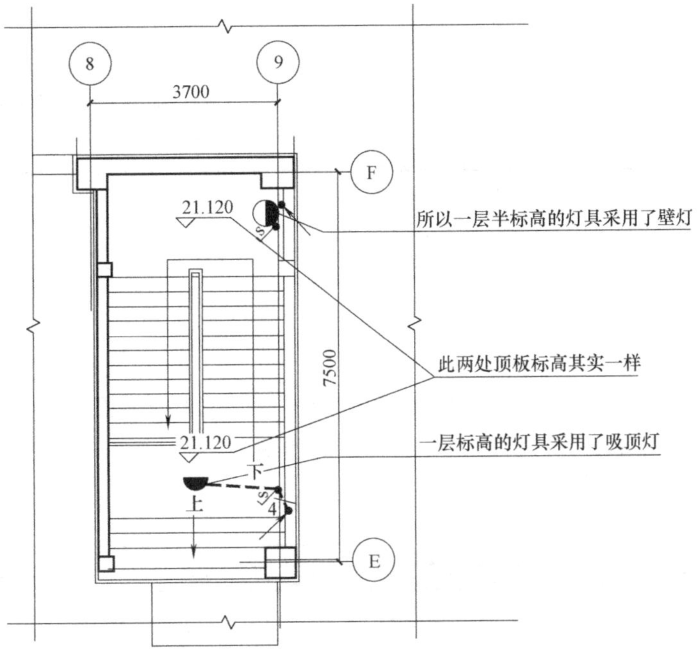

图 5-5　顶层楼梯间灯具布置平面示意图

（7）车道、车位的照明不应混接在一个支路，否则将无法分区控制，不利于节能的实现，并且车道照明回路应交错分别供给车道灯具电源，类似于八字交叉进行车道不同行灯具布线，因为实际地库在日常使用中，多数时间段仅开启车道的照明，而关闭了车位的照明，所以车道和车位的照明回路要分开。而在车道照明中，物业又会选择开启一半或是更少的照明，为了保证物业运行的低成本，又为了保证照度的均匀性，平面布置照明灯具时要按车道、车位进行分区回路，同时要按满足物业控制的多种可能性，照明灯具布置的管路布线要尽量相互深入。如图 5-6 所示。

（8）设备机房灯具的安装：

1）灯具布置在机房以外的场所，考虑到照度的均匀度，多是按居中布置进行设计，但在空调机房等较大开间机房则建议设置壁灯，因为风机机组多为吊装设于机房中心，并且顶部还设有大量的风管，则顶灯的设置并无意义，顶部空间已经很小，也难于施工。但如果仅设计壁灯，又存在照度及照明均匀度均不满足要求的情况，则分情况考虑。小面积的机房，可以按仅设置壁灯进行设计，壁灯安装的位置需要错开进送排风的井道，而大面积的机房则除了设计壁灯之外，建议还要设置顶部照明，但需要错开风机及风管等设备

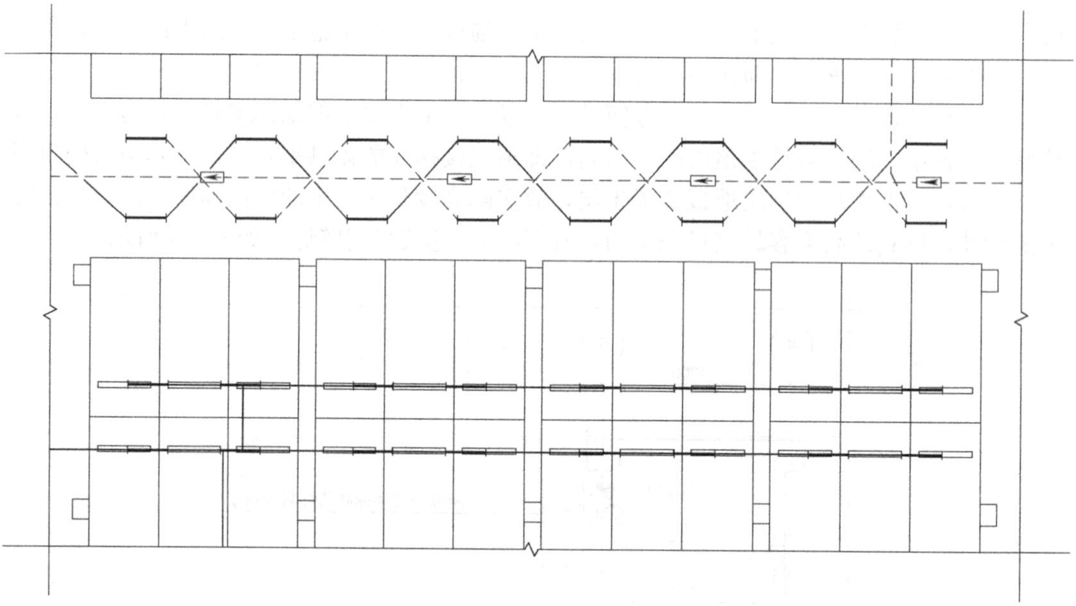

图 5-6　车库灯具布置平面示意图

等，则最好是实际设备安装之后时再进行照明的定位，施工的效果也还是不错，有点像是立体照明的感觉，又十分方便检修，一目了然。如图 5-7 所示：

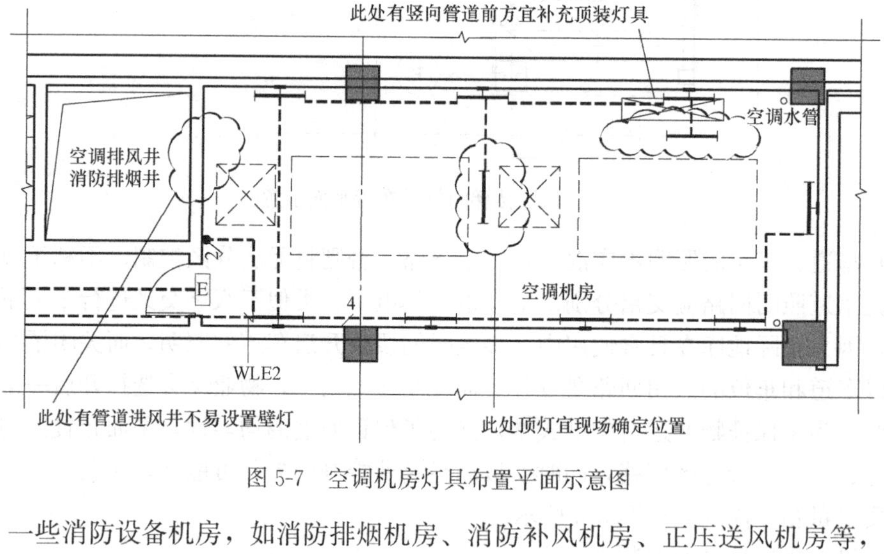

图 5-7　空调机房灯具布置平面示意图

2）一些消防设备机房，如消防排烟机房、消防补风机房、正压送风机房等，由于消防备用照明的负荷要求较高，一般与消防设备的负荷等级一致，如一级负荷。但是这种设备机房面积普遍很小，故照明容量也很小，且工作人员稀少，电机启动造成的频闪对于机房工作人员来说并不重要，照明的质量要求不高，在附近没有应急照明箱的情况下，则建议由消防动力配电箱直接配电，更为合理。如图 5-8 所示。

（9）各种大面积厅堂的照明控制要求：如观众厅、演播厅、营业厅、多媒体放映厅内的灯具应做到可调光或是可分控，见《建筑照明设计标准》GB 50034—2013 中 7.3.2 条："公共场所应采用集中控制，并按需要采取调光或降低照度的控制措施"，常见的公共空

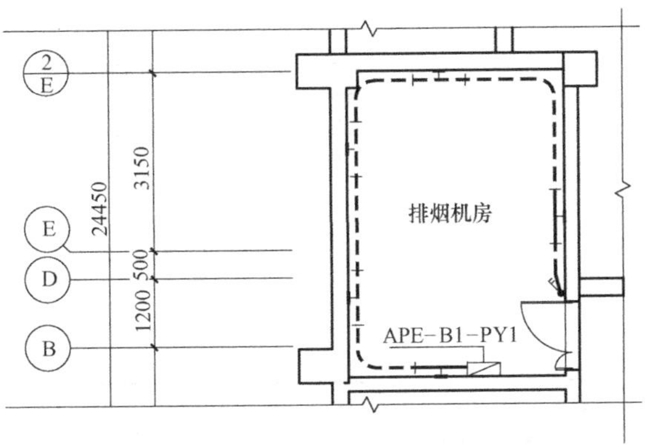

图 5-8　排烟机房灯具布置平面示意图

间，如走道、电梯前室、楼梯间设计人习惯性都会考虑各种节能控制。但对于各种大的厅堂，反而因为存在预留装修设计而容易遗漏集中控制等要求，所以施工图设计中宜在系统图或是平面图中对该种功能提出要求，如："该营业厅照明设计仅预留至配电箱，由装修设计进行深化设计，但要求改空间采用与建筑物一致的灯光控制系统或其他的节能措施"。如为装饰照明则直接预留智能控制面板和与之配合的控制管路，如图 5-9 所示。

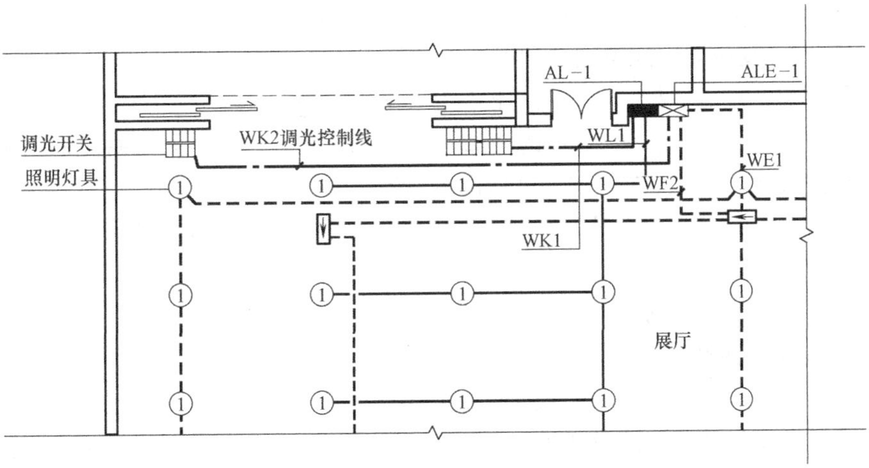

图 5-9　大面积厅堂照明控制平面示意图

（10）功能性房间与公共性空间的照明灯具类型不宜相同：

1）公共空间的照明更多倾向于简单、一致、大方等设计理念，灯具的选择多为照度稍低的点状光源，与规范的要求一致。可见《建筑照明设计标准》GB 50034—2013 中表 5.5.1 相关描述，门厅、前室、走道均为 100lx 的照度要求，如无吊顶的公共空间多见设计吸顶灯，如有吊顶的公共空间则多见与吊顶风格配合的条状格栅灯及筒灯。

2）而功能空间则讲究美观、功能实现等理念，一般要满足更高的照度要求，则如办公区域与普通走道就不应选用同样灯具，这也是一个照明设计师应该具备的基本审美观点和设计习惯，故施工图设计阶段多采用荧光灯来实现规范的要求。如无吊顶的内部空间一次设计多见采用吸顶荧光灯，有吊顶的内部空间则多采用与室内吊顶形状相配合的格栅荧光灯。如图 5-10 所示。

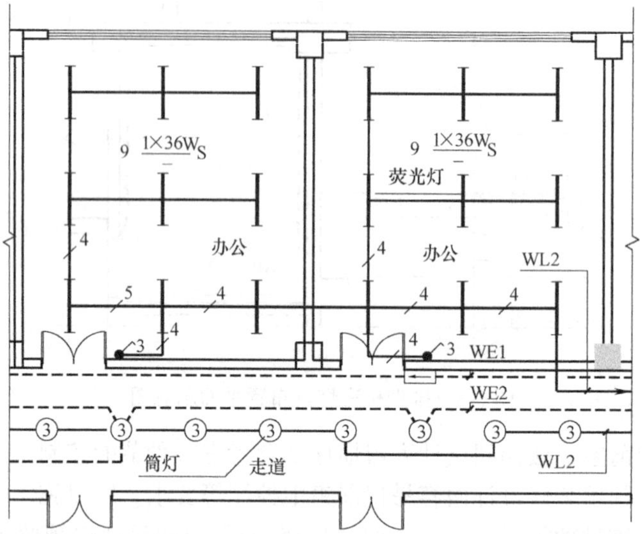

图 5-10　不同功能的照明区别示意图

（11）配电室配电柜前、后均宜布置照明灯具，方便于屏前屏后的应急检修和维护，但不可设置在配电柜的正上方。可见《20kV 及以下变电所设计规范》GB 50053—2013 中第 6.4.3 条："在变压器、配电装置和裸导体的正上方不应布置灯具，当在变压器室和配电室内裸导体上方布置灯具时，灯具与裸导体的水平净距不应小于 1.0m，灯具不得采用吊链和软线吊装"，考虑到变配电室的净高一般在 4m 以上，故屏前照明多采用吊杆式灯具，离开柜体边缘 1.0m 左右。但如屏后没有设置照明，屏后照度则明显不够，当屏后的照明不能满足要求时，上方又没有空间，建议屏后要增设壁灯照明。由于壁灯外壳等相对于顶灯更加容易受到人为接触，为了人身安全，增设的壁灯同时建议加以防护，如采用防护罩的灯具。如图 5-11 所示。

2. 灯具安装的注意点

（1）高大空间的照明防护：一般而言空间高度大于 5m，即为高大空间，高大空间的学生活动场所的壁灯及吊灯需设防护网或防护玻璃罩，以防止灯具及光源遇地震或自然脱落时坠落。由于高大空间多设有维护天桥（马道），具备了灯具防护网和玻璃罩的安装和更换条件，见《教育建筑电气设计规范》JGJ 310—2013 中 13.3.6 条 4 款："高大空间的学生活动场所的壁灯或吊灯宜设防护网或是防护玻璃罩"。同时装设防护罩，也是基于天桥上维护和检修时，人员无意触碰时，防电击的安全考虑。如图 5-12 所示。

（2）除了灯罩的防护，照明灯具安装在舞台钢格栅马道及其他人员可触碰的区域时也应采取防止电击的间接接触防护措施。这一点较为容易遗漏，因为该处灯具安装较高，马道的作用即为检修和维护之用，大约与灯具同一高度，灯具本身并不是直接带电体，但却是间接带电体，当灯具发生漏电或是短路时，需要进行间接接触防护措施，所以防范人员使用疏忽时存有的安全隐患，最简单的实施办法是采用漏电保护，可见《民用建筑电气设计标准》GB 51348—2019 中第 7.7.10.1 条："间接接触防护可采用下列方式：可采用自动切断电源的保护（包括剩余电流动作保护）"，如图 5-13 所示。

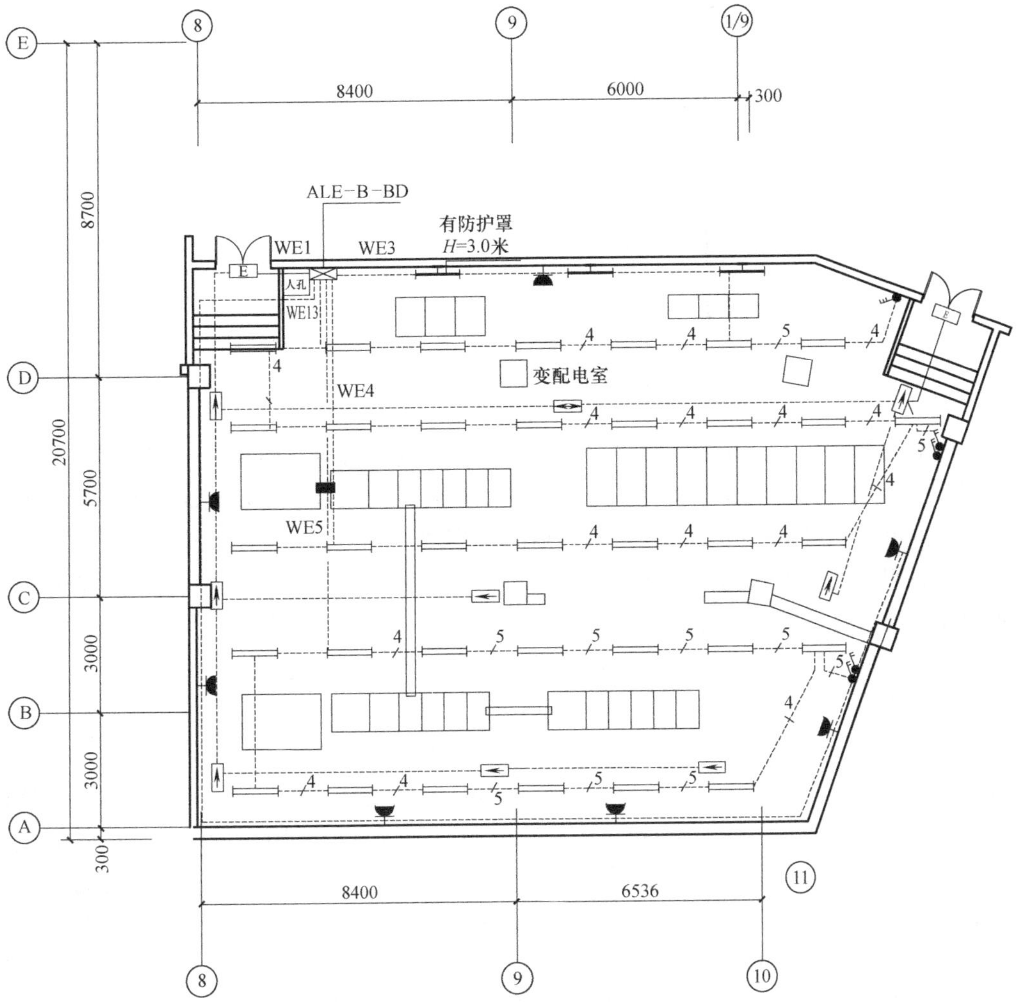

图 5-11 屏后设有壁灯的变配电室照明示意图

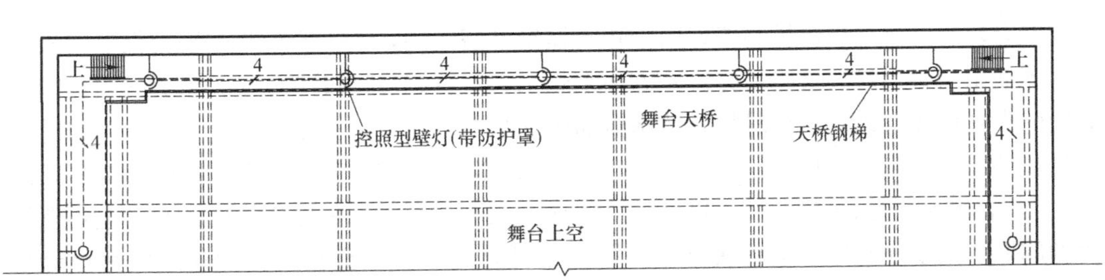

图 5-12 维护马道与照明示意图

3. 照明回路平面线数的表示

可见《建筑电气工程施工质量验收规范》GB 50303—2015 中第 18.1.5 条："普通灯具的Ⅰ类灯具外露可导电部分必须采用铜芯软导线与保护导体可靠连接，连接处应设置接地标识，铜芯软导线的截面积应与进入灯具的电源线截面积相同"。由于 0 类灯具已经被禁止使用，则目前常见的灯具就是 1 类灯具了，1 类灯具是指带有基本绝缘的灯具，也是

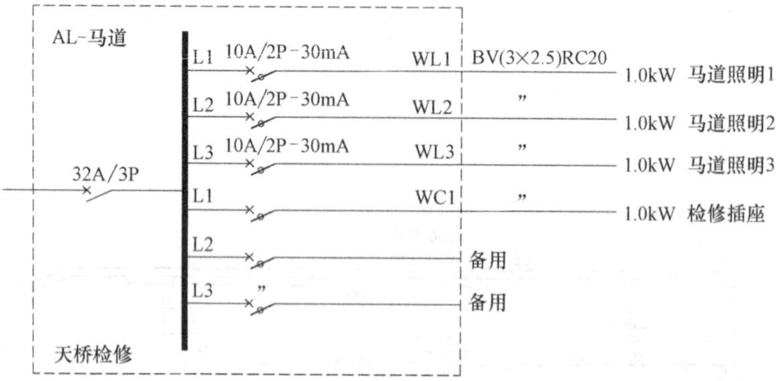

图 5-13　马道照明系统示意图

我们设计中的普通灯具。基本绝缘可以理解为基本外壳不带电，但是密封并不严，正常使用触摸并不会触电，但是故障情况下或更换时仍存有触电的可能性，则需要增加额外的接地线来防护可能的触电，降低风险，所以审图时需要注意平面图上是否标注了照明三线。由于一般照明平面图上使用三根线的设备最多，如插座及照明，故也不用去刻意表示，在说明中介绍没有标注的管路即为三根线，不是三根线的线路并不多，在平面图上专门予以标注就是，但要审核说明是否进行了相关表述。标注方式的表达如图 5-10。

4. 插座布置

（1）电井、配电小室均应设应急照明并预留电源插座，应急照明保证停电时的检修用照明，详见《民用建筑电气设计标准》GB 51348—2019 第 8.11.11 条："竖井内应设置照明及单相三孔电源插座"，顺表一句，注意井道照明不再有应急照明的要求。即强弱电井道均需有插座预留，强电井道内的插座用途为维护检修时的电源预留，高度可为 0.3m，而弱电井道内的插座则是井道内弱电系统设备的供电来源，由于弱电设备较多，如果不能明确井道内弱电设备的用途和使用要求，可以直接预留插座插线板，为方便接线可以将插线板的高度提高至 1.0m 左右。电气井道内插座设置如图 5-14 所示。

（2）卫生间插座及设备的设计要求：带淋浴的卫生间插座应设置在 2 区以外的地方，且设置有剩余电流动作保护装置，由于热水器给淋浴使用，故一般距离淋浴均很近，故电热水器使用中触电事故层出不穷。一方面是热水器本身漏电，设备自身安装的问题，同时插座的设置也要合理，审核时核查热水器插座的高度和位置，看是否在二区以外。另外就是排风的插座距离淋浴也不远，也要设于二区以外，审核主要记住水平 1.2m（淋浴），高度 2.25m（建议考虑垫层）两个指标，之外就是二区，可以设置插座，所以水平上不能解决的问题，则要在高度上来解决问题，也为设计技巧。要求详见《民用建筑电气设计标准》GB 51348—2019 中第 12.10.9.1 条以及附录 C 的要求。两种解决思路如图5-15所示。且需要注意 0、1、2 区墙体管盒等后部剩余墙体空间不得小于 50mm。

（3）插座数量的要求：当插座为单独回路时，每一回路插座数量不宜超过 10 个（组）；用于计算机电源的插座数量不宜超过 5 个（组），并应采用 A 型剩余电流动作保护装置。可见《民用建筑电气设计规范》JGJ 16—2008 中 10.7.9 条，这里面需要注意按照《通用用电设备配电设计规范》GB 50055—2011 中 8.0.5.1 条的要求，插座按一个 100W 进行估算，则按插座回路设 16A 微断，导线采用 2.5mm²，则大约可以设计 30 个 100W

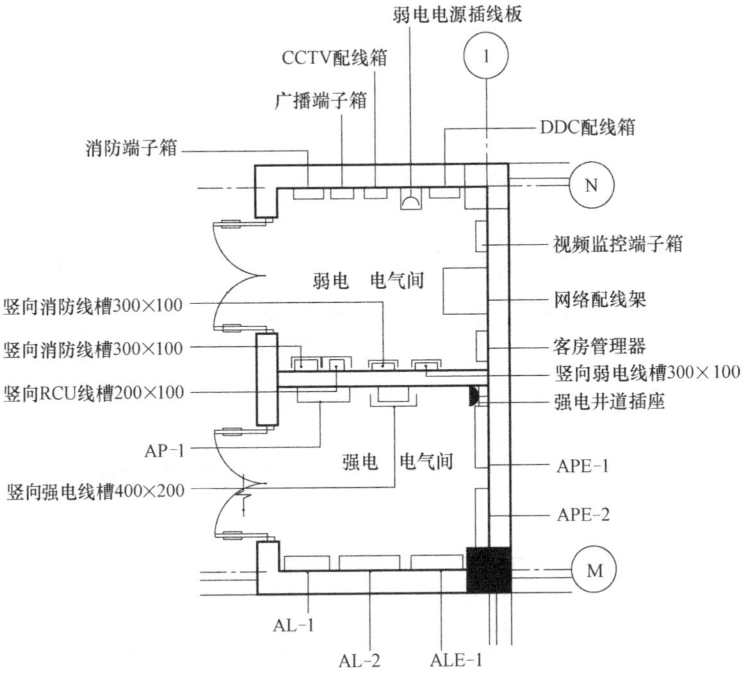

图 5-14 电气井道内插座设置示意图

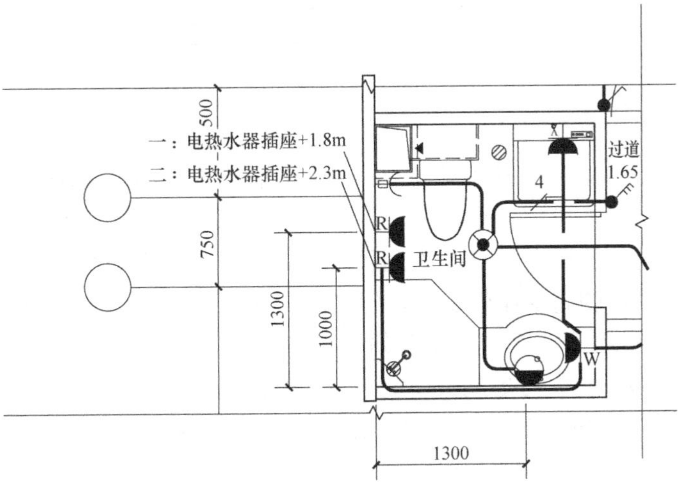

图 5-15 电热水器插座设置示意图

的插座，似乎有点冲突，那需要按哪一条来执行呢？要说这 100W 是用来估算线路负荷的，即未知设备时，一个插座按 100W 进行预估，而不是用来确定准确的负荷容量，所以是未知设备线路负荷统计的依据。而如果知道使用场所，如办公区域，最常用的计算机的负荷为单台 300～500W，则其实 10 个插座就有可能到达了 3kW，所以在不确定负荷情况的条件下，按不超过 10 个插座是合理的。如果均为计算机负荷，则 5 台就是 2.5kW，不超多 5 个插座的要求也是正确的，所以插座数量还是要依据规范要求的数量进行审核，如果成品办公桌的连接 5 个以上插座更合理，也可以数量上适当放宽，但也不宜太多。如图

5-16所示。

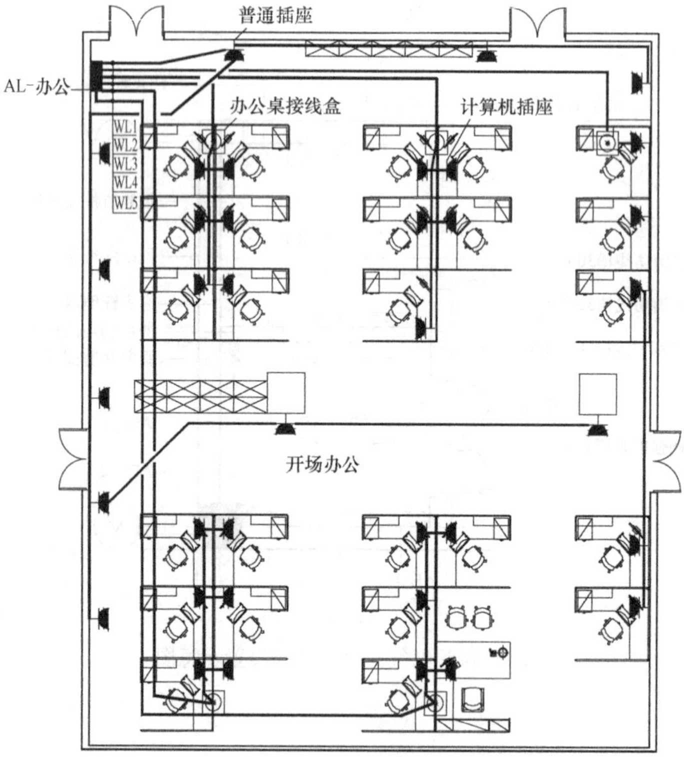

图 5-16　开敞办公室插座设置示意图

（4）插座安装高度要求：多数插座高度的要求可见《住宅建筑电气设计规范》JGJ 242—2011 中相关要求。1）此外需要注意公共场所的中的烘手器插座距地也应为 1.5m，可见《通用用电设备配电设计规范》GB 50055—2011 中 8.0.7. 四条："在潮湿场所，应采用具有防溅电器附件的插座，安装高度距地不应低于 1.5m"，烘手器的工作点位，常在洗手台边，建议有一定的高度比较安全，但高度太高则不方便使用，故 1.5m 较为合理。2）洗衣机的插座高度要求，在《住宅建筑电气设计规范》JGJ 242—2011 中 8.5.4 条要求在 1.0～1.3m 的范围内，考虑到滚筒洗衣机的实际高度在 0.85m 左右，故洗衣机插座最合适的安装高度为 1.0m。3）厨房台面电器设备的预留插座高度，其规范要求同上，常见厨房台面高为 0.8 或 0.9m 两个标准，并考虑可能出现的台面上翻沿 0.1m，则厨房台面电气设备插座最佳为 1.1m 较为合理。4）柜式空调和冰箱的插座高度要求，规范同上条为 0.3～0.5m 的高度要求，实际设计中多见设计为 0.5m，有人说是为了柜机的电源插头方便接引，但实际柜机的插座头也是在下方的，故其实 0.3m 即为最合适的安装高度。

5. 箱体设置

（1）住宅户箱、电表箱等不建议暗装在楼道与卫生间隔墙上：1）首先楼道不允许开洞，楼梯间作为疏散通道，四周为防火墙，则可见《建筑设计防火规范》GB 50016—2014 中 6.1.5 条："防火墙上不应开设门、窗、洞口"，是严格控制火情不可以从任何洞口蔓延至楼梯间内，而配电箱的防火等级不足，故不可设置。2）卫生间虽设有防水措施，但防水高度较低，对箱体防护还是鞭长莫及，如 100mm 厚配电箱嵌入式安装在淋浴间 120mm

厚的隔墙上，则表箱后侧的墙体最薄处一般仅为 10mm（还需除去挂灰网），如果漏水，配电箱可能进水并发生短路，或是长期潮湿引发漏电事故，存有一定安全隐患，故住宅户内配电箱不应安装在并无直接防水关系的卫生间隔墙上，其道理与变配电室不贴临潮湿场所的要求相类似，如果实在现场没有合适的位置，则建议把墙体加厚至 200mm，以保证中间有足够的夹墙，如图 5-17 所示。

（2）有安全隐患或美观要求时的箱体夹层式安装：1）如基于现场美观的要求不允许设置可见的箱体，则应与建筑专业配合，或是调整配电箱位置，或是制作出如石膏板的建筑构件，人为增加壁龛式的配电夹层，只是美观，并无防火的作用，将照明及应急照明配电箱设于该种壁龛式的配电夹层内，其内部空间可以较小，但配电间外的检修空间需要足够宽松，所谓宽松就是可以满足检修人员完成转身，手臂可以伸直的基本要求。2）而如果配电间必须要贴临卫生间时，则需要增设双墙（带有夹层的两道墙），来满足《民用建筑电气设计标准》GB 51348—2019 中 8.11.2.2 条："邻近不应有烟道、热力管道及其他散热量大或潮湿的设施"的要求，显然不是一个好办法，双墙内的空间没法使用，既是浪费也存隐患，但却是不违反规范的一个无奈之举，可以看看，使用慎之，可见图 5-18 所示。

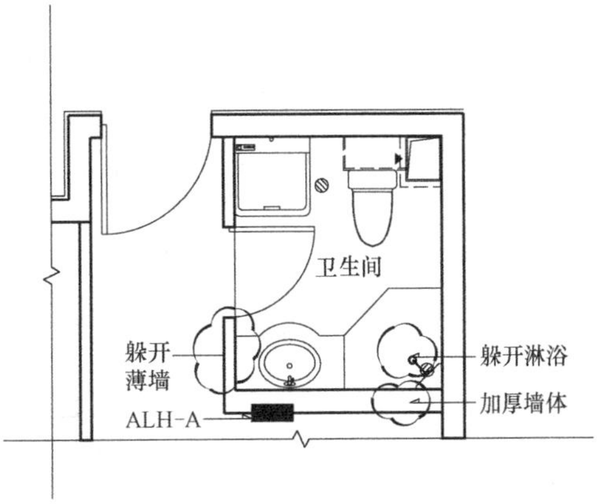

图 5-17　卫生间墙上开洞示意图

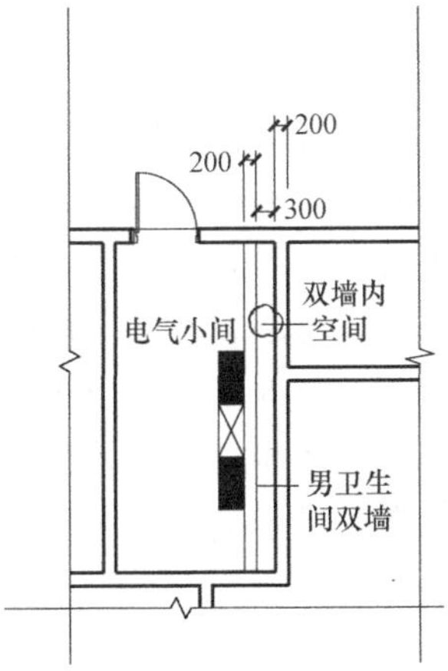

图 5-18　双墙做法示意图

（3）暗装箱体的位置的合理性：首先各种私人空间内不建议安装与之关联不大的配电箱，如小型办公室、营业场所、储藏室、设备机房等；其次开敞式办公、大型营业厅等场所也要分具体使用情况来设置配电箱，如有井道，仍建议箱体设于井道中，只有与使用空间有密切关联的配电箱可以暗装在房间附近，建议安装在方便操作并且不太影响美观的墙上；除此以外的暗装配电箱应该设于走道等公共空间中，便于管理和操作；但医院、营业大厅、商场等公共场所，流动杂乱人员不固定，公共区域的配电设备极有可能被人误操作，如果发生这种误动，会引起人员的骚动，影响到人身安全，则这种场合的配电箱则应该设于值班房间内。

二、动力平面设计

1. 动力设备的远程控制

制冷机房间、大型厨房、屋顶风机等距供电配电箱较远的风机或水泵需要安装就地控制装置，即设就地检修按钮，如厨房需要在屋顶设置了排风机，但配电箱则设置于厨房内操控更为合理时，屋顶就需要设备附近设置远程启停按钮。在北京地区见《北京市建筑工程施工图设计文件技术审查要点（2016 年版）》中 6.3.1 条要求，国标上见《通用用电设备设计规范》GB 50055—2011 第 2.5.4 条要求："远程控制的电动机应有就地控制和解除远方控制的措施"。如果配电箱与电机在一个空间内，并且距离不远，则没有必要设计现场的启停按钮，审图时需要把握尺度，如图 5-19 所示。

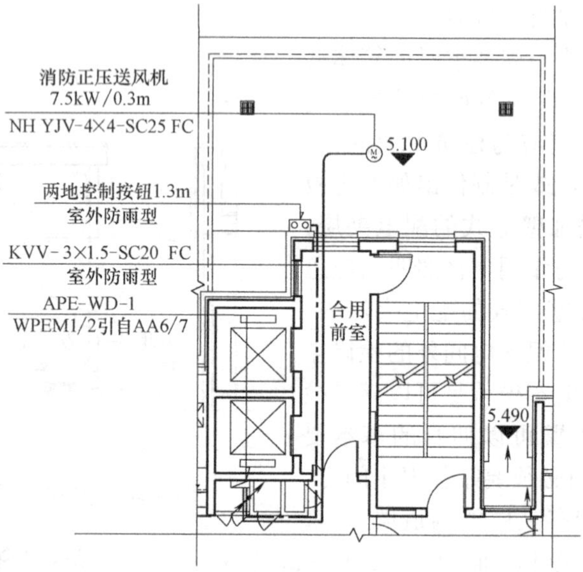

图 5-19　电机就地控制按钮示意图

2. 大型设备需要设置就地隔离开关柜或是控制柜

制冷机组控制箱、水源热泵控制柜等前应加就地隔离开关柜，见《低压配电设计规范》GB 50054—2011 中 3.1.3 条："当维护、测试和检修设备需断开电源时，应设置隔离电器"，像冷水机组等这样设备功率很大，且控制功能要求又高的设备，大型设备电源需要一个管理分界点，以用于设备现场的检修或故障时的断电操作。虽然其母线或是电缆在低压出线侧设置有断路器，但考虑到距离较远，且不在同一房间，检修时如果需要迅速断开电源相对麻烦，并且需要有明显断点，故建议现场设置就近隔离开关柜，之后才是厂家配套的控制柜，制冷机组的控制柜多在机组一头，而施工图设计单位的隔离柜，则建议设于专用空调配电室或是贴墙就近母线安装。如图 5-20 所示。

3. 机组类设备与电机类供电电缆芯数并不相同

设计前需要与设备专业询问，与厂家进行过沟通，核实设备是否自带控制柜，一般单台电动机不需要设置控制柜，施工图设计的配电系统直接给设备供电，再无厂家自带配电设备及控制柜体，由配电柜至电机采用四芯电缆，相线加 PE 线，为电机外壳接地线，控制功能要求比较低，仅为起停，保护仅为过载、短路等，需要设置相应的继电器及接触器保护，如普通风机、普通水泵等，可见《低压配电设计规范》GB 50054—2011 中 3.1.8 条："独立控制电气装置的电路的每一部分，均应装设功能性开关电器"。机组类设备则厂家多自带控制柜，如空调机组、新风机组、冷却塔等设备，因既然称之为机组，可能就不仅限于一台电机，有多台设备进行二次分配，另外控制功能的要求也高，所以厂家会自带控制柜。除上文所述的大型设备外，中小型设备由于额定电流偏小，控制柜或控制箱自带的断路器也可以手动分断电路，并且也可以有明显的断开标识，所以可以不设置隔离开关

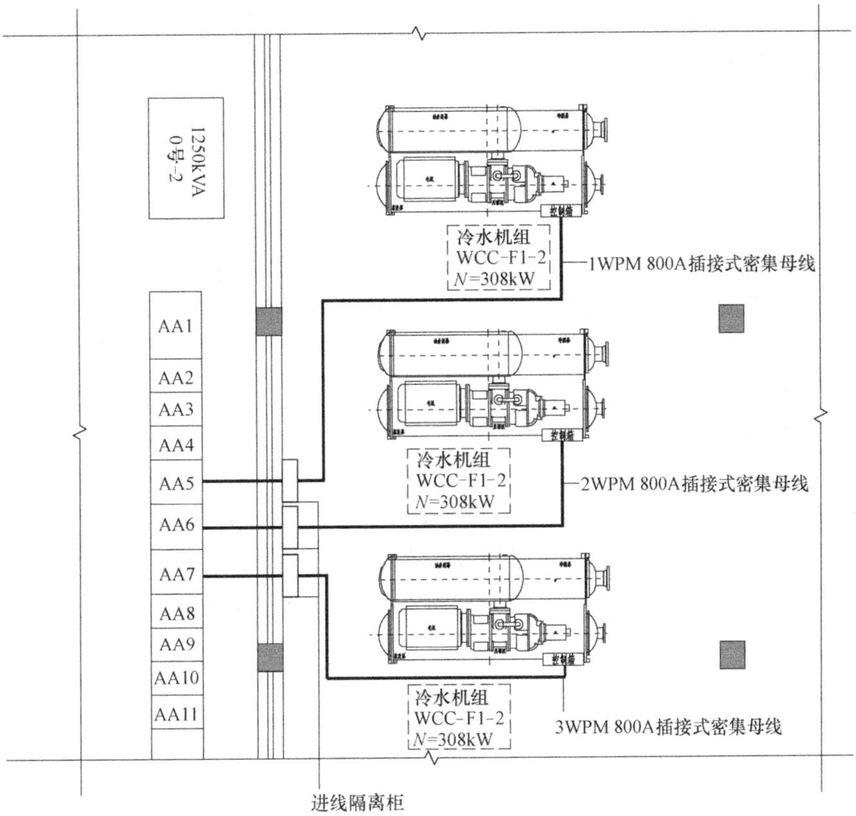

图 5-20　大型设备隔离开关柜示意图

柜，但供电给控制柜的电缆在 TN-S 系统中则要采用五芯的电缆，以供给设备控制柜要求的接地线及中性线，控制柜也一般自带保护功能，所以配电柜出线回路并不设继电器及接触器，留给厂家控制柜完成即可，没有必要重复设置，造成不必要的浪费。风机与机组的区别如图 5-21 所示。

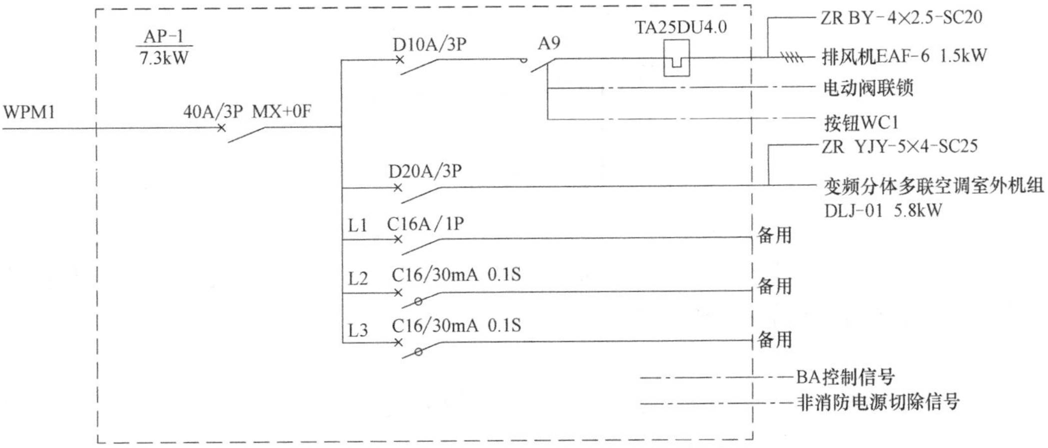

图 5-21　机组与风机的系统区别示意图

4. 潮湿场所的设备安装

（1）EPS 电源的防护等级要求为 IP20 及以上，见《逆变应急电源》GB/T 21225—2007 中

5.3.4 条所述，故在泵房等潮湿场所不宜安装 EPS，见该规范附录 D 中 D.1 条所述，因为潮湿场所就需要将设备的防护等级提高，但是高 IP 等级对于电池散热不利，IP 等级低又对防潮防水不利，所以 EPS 或是 UPS 应设置在专设的配电间或是电气竖井内较为合理。

（2）根据《建筑照明设计标准》GB 50034—2013 中第 3.3.4.1：“特别潮湿场所，应采用相应防护措施的灯具”。防护措施的灯具就是指防水灯具或带防水灯头的开敞式灯具，防护等级不可低于 IP54。在该规范的旧版中，该条为潮湿场所，现在是特别潮湿场所，意义大体相同。但是什么是潮湿场所却没有太明确的定义，特别潮湿场所也同样难以明确，可以把潮湿场所中增加潮湿环境一说，如果像是淋浴的 0、1 区必然是潮湿环境，但存有大面积持续性的 0、1 区的场所（泳池、带淋浴的卫生间等）或持续产生水蒸气的场所（锅炉房、开水房、更衣室等），因为会产生持续大量的水汽，对电器设备造成影响，长期处于潮湿的地下环境并无人值守的场所（电缆隧道、综合管沟等见《城市综合管廊工程技术规范》GB 50838—2015 中 7.4.2.2 条），可以认为是潮湿场所，但极小区域的潮湿环境且为断续使用的场所（厨房的水槽、污水泵集水坑等），不构成水汽的长期留存，可以认为非潮湿场所，即厨房和地库等为非潮湿场所，对于无淋浴的卫生间可以认为是非潮湿场所，具体灯具要求可不采用防护措施，如果采用了也没有必要算错误，可看做个人习惯和理解不同。如图 5-22 所示。

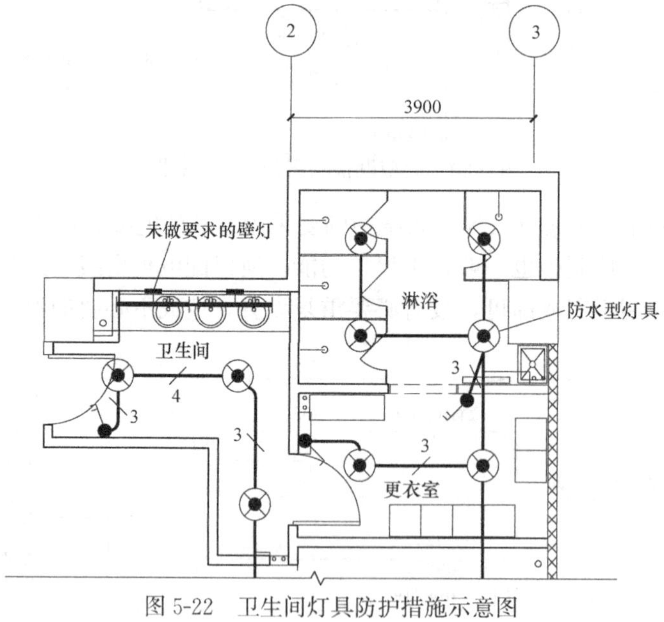

图 5-22　卫生间灯具防护措施示意图

（3）消防泵控制柜与消防水泵设于同房间时，其防护等级应达到 IP55，见《消防给水及消火栓系统技术规范》GB 50974—2014 第 11.0.9 条。

三、内部线路敷设

1. 线槽的敷设

（1）消防和非消防电缆是否分槽敷设：根据北京市规划委员会、北京市公安局消防局《关于切实加强高层建筑消防用电设备配电线路设计工作的通知》消监字［2011］454 号：

“高层民用建筑消防用电设备的配电线路应与其他配电线路分开敷设，不得采用共槽架中间加隔板的方式”。但此条仅限于北京地区，并且是在2014版建规之前，还没有同井敷设时采用矿物质绝缘电缆的要求。该条文的初衷是基于北京某工程火灾中显露的问题，该项目采用了加隔板的做法，普通电缆引发的电气火灾，还是通过隔板制作的一些空隙影响到了消防电缆，并间接影响到火灾的事前控制，故北京消防队专门下了此文，但除北京地区的高层建筑以外，一度是仍可以将消防电缆及非消防电缆同线槽敷设的，包括井道内，2014版建规已经不再允许耐火电缆与普通电缆设于同一井道，但对于水平段敷设是否可以设置隔板并未提及，但笔者建议最好不设隔板，毕竟电缆引出的时候考虑到水平要就近拐弯，极有可能穿越线槽的另一侧，只是一个施工的不注意，就让隔板没有了意义。分槽敷设如图5-23所示。

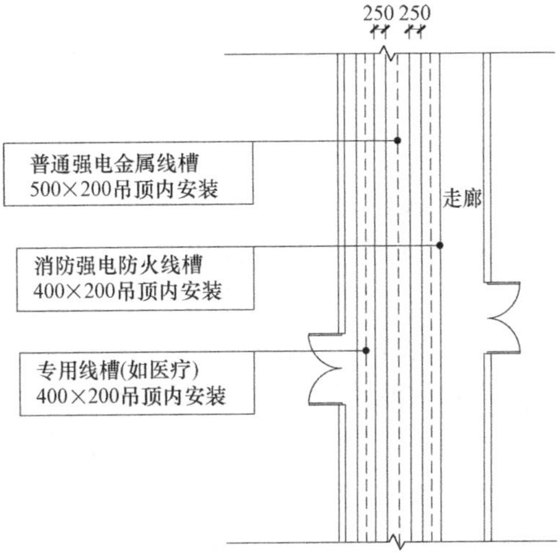

图5-23　强电线槽水平敷设示意图

（2）线槽及母线敷设的路由要求：1）低压配电干线的线槽不应敷设在消防电梯（合用）前室敷设，因消防前室为设置在高层建筑疏散走道与楼梯间或消防电梯间之间的具有防火、防烟、缓解疏散压力的空间，需要保障任何情况下火焰不可侵入，外界有可能引起火灾或是可能造成火苗窜行的设施和工艺都不建议存在，故不建议穿越作为防火分区的前室，规范要求可见《建筑设计防火规范》GB 50016—2014中6.1.5条。2）主干线的线槽不应从设备机房（尤其是水专业机房）等穿行引上，如空调机房、水泵房、弱电机房等，原因是多方面的，有水机房存有漏水的可能、电气机房存有干扰的可能、空调机房则不便于后期管理维护；不应穿越储藏室等私人空间，以备检修时门不能及时打开，耽误检修维护的进程；不应进入如隔油间等不能进入检修的空间；不应穿越有可燃物的甲乙丙类型库房，以防将火灾引入或是引出这些库房，扩大火灾范围（可见《建筑设计防火规范》GB 50016—2014中表3.3.2中注1条）；不应在热力机房内顶上敷设，以防机房可能出现的局部温度过高，长期的持续对电缆产生影响，使电缆老化。所以负责配电的干线桥架应在公共空间敷设，如走道、设备管廊等区域。3）母线或是线槽的分支路由：应该按最简单和直接的方式敷设，尽量垂直，保证美观和维护，其分支处宜接近于配电箱体，不建议绕行。如图2-12所示。

2. 矿物绝缘电缆的争议

在《建筑设计防火规范》GB 50016—2014中第10.1.10.3条：“消防配电线路宜与其他配电线路分开敷设在不同的电缆井、沟内；确有困难需敷设在同一电缆井、沟内时，应分别布置在电缆井、沟的两侧，且消防配电线路应采用矿物绝缘类不燃性电缆。”

（1）当消防非消防线路共井时，竖井内消防配电箱出线是否也要采用矿物绝缘类不燃性电缆呢？如应急照明、消防动力配电箱设在电气竖井内，各应急照明及动力的分支线路，这里只能认为规范针对井道的干线回路而言，所以分支线路只要之后是水平敷设，还是可以采用耐火电缆的，这在之前的10.1.10.1条：“明敷时（包括敷设在吊顶内），应穿金属导管或采用封闭式金属槽盒保护，金属导管或封闭式金属槽盒应采取防火保护措施；当采用阻燃或耐火电缆并敷设在电缆井、沟内时，可不穿金属导管或采用封闭式金属槽盒保护”，已有说明，水平消防电缆穿线槽敷设时采用阻燃或耐火型均可，并已经高于标准，由于消防电缆制作接头危险性更大，更不允许，则井道内的分支线路部分可认同为与水平线缆一致的规格。

(2) 电缆竖井内消防、非消防电缆分开两侧设置时，消防电缆采用耐火电缆走封闭防火线槽是否可以视作满足规范呢？建议还是要按《建筑设计防火规范》GB 50016—2014 中 10.1.10.3 条的要求实施，采用矿物绝缘防火电缆而不能采用耐火电缆，初衷是耐火电缆还是难以满足火灾时连续供电的时间需要，矿物绝缘防火电缆在 950～1000℃时，可持续供电 3h，A 类的耐火电缆在 950～1000℃时，持续供火时间为 1.5h。在《民用建筑电气设计标准》GB 51348—2019 中表 13.6.6 中可见消防工作区域设备耐火时间要求达到 3h，故才在新的规范中被替代。耐火电缆即便敷设于线槽之内，实际燃烧时，线槽内外的温度并不会有明显的差别，高温下耐火电缆无法达到要求持续的供电时间，所以干线需要首先得到保障，须采用矿物质绝缘电缆。

(3) 消防与非消防电缆在电缆井内应分开敷设，则井道内的水平敷设部分时是否也要分桥架敷设还是可以设在同一桥架内中间用隔板分隔即可呢？《建筑设计防火规范》GB 50016—2014 中 10.1.10.3 条只对消防线路在电缆井内侧壁敷设提出要求，其他部分没有明确的规定，所以可以按“(1)”中的要求实施即可，水平段甚至没有提出需要消防与非消防分设线槽的直接说法，但是有一点需要明确：消防线路的选型及敷设应满足火灾时连续供电的要求，故还是建议要分设线槽或是设置隔板，消防线槽需要有防火的要求，要为防火型，在 10.1.10.1 条有描述。

(4) 矿物绝缘电缆是否可用柔性矿物绝缘电缆呢？矿物绝缘电缆的定义在规范中已明确，可见《建筑设计防火规范》10.1.10.1 条条文说明，消防线路的选型及敷设应满足火灾时连续供电的要求，符合具体要求的电缆认为就可使用，至于缆线材质是否为真正的无机材料，其实已然不是考核的重点。

(5) 矿物绝缘电缆的弯曲半径太大，在线槽中无法敷设怎么办？其实规范的初衷就是要求使用矿物绝缘电缆，而与线槽并无直接关联，矿物质绝缘电缆也没有必要敷设于线槽之内，是完全可以明装敷设的，则其实配电使用的线槽可以仅是敷设普通电缆及电线，这些缆线的弯曲半径并无实现的困难，故电缆竖井内的矿物质电缆建议还是明装敷设为合理。如图 5-24 所示。

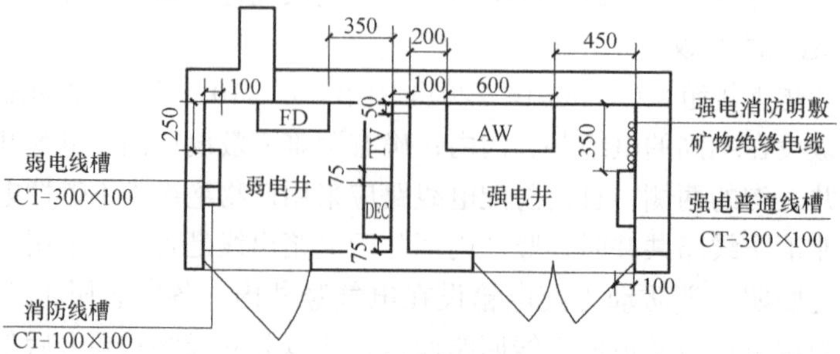

图 5-24 井道内缆线敷设示意图

3. 管路的敷设

（1）配电（弱电）管线应考虑不同结构基础沉降有差异时的防护措施，包括了沉降缝、施工缝等结构形式，需要在穿越该部分时，在平面图上注明配管、金属线槽的做法，强电间贴邻伸缩缝需要加强防水措施，由于伸缩缝更容易发生结构的错动，更易容易引起漏水，所以要规避大量线路穿过伸缩缝的设计，以避免增加施工难度和造价。虽然有办法解决，但随着沉降的漫长作用，终究存有安全隐患，故尽量予以回避。做法可参见《钢管配线安装》03D301-3 中 P39～40 的相关内容。见图 5-25。

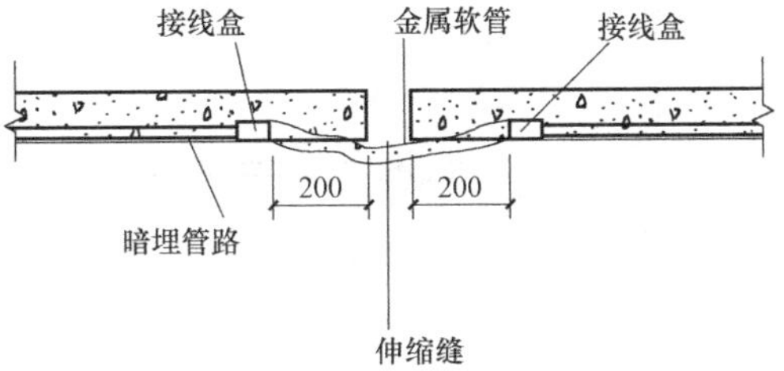

图 5-25　管线过伸缩缝示意图

（2）分支回路最小截面值：要符合《住宅设计规范》GB 50096—2011 中 8.7.2.2 条所述，即分支回路最小截面不应小于 2.5mm^2，主要针对照明回路，不仅要求用在住宅，其他公建也建议采用，基于未知将来电器使用的情况，尽量给未来可能的增容留有余量，因为改造末端暗埋线路难度实在太大，敷设之后基本就是死线，二次想拉拽出来很困难，故此条应该足够重视，重点审核 1.5mm^2 电线的出现。

（3）导线截面与管径配合是否合理，可见《民用建筑电气设计标准》GB 51348—2019 中 8.3.3 条："穿导管的绝缘电线（两根除外），其总截面积（包括外护层）不应超过导管内截面积的 40%"，具体实施则建议按照图集 19DX101-1 中的相关要求审核设计，这条审核的重点是线管拐弯对于管径的影响。一根管道无论是金属还是 PVC 材质，超过三个拐弯就很难拖拽动了，有很大的施工难度。故在该图集中只规定了最多两个弯时的最小管径，如 YJV-4×10，直通穿 SC32 管，一个弯曲 SC40 管，两个弯曲 SC50 管，规格差异巨大。审核时需先注意拐弯的数量，一般由箱体直供至设备的暗埋管道，拐弯超标的情况很容易出现，如图 5-26 所示，如果距离太远拐弯太多，则需要设置分线盒或是分线井。此外审核时也要注意图集中仅对电缆有拐弯次数的要求，而对电线没有，其实电线穿线的困难要比电缆更大，且由于截面小，用力过大会把电线拉细，使载流量变小更需要注意管径的合理，但没有直接的依据，实际应用可以按电缆的管径要求来审核电线管径。

4. 供电距离

低压电缆电线的供电距离不可太远：图纸中电缆距离太远需要让设计人提供压降计算书，一般而言低压供电电缆供电半径不宜超过 250m，而低压电线的供电半径则不宜超过 50m，以上审图经验值，当电缆电线距离太远，则电压降可能不能达到规范要求，可见《供配电系统设计规范》GB 50052—2009 中 5.0.4.3 条："其他用电设备当无特殊规定时为±5%额定电压"，如距离超过 250m，则需要让设计人进行复核，提供计算书。如表 5-1为某项目的压降统计表实例。

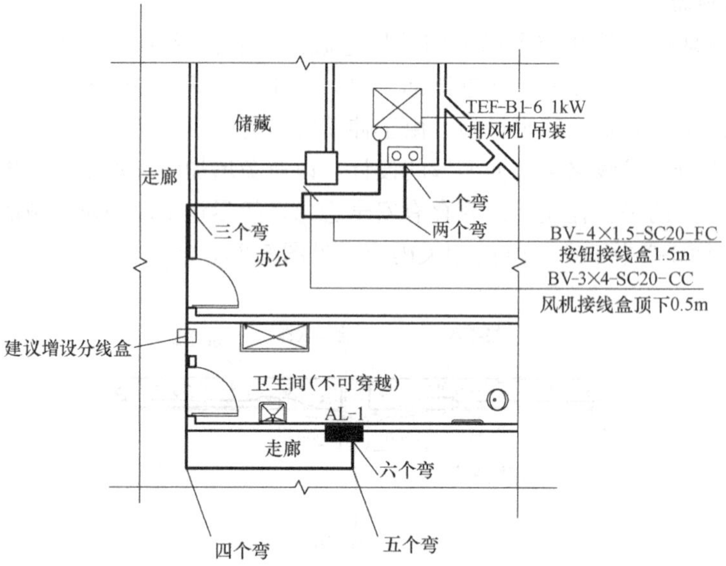

图 5-26　暗埋管拐弯示意图

低压电缆压降统计表　　**表 5-1**

电缆编号	起点	终点	用途	型号	长度(m)	电压损失率
①	1 号配电室	1 号楼	照明	YJY 22-0.6/1kV-4×240mm²	149	1.39%
②	1 号配电室	2 号楼	动力	YJY 22-0.6/1kV-4×240mm²	156	2.16%
③	1 号配电室	3 号楼	照明	YJY 22-0.6/1kV-4×240mm²	200	2.89%
④	1 号配电室	4 号楼	动力	YJY 22-0.6/1kV-4×240mm²	217	3.14%

5. 专线供电

（1）人防警报室需要由本楼下的人防配电室专线供电，为地区规定，可见 DB11/994—2013 中 7.8.3 条。

（2）避难场所的用电由低压侧配专线供给，见《民用建筑电气设计标准》GB 51348—2019 第 7.2.4 条。

四、外部线路敷设

敷设方式的选择：《民用建筑电气设计标准》GB 51348—2019 8.7.3.1 条中规定：在电缆与地下管网交叉不多、地下水位较低或道路开挖不便且电缆需分期敷设的地段，当同一路径的电缆根数小于或等于 21 根时，宜采用电缆沟布线。当电缆多于 21 根时，宜采用电缆隧道布线。该条对比《民用建筑电气设计规范》JGJ 16—92 版本 7.3.2.1 条中的规定：当沿同一路径敷设的室外电缆根数为 8 根及以下且场地有条件时，宜采用直接埋地敷设，提出了较大的改进，又对比《民用建筑电气设计规范》JGJ 16—2008 中 8.7.3.1 条中 18 根的要求又有所提升，可见管沟的发展，是一种比较推荐的敷设方式，建议采用电缆沟或电缆隧道敷设，比较好地控制了电缆被后续工种施工所误伤，但也存在可操作性的问题，如在工业企业厂区电缆沟的使用较多也较为成熟，但在民用项目中电缆沟往往和其他专业外线管道发生冲突，原因是电缆沟占用空间大，加之新增的系统越来越多，施工时平面布局多受限制；沟下方有时又多是地下车库，外线施工时的竖向空间也受到了限制，综合上述原因建议中小型外线中也可以考虑采用综合管沟的方式，可见《城市综合管廊工程技术规范》GB 50838—2015 中 4.2.5.3 条的要求：道路宽度难以满足直埋敷设多种管线的要求时建议采用综合管廊，甚至建议可以降低综合管沟的净尺寸为代价，将各专业管道综合统筹安排在内，既解决了直埋线路在交叉施工中的破坏，又给将来的维护带来了便利。综合管沟该是电气外线设计的发展方向，国家也在大加支持和推广，所以在审图中如果室外管路实在混乱则建议给设计建议设置综合管沟。综合管沟设计如图 5-27 所示。

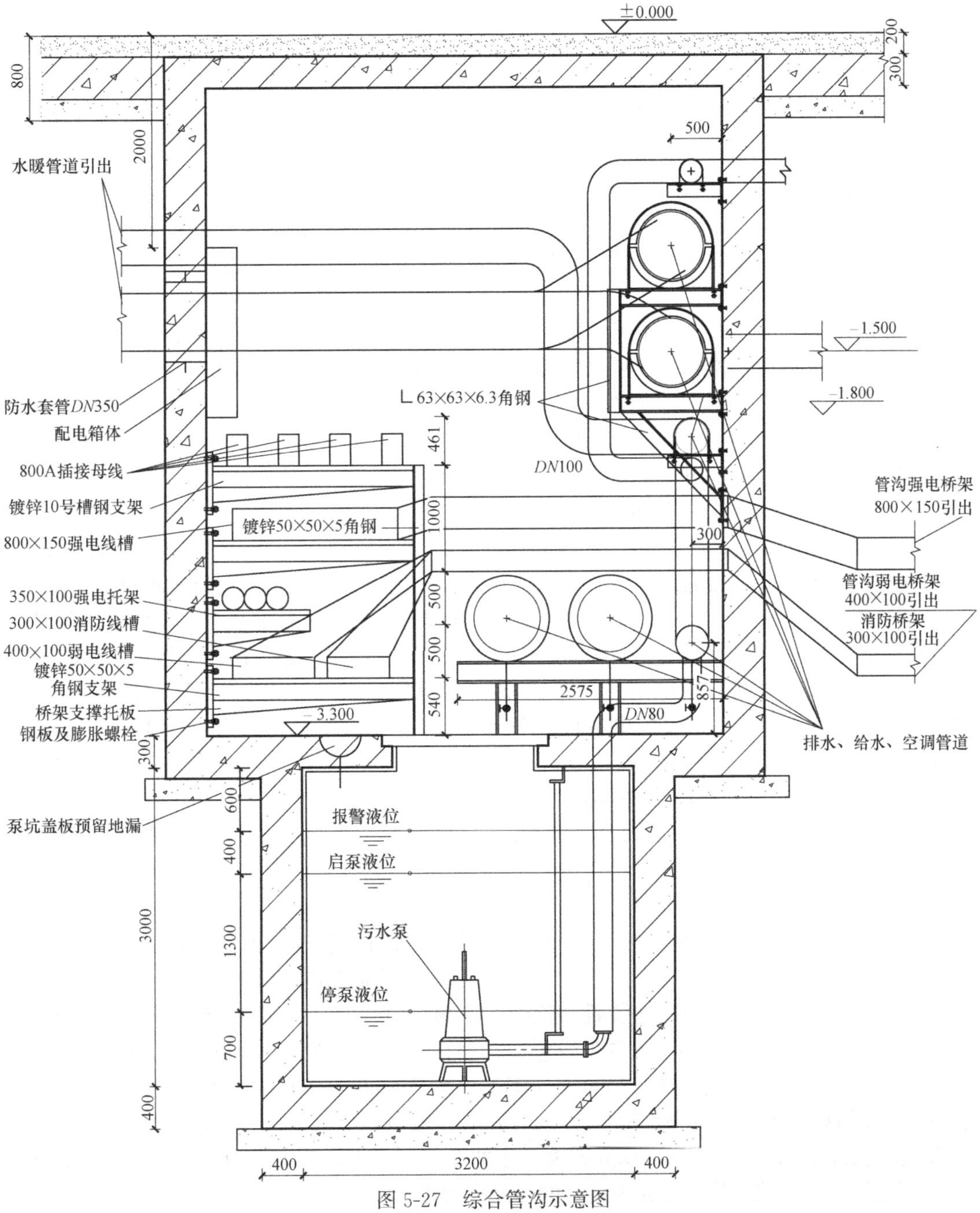

图 5-27　综合管沟示意图

五、电气用房的平面设计

1. 变配电室

（1）屏蔽的问题

1）变配电室的位置要求：在《民用建筑设计统一标准》GB 50352—2019 中 8.3.1 条 1 第五款："变压器室、高压配电室、电容器室，不应在教室、居室的直接上、下层及贴邻处设置；当变电所的直接上、下层及贴邻处设置病房、客房、办公室、智能化系统机房时，应采取屏蔽、降噪等措施"，如变配电室设置在幼儿园小班教室正下方，电磁干扰对孩子的生长会有一定的影响，首先需要选址时尽量进行避让，如果实在没有办法避开，设计需要屏蔽处理，未做屏蔽的需审核提出，除了电磁的影响，设于其上方的房间更直接明显的影响是变压器的震动，同样需要回避。

2）强弱电机房贴临的屏蔽要求：强弱电机房相邻时需要做屏蔽处理，见《电子信息系统机房设计规范》GB 50174—2008 中第 4.1.1 条："电子信息系统机房位置选择应符合下列要求：5 避开强电磁场干扰"，则电子信息机房如果贴临变配电室时，也同样需要设置屏蔽措施。

3）屏蔽设备的选择：①屏蔽性能指标要求大于 60dB（电场）的场合，宜采用 σ= 0.35～0.75mm 的镀锌钢板；②屏蔽性能指标要求大于 25dB（电场）的场合宜采用金属丝网；③民用建筑一般选择金属丝网即可。

4）通过房间布局进行解决：也可以将值班室、备料间等设于强弱电两机房之间，既可以解决屏蔽的问题，也对建筑做法没有太多的改变，如图 5-28 所示。

（2）配电设备超长时的建筑要求：

《20kV 及以下变电所设计规范》GB 50053—2013 中第 4.2.6 条："配电装置的长度大于 6m 时，其柜（屏）后通道应设两个出口，当低压配电装置两个出口间的距离超过 15m 时应增加出口"，在《低压配电设计规范》GB 50054—2011 中第 4.2.4 条有同样的说法，《民用建筑电气设计规范》JGJ 16—2008 中第 4.9.11 条："长度大于 7m 的配电装置室应设两个出口，并宜布置在配电室的两端。"该条规范应该是已经作废 10kV 变配电室规范的一个引用，此处的 7m 是变配电室长边净距，而 6m 是单排电气装置的长度，考虑到两侧通道的宽度，其实室内净距 7m 要比配电设备 6m 的要求更高，审图时可以先看变配电室长边是否已经超过了 7m，如果超过，两门之间的间距要大于 5m，以满足疏散的要求，当两门已经超过 15m，则需要增设第三个疏散出口。第三个疏散通道可以不考虑设备的进出，门小也无妨，但要方便人员的疏散。如图 5-28 所示。

（3）变配电室的电气平面表示：

1）变配电室的高度问题：变电室高低压出线均采用"上进上出"方式，如变电室梁下净高小于 3m，将难以满足上出线的要求，见《民用建筑电气设计标准》GB 51348—2019 中第 4.6.3 条："屋内配电装置距顶板的距离不宜小于 1.0m，当有梁时，距梁底不宜小于 0.8m"，由于高压柜上方的母线包，其垂直高度可以按高出高压柜 500mm 进行估算，一般高压低压柜的高度为 2200mm，柜下槽钢立放占用 100mm，变配电室梁高可以按 800mm 估算，则 100mm＋2200mm＋500mm＋800mm＝3600mm，此为变配电室最低净高度，去除突出的梁高部分，3m 即为最小的净高度要求，其中认为板厚为 200mm；如考虑配电柜上方有梁，则 3.6m 为最小的净高度要求。

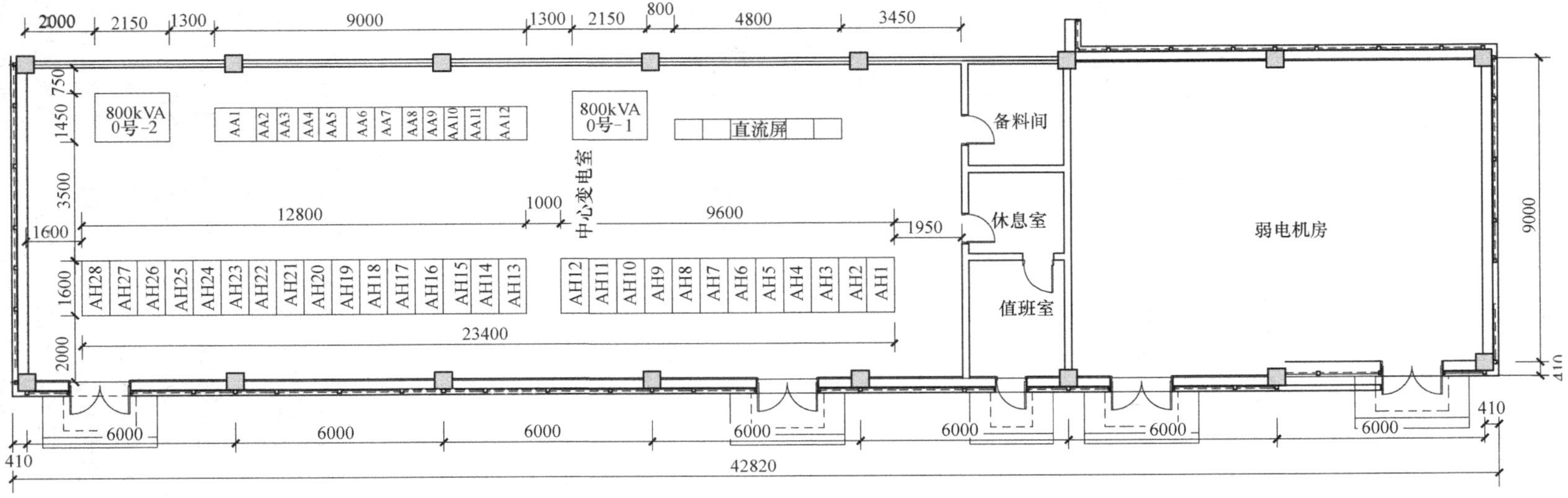

图 5-28　强弱电机房贴临示意图

2）当变电所设有夹层时，夹层顶维护用人孔下方应避免敷设桥架，以免影响检修施工人员进出夹层的方便；且夹层内照明灯具位置与电缆桥架部分尽量不要发生位置上的冲突。

3）低压联络柜引出应为母线桥（包），不可采用 TMY 裸铜排，10kV 变配电室内并无可以直接可见的裸导体。

4）屏后距离：按《低压配电设计规范》GB 50054—2011 中第 4.2.5 条中注 2“屏后操作通道是指需在屏后操作运行中的开关设备的通道”，多用在成排布置的配电柜，屏后通道是指检修的通道，最小要有不小于 800mm 的检修通道，但也仅限于配电柜后面开门，在后面维修时，才有维修通道的要求，如确定为柜前维修时，也是可以靠墙布置的，并没有维修通道的要求，对于一般的中小工程，重要性相对差些，且落地配电箱数量少，多为一台或是两台，则设计时可靠墙安装，一般还是离开最小 50mm 以上，方便施工及散热。如住宅项目的 π 接室布置，当空间不能满足，则可以将一侧或两侧贴墙布置，保证有一侧的通道和盘前足够的距离，如图 5-29 所示。

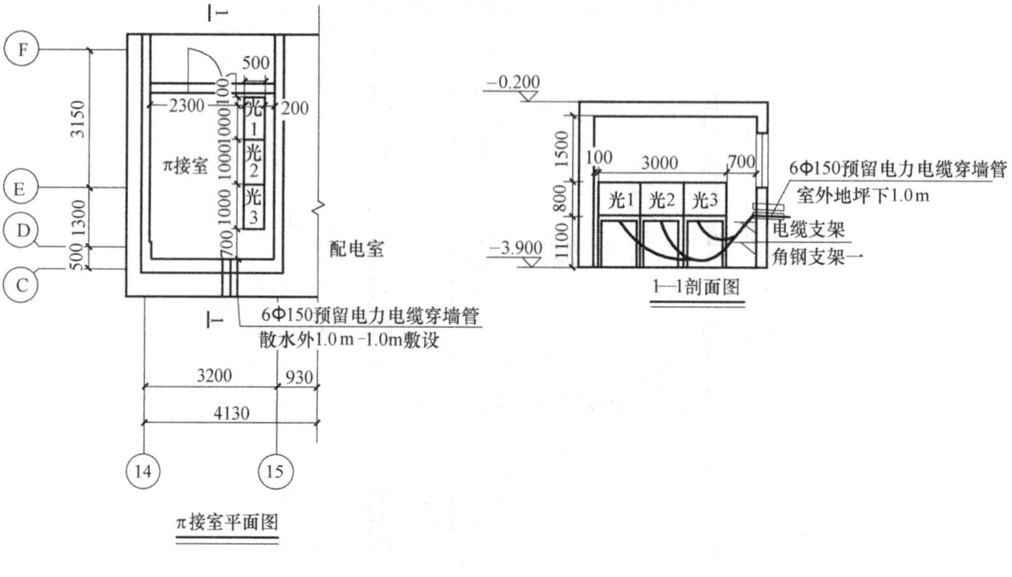

图 5-29　π 接室布置示意图

5）高压分界室一般会按供电部门要求设置高压电缆进线井，分界室的作用是供电部门与物业管理的分界点，常出现的公共类型的建筑项目，进线井道的内径需考虑电缆的弯曲半径而设置，但一般不建议小于 1m，因为如按最大的 $240mm^2$ 的电缆考虑，其直径为 6cm 左右，按交联聚氯乙烯电缆最大的 15 倍弯曲半径来计算，则弯曲需要满足为 0.06×15＝0.9m 左右的拐弯空间，故选取 1m 进深的井道比较合理。如图 5-30 所示。

（4）柴油发电机房平面易遗漏的事项：

1）柴油发电机房有无通风排烟设备，见《全国民用建筑工程设计技术措施（2009 年版）》中 4.2.6 及 4.2.7 条的要求，柴油发电机房内应设机械通风为专业之间遗漏，且要注意进排风口之间不可以挨着或是距离太近，此是暖通专业的大忌，即为风路的短路效应，使换气失去作用，进风直接被排走。

2）油箱的安装如何处理？建筑未做预留空间，并且大小是否满足要求？贮油量是否符合当地消防部门的要求？在机房内或贮油间要有供3～8h连续运行的日用油箱，见《民用建筑电气设计标准》GB 51348—2019中6.1.10.2条有对储油设施的设置要求，机房内油储量不超过8h耗油量，日用油箱容积一般不容许超过$1m^3$，选取$1m^3$的日用油箱就可以满足3h的用油量（见《建筑电气强电设计指导与实例》中柴油发电机章节内容介绍），故最多也就是选用两个$1m^3$，三个就超过了8h耗油量，故当油量超过两个$1m^3$时，应在室外另设置储油罐。

3）室外的油库如何解决，柴油发电机房的油罐进出户管需要预留，并在电气图纸上予以标示，为一个日用油箱一根进户，另外设置一根备用管。如图5-31所示。

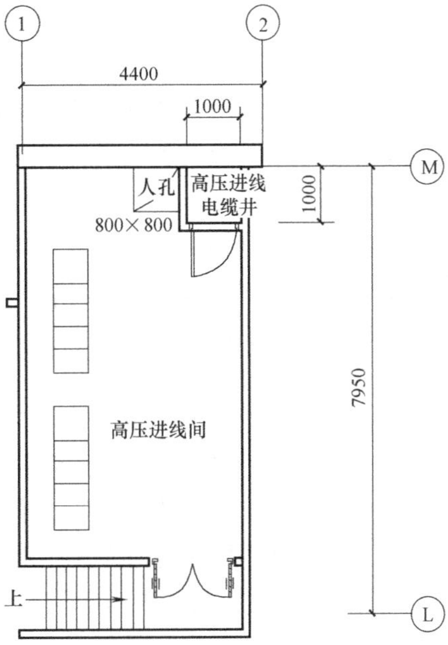

图5-30 高压分界室示意图

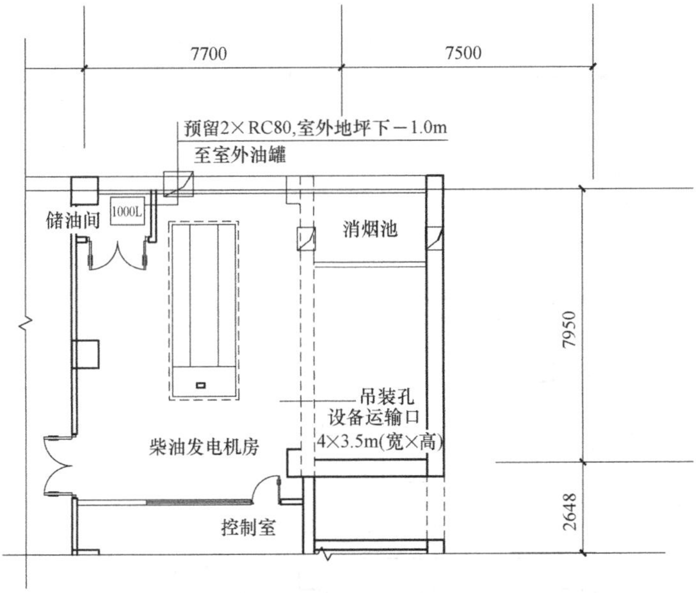

图5-31 柴油发电机房进户及吊装孔示意图

（5）设备进出：

大型的机组设备要审核是否留有安装或拆换的搬运通道，其空间上和平面上是否均可以满足运输的需求，一般大型设备采用两种方式运输：一是由地下车库车道运输至机房，再行水平移动至机组基础，水平运输时在设备底座下面放置滚杠，滚道采用方木或槽钢，由卷扬机拖动，把机组运输到机房内，发电机可直接运到基础上；另外一种是采用设置吊装孔，由吊机将设备运至机组附近再行水平移动至基础，吊装孔不宜设置于设备的正上方，吊装孔下方也不可有管道或电缆桥架通过，吊装孔的尺寸略大于机组的尺寸即可。需注意顶部的孔需要大于机组外形的长和宽，侧面的孔需大于机组外形的长和高。此外设备及管线要留有检修人员及设备的操作空间。如图 5-31 所示。

（6）设备间防水：

弱电机房、高压分界室、变配电室如为地下建筑，而其上方为室外直接覆土时，应采取加强防水措施，因为此时地下机房与上方建筑物存有夹角，夹角处多积水并容易漏水及渗水，基于机房的重要性，要知会建筑专业特殊处理。

（7）室外变电站距离建筑的距离：

可见《住宅建筑电气设计规范》JGJ 242—2011 中条文说明 4.2.3 条：“建议室外（地上）变电站的外侧与住宅建筑外墙的间距不宜小于 20m”。该条虽然是“宜”，但却是箱式变电站或变配电室等位置定位的一个基本标准，厂房园区内变配电室一般可以达到这个距离要求，但住宅小区执行时多见不能满足该条的情况，因为楼间距确实太小，仅是满足基本的日照要求，变配电站由于高度较小，在相关专业设计师的眼中，往往忽略，其实电磁干扰及高压触电的危险均存在，远比日照的重要性大。小区的变配电站位置关系如图 5-32 所示。

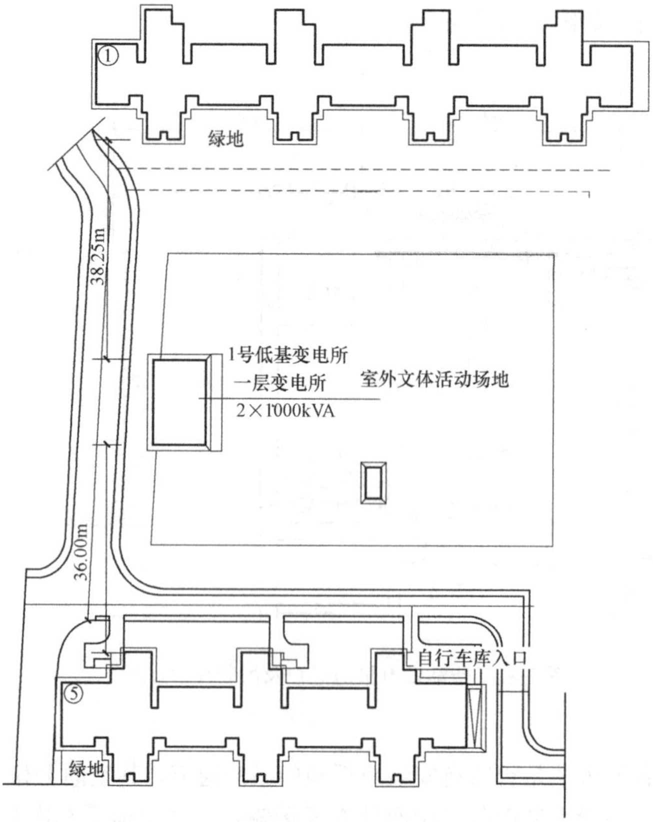

图 5-32　小区的变配电站位置关系示意图

（8）SF_6 高压环网柜的注意事项：

变配电室有 SF_6 高压环网柜时，需与设备专业配合，排风管道风口应设置于环网柜底部，主要是考虑到 SF_6 气体的比重大于空气的比重，则发生 SF_6 气体泄漏时，气体会聚集在环网柜的底部，排风管设置于底部，方便有毒的气体的快速和彻底的排出。可见《20kV 及以下变电所设计规范》GB 50053—2013 中 6.3.3 条："装有六氟化硫气体绝缘的配电装置的房间，在发生事故时房间内易聚集六氟化硫气体的部位，应装设报警信号和排风装置"。

（9）无功补偿柜的安装的问题：

300kvar 补偿柜建议柜宽采用 1000mm 宽，柜宽最小 800mm，而 300kvar 以下补偿柜可以均为 600 宽，如 300kvar 电容配 600mm 的柜体就不满足使用要求；400kvar 的补偿柜单台建议柜宽最小也要 1000mm，如果还有电抗器，则不建议使用单台柜了，最好分拆分为两面 600mm 柜体，如果设计含有电抗器的补偿柜确定仅设计为一台柜体，则柜宽建议在 1200mm 左右，但已经不算合理的设计，所以审图时提出，需要注意电容器柜并不可以无限加宽，如一台柜内安装 500kvar 的电容器，则可以认为其设计错误。补偿柜的柜宽如图 5-33 示意。

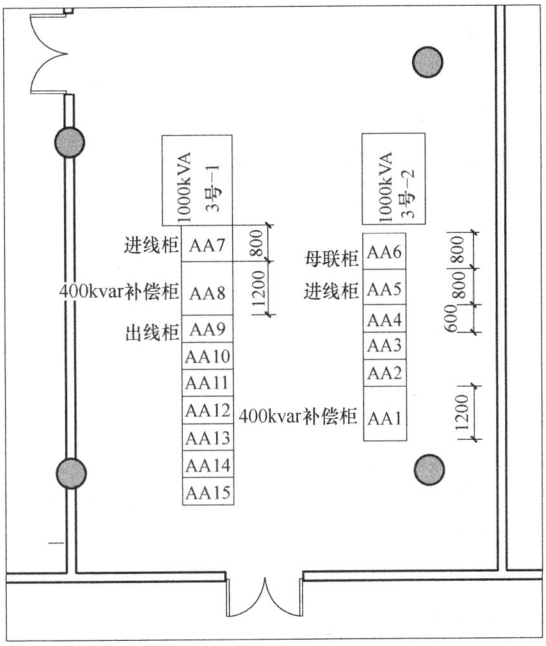

图 5-33 400kvar 补偿柜平面示意图

2. 电气井道

（1）弱电间不宜与电梯井道贴邻，因为长期震动会引起电气连接线的松动，存有安全隐患，与此类似：下方或上方设有变压器的房间，其配电箱体同样要考虑震动可能造成的影响。

（2）井道内强弱电设备的布置要求：强弱电间宜分开设置，强弱电竖井合用时，电力与电信线路应分别布置在竖井两侧或采取隔离措施，可见《民用建筑电气设计标准》GB 51348—2019 中 8.11.9 条所述，最好的做法是将箱体和线槽分别设于井道两端。但如空间实在狭小，条件受限时，要先满足强弱电箱不应设置在同侧墙上的这一前提，可将部分线槽设于同一侧，并离开一定的距离，因为金属线槽可认为是隔离措施的一种，强弱电同侧敷设线槽由于仅需整体开一个洞口，方便了施工，易于模板的拆除，相对而言施工工作量小，也避免了设备的干扰，审图时建议适当放宽。如图 5-34 所示。消防与非消防负荷同井也可布置，只需消防负荷耐火等级再提升一级，这一点，目前设计多已经可以满足，见民用建筑电气设计标准》GB 51348—2019 中 8.11.8 条。

（3）电井大样应有比例和尺寸标注，方便审图人来确定是否符合距离的规范要求，配电间净宽不宜小于 1m，门宽要大于 0.7m，方便人员操作的最小空间，配电箱与金属线槽不建议对面布置，因为两边操作距离远不好操作，而如对面为弱电箱体则一般不会出现同时维护和安装的情况，较为合理，故线槽与箱体同一侧面就近装设有一定的合理性，为箱

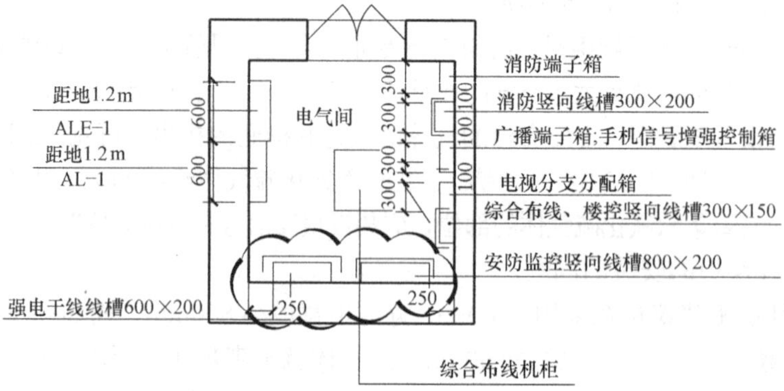

图 5-34 强弱电线槽同侧布置示意图

槽布置的最佳选择，如图 5-34 所示。

（4）强弱电井面积不可过小，弱电井道面积要求后文有述，强电井道要求盘面操作距离不小于 0.8m，见《民用建筑电气设计规范》JGJ 16—2008 中 8.12.5 条所述，两组箱体如照明箱及应急照明箱，宽度：0.5m（箱宽）+0.5m（箱宽）+0.5m（槽宽）+0.5m（空间）=2.0m，深度 0.2m（箱厚）+0.8m（盘前）=1.0m，可知强电井道净空间如不足 $2m^2$，则基本可以确认强电竖井不满足规范中对设备使用的要求。

（5）井道各种开门的方向：考虑的前提是方便人员的疏散，所以消防值班室门、变配电室、主要机房的门均应向外开启；变配电室与值班室之间的门应采用不燃材料制作的双向弹簧门，方便人员进入检修和迅速撤出；消防泵房控制室宜设于泵房入口处，并应向消防控制机房开门，以便于最快的速度可以进行消防报警、联动设备的操作。可见《民用建筑电气设计规范》JGJ 16—2008 中表 23.3.2 条所述。

（6）电气竖井的地坪要求：见配电室《民用建筑设计通则》GB 50352—2005 中第 8.3.5.4“智能化系统竖井宜与电气竖井分别设置，其地坪或门槛宜高出本层地坪 0.15～0.30m”，主要意图是防止本层出现漏水时，水不可漫入电气竖井。在新的规范中已经没有类似的要求，但从实际的使用考虑，井道的门槛是十分有必要设置的，建议遵照。

六、防火分区的一些注意事项

在《民用建筑电气设计标准》GB 51348—2019 中 13.7.15.2 条：“消防用电设备配电系统的分支线路，不应跨越防火分区，分支干线不宜跨越防火分区”。在《建筑设计防火规范》GB 50016—2014 中 10.1.7 条：“消防配电干线宜按防火分区划分，消防配电支线不宜穿越防火分区”。

1. 消防支路穿越防火分区的审核：消防配电箱要按防火分区设计，末端消防配电箱的设置基本原则是要按防火分区进行布置，电动排烟窗等室内消防设备的电源应引自本防火分区内消防配电箱；当设于室外的消防风机或水泵等由室内的消防电源箱供电更为合理时，虽也相当于穿越了防火分区，但可以避免风吹雨打，则消防箱体设于室内是合理的，距离也并不远，但由于设备设于室外，现场应设手动控制装置。

2. 公共区域消防应急照明的设计：前室的应急照明支线多见疏散指示、疏散照明、电气竖井内照明等，故这些应急照明不应跨防火分区供电，对于公共建筑而言，其不应垂直供电，应由本防火分区照明配电箱供电，但有些项目的应急照明负荷太小，每个防火分区单独设置箱体其实并不合理，照明支路难免跨防火分区进行配电，最典型的例子就是住宅公共区域的应急照明，由于每层应急疏散照明及疏散指示灯具容量很小，数量不多，照明的覆盖面积也小，则分层设置应急照明箱则并不常见，多为竖向灯具链接，这样控制更为方便，则如此的竖向应急照明回路，跨越多层，其实也穿越了多个防火分区，但却是比较合理的设计手段，为一种比较常见的特例。但也需要注意当仅有一个应急照明箱时，距离太远可能造成应急照明的支路供电过长，光源数目过多，压降偏大的问题。住宅公共区域应急照明如图 5-35 所示。

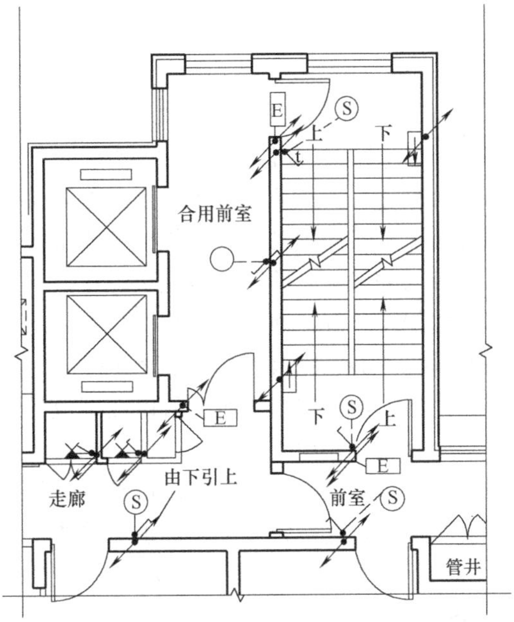

图 5-35 住宅公共区域应急照明示意图

3. 普通电源箱体与防火分区关系要合理合规：如某项目办公室插座、照明和风机盘管的电源不应分别引自不同防火分区配电箱，这样的审核提法是否合理？应该说普通配电箱的支路穿越防火分区要求并不算严格，非高层的建筑物的支线及干线是可以穿越防火分区，高层建筑的配电箱设置则可见《民用建筑电气设计标准》GB 51348—2019 中 7.2.2.3 条：“高层公共建筑配电箱的设置和配电回路的划分，应根据防火分区、负荷性质和密度、管理维护方便等条件综合确定”。故作者建议普通配电箱也宜以防火分区来作为设置的标准，因为防火分区的面积大小在箱体合理布置情况下，照明配电箱的容量和供电半径多数可以满足，如一类高层的防火分区面积要求为≤1000m^2，可满足 50m 的末端支线的常规供电半径，如一个建筑物南北 50m，东西 100m，一层设有 8 个普通照明箱，由于一个普通照明配电箱建议控制区域在 800～1000m^2，则 5000 m^2 空间选择 8 个配电箱则偏多，审核中可以提出。

4. 照明支线当因为计费必须穿防火分区供电时，应单独支路敷设。

第六章　消防及人防的常见审图问题及解析

一、消防报警说明

1. 容易出现分歧的消防报警设置场所：1）有一面墙或是多面没有墙的建筑不需要设置消防报警系统，如蔬菜批发市场、方便卸货的开敞式库房，均为有顶棚，但两端有墙，两端没有墙，虽然面积已经大于规范的要求，但考虑到实际使用中由于空气不固定，处于一种时刻流动的状态，即便有烟气也没有办法准确确定，且一般这样的建筑多数为单层建筑，重要性偏差，有一面或多面临空，如果遇到火情，人员疏散容易完成，故不需要考虑消防报警系统。2）决定消防报警设置的几个先决条件：一是人员较多；二是不易疏散；三是重要性高；四是非水场所。所以在规范的制定中，地下公共场所尤其被重视，在住宅套内要求反而不多，而不设消防报警的场所恰是卫生间、泳池等，都是这个设置依据的具体结果，所以很多规范中不能面面俱到提及的建筑场所，只要满足上述几个设置条件都应该设计消防报警，这是合理性及常识化的要求，设计人不需要为分辨而郁闷，而要相信自己的生活常识。可见《建筑设计防火规范》GB 50016—2014 第 8.4.1 条之条文解释。3）消防说明火规及建规的强条及要点，都是审查重点，需要在说明中逐一表述，虽然繁琐，但常为审查中必查事项，这里不一一介绍。除了要点强条，消防设备需要设置明显标志；应急照明的启动时间≤5s；装修审查中的各类后增设的门禁，消防时需要打开；应急照明的照度要求等也常被提及，需要注意。其外需要注意防火门监控系统、电气火灾监控系统、消防电源监控系统的设置，需在说明中有所表示，并有相应的系统及平面表示，防火门监控系统、消防电源监控系统的要求可见《火灾自动报警系统设计规范》GB 50116—2013 中附录 A，而在北京地区电气火灾监控系统重要性上升，审查级别不低，故这三种系统也是目前容易遗漏的设计内容。

2. 火灾自动报警系统的电源介绍：应说明火灾自动报警系统除设置交流电源外，还应有蓄电池备用电源，见《火灾自动报警系统设计规范》GB 50116—2013 中第 10.1.1 条："火灾自动报警系统应设置交流电源和蓄电池备用电源"，这条规范的出现其实让消防报警系统的供电等级达到了一级中重要负荷的要求，实际的设计中蓄电池这样的备用电源其实多是设备自带的，但为了杜绝可能出现设备没有自带的遗漏，则建议在说明中要有这一点的要求，可标注为厂家自带。

3. 火灾时非消防电源切除设计：可见《火灾自动报警系统设计规范》GB 50116—2013 中第 4.10.1 条："消防联动控制器应具有切断火灾区域及相关区域的非消防电源的功能，当需要切断正常照明时，宜在自动喷淋系统、消火栓系统动作前切断"。

（1）那么哪些是非消防负荷呢？可以分为两部分，一是火灾时立即切断的非消防电源，像是普通动力负荷、自动扶梯、排污泵、空调用电、康乐设施、厨房设施等；另一类则是火灾时不应立即切掉的非消防电源，最典型的就是规范及相关条文解释中说明的正常照明、生活给水泵、安全防范系统设施、地下室排水泵、客梯和Ⅰ至Ⅲ类汽车库中作为车辆疏散口的提升机，以上这些负荷除照明外，其实也多为一级负荷或是二级负荷，为双电源供电，实现不同时切断，依靠自动直接切断容易误操作，还是需要在上述配电箱中设置强切的模块，在消控室进行人工的选择性切断，当消控室不能完成上述任务时，需要给予后进入的消防队员便利的切除条件，尽量可在低压侧出线侧统一切断，所以非消防电源的切断如果可以设置在前端，尽量不设置在末端，以便于人工手动进行关断（见《火灾自动报警系统设计规范》GB 50116—2013 中第 4.10.1 条之条文说明）。

（2）系统图中如何表示？如是低压侧需要在强切出线回路的开关上设置分励脱扣器，如是中间配电箱，则在进线开关上装设分励脱扣器，如为部分支路进行的强切，则在该支路开关上装设分励脱扣器，并在箱体或柜体引入相关的消防联动信号，可以实现消防控制室的联动操作即可。低压侧“切非”如图 6-1 所示。

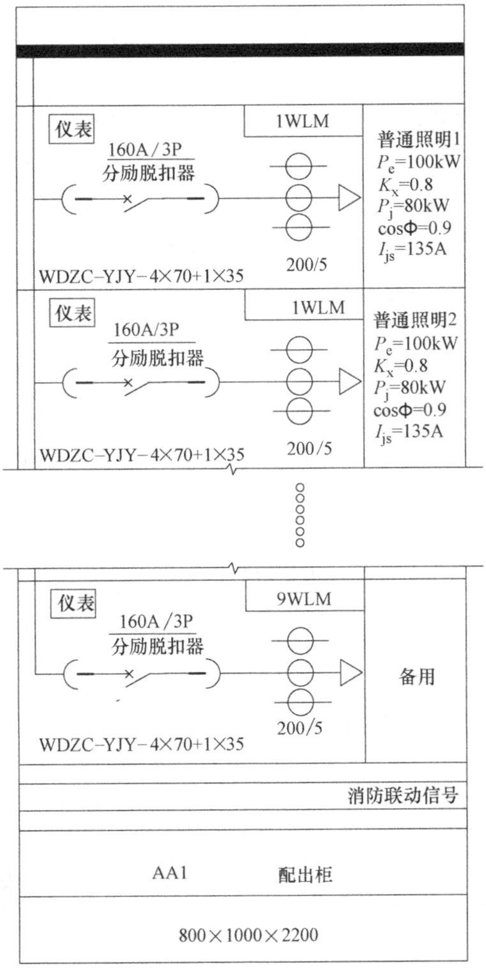

图 6-1　低压出线侧切非分励脱扣器示意图

4. 两个需要写到的规范：说明中应该补充介绍：符合现行国家标准《消防安全标志》GB 13495 和《消防应急照明和疏散指示系统》GB 17945 的要求，见《建筑设计防火规范》GB 50016—2014 中 10.3.7 条的规定，这里提及的两本规范现行版本，分别为《消防

安全标志 第1部分：标志》GB 13495.1—2015，而《消防应急照明和疏散指示系统》GB 17945则为2010年版，并未针对施工图的设计进行要求，而是针对疏散指示产品进行的要求，目的为防止不合格产品流入设计项目。

5. 消防说明应说明火灾时开启电控疏散通道门的措施：见《火灾自动报警系统设计规范》GB 50116—2013中第4.10.2条及4.10.3条，条文这里不复述，其主要意图则是发生火情之时，所有平常状态下进行阻挡人员进入的电器系统要自动打开，最常见的设备如出入口的管理系统、汽车的电动栅栏、常闭的电动防火门等，方便人员的迅速逃离，现代建筑门禁系统过于复杂，对于疏散却有极为不利的影响，所以系统说明中，描述火灾时迅速打开各种疏散通道门十分必要。

6. 消防说明中应对于消防供电电缆的介绍：虽然强电说明中会有对于消防配电电缆的介绍，但鉴于消防说明一般都是独立成篇，也要单独去消防队备案和审查，消防队只收与消防有关联的消防设计说明及系统平面，一般不会包含电气专业大说明，则在消防说明中建议对消防配电的缆线应有所介绍，资料就更为全面，如干线采用矿物绝缘电缆，支线电缆采用耐火电缆等。

7. 总线隔离器的设置要求：消防说明应介绍《火灾自动报警系统设计规范》GB 50116—2013中第3.1.6条的内容："系统总线上应设置总线短路隔离器，每只总线短路隔离器保护的火灾探测器、手动火灾报警按钮和模块等消防设备的总数不应超过32点；总线穿越防火分区时，应在穿越处设置总线短路隔离器"。

（1）两个重点：1）一点是总线穿越防火分区处应设置总线隔离器，需在平面图上也有表示，另一点是设备总数的计算方式，每个独立地址探头占用一个点，每个单输入输出的模块占用一个点，又因为总量上要求有10%的点位余量，所以总线隔离器侧控制点位不能太多，所以审图时需要考察总线隔离器控制的总量是否超过90%。2）此外总线隔离器建议接于报警总线及电源线上，因为规范只是强调了系统总线，而没有说明仅是报警总线，总线隔离器的设置如图6-2示意。

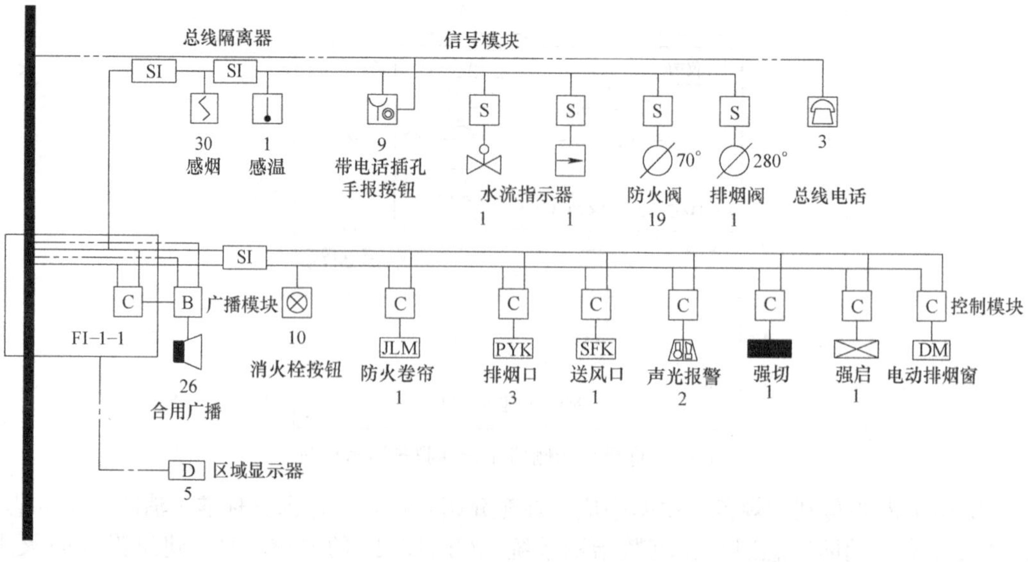

图6-2　总线隔离器系统示意图

（2）基于规范文字上的理解，总线隔离器所隔离设备并不包括消防广播及总线电话及电气火灾监控设备等，因为上述系统相对独立，并有独立的切换模块或是主机，与消防报警系统在本质上是分立的，所以不列入总线隔离器的控制范围之内，如图 6-3 系统架构所示。

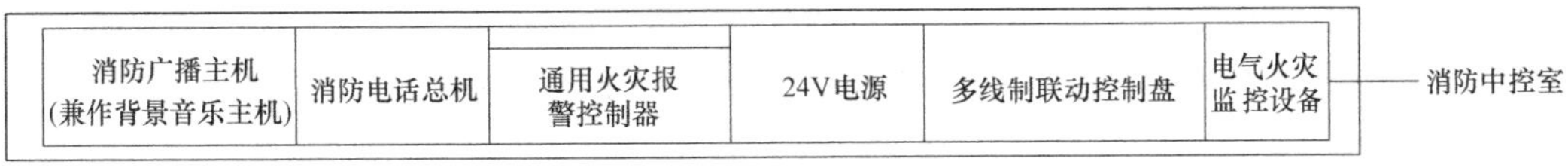

图 6-3　消防报警系统架构示意图

8. 消防控制中心的设计说明：

（1）消防控制室可以和门卫合用吗？因为消防控制室虽然在规范上并无要求不可以同安防中心合用，但对于中小工程来说，单设消防控制室确实略显浪费，也不利于人员监控，但却还是不能与门卫合并，主要的原因是防火的要求不同，土建的设计要求可见《建筑设计防火规范》GB 50016—2014 第 8.1.7.1 条：“单独建造的消防控制室，其耐火等级不应低于二级”。所以唯一合用的途径就是将门卫的防火等级提高，但仍仅限于小型工程，且需要征得消防单位的同意。

（2）关于附设于建筑内的消防控制室的门应该参照《建筑设计防火规范》GB 50016—2014 第 6.2.7 条：“消防控制室和其他设备房开向建筑内的门应采用乙级防火门”，由于在《民用建筑电气设计标准》GB 51348—2019 中表 23.4.2 相关要求为甲级防火门，具体执行中可不采纳民规中甲级防火门的相应要求，主要是因为《建筑设计防火规范》为消防部门认可且为国家标准，更是后发布的规范，为首先要求执行的规范。

9. 与设备系统关联的消防报警系统：如项目按相关规范无需设计火灾报警系统及联动系统时，但项目却设有消火栓灭火系统，则虽有消防泵房仍建议不设消防控制室，消火栓启泵线引至消防泵房即可，同时也不考虑消防报警系统的设计。如果项目还设有消防风机，需要联动，则可以考虑设置火灾报警、联动系统及相关消防机房，因为风机的联动需要与报警系统中的烟感探头相配合，可见《建筑设计防火规范》GB 50016—2014 第 8.4.1.13 条的相关要求，如果仅需设置烟感等报警设备而无联动功能的要求时，则建议设置区域报警器，可见《火灾自动报警系统设计规范》GB 50116—2013 中 3.2.1 条所述，需要甄别选择。

10. 广播不可遗忘：

（1）消防广播的设置要求：要符合《火灾自动报警系统设计规范》GB 50116—2013 第 4.8.7 条：“集中报警系统和控制中心报警系统应设置消防应急广播”，可见广播系统的设置要求，只要是集中报警系统及以上均需设置，也由于设有联动系统不是集中报警系统就是控制中心报警系统，也可理解为有联动要求的报警系统一般需要设置消防广播。

（2）消防广播与声光报警器并不重合，功能也不同，并不能用声光报警器来代替消防广播，两者建议可采用并应采用分时播放进行控制，但在设置上不同建筑类型中也存有例外，可见《建筑设计防火规范》GB 50016—2014 第 8.4.2 条：“高层住宅建筑的公共部位应设置具有语音功能的火灾声警报装置或应急广播。”为或的关系，是由于住宅功能所限，疏散通道仅一条，并不没有必要存有多种疏散广播指引的需要，所以还是建议设置声光报警最为实用合理，消防广播系统如何表示可见上图 6-2 所示。

(3) 火灾警报器声压级要求：见《火灾自动报警系统设计规范》GB 50116—2013 第 6.5.2 条："每个报警区域内应均匀设置火灾警报器，其声压级不应小于 60dB；在环境噪音大于 60dB 的场所，其声压级应高于背景噪声 15dB"。声压级要求的实现还是应该通过扩音机的选取才能够有计算的体现，故宜说明消防扩音机容量，如果实在不清楚如何表示，也要将这一条在说明予以表述，火灾时警报声响是否可被疏散人群听到，至关重要，无需多言。

11. 消防电源监控系统说明：见《火灾自动报警系统设计规范》GB 50116—2013 第 3.4.2 条："消防控制室内设置的消防设备应包括火灾报警控制器、消防联动控制器、消防控制室图形显示装置、消防专业电话总机、消防应急广播控制装置、消防应急照明和疏散指示系统控制装置、消防电源监控器等设备或具有相应功能的组合设备"。

(1) 消防提及了消防电源的监控，但是漏电火灾报警系统及消防电源监控系统又是一个什么样的关联？如何实现并没有太明确的说法，先说两者的区别，漏电火灾系统是用于电气火灾的监控，主要是通过互感器检测线缆的温度，对于可能发生的电气火灾进行报警。而消防电源监控则是通过属于线缆的电流传感器及电压传感器对电缆的电流和电压进行检测，当发现电流和电压运行值不稳定时则进行报警，提高消防电源的供电稳定性，所以两者并无直接关联，也为不同产品，但由于均设有采集电缆电流的设备，故有厂家产品和在图集中在电流部分可共用电流模块，但选取前建议落实是否存有合用功能。

(2) 电源监控主要包括哪些部分，又如何审图呢？其实这一部分的要求很高，也隐藏很深，先从字面来看：还是《火灾自动报警系统设计规范》GB 50116—2013 中 3.2.4.3 条，消防控制室的图形显示应具备附录 A 和 B 的功能要求，但附录 A 和 B 恰恰就是消防电源监控的内容，电源监控除了常见的各类消防双电源的缆线之外，更是增设了对于电动防火门的监控，后文还有详述，而在表示上，需要设计人不仅要在配电箱体系统图上表示出缆线的电源监控，也要绘制出整体监测点的系统或拓扑图，两者均有表达，才更为合理和完整。如图 6-4～图 6-6 所示。

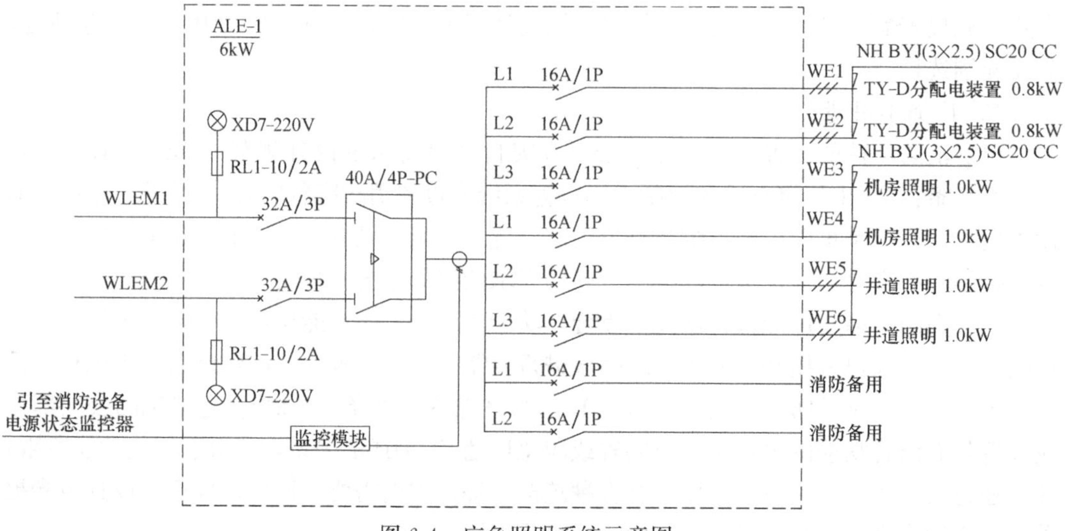

图 6-4　应急照明系统示意图

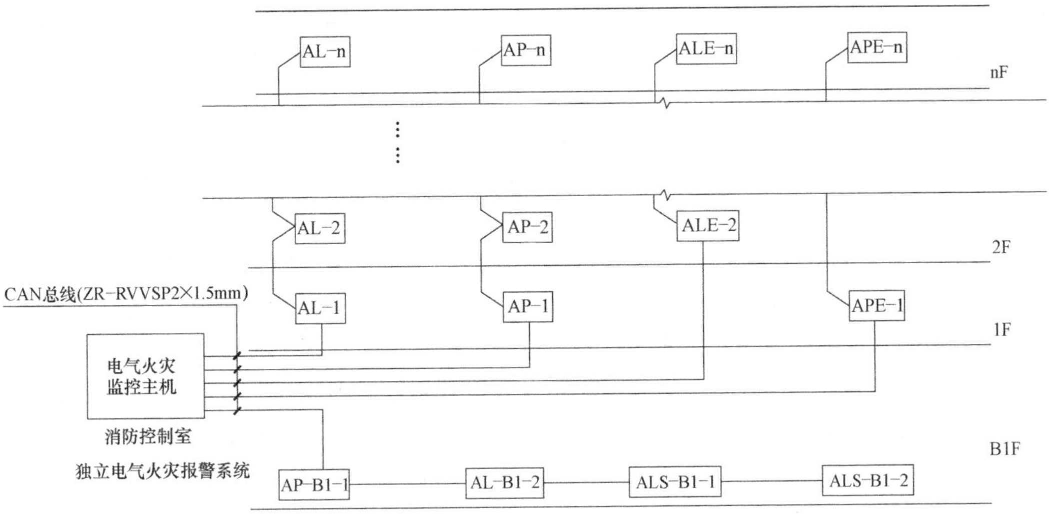

图 6-5　消防电源监控系统拓扑图

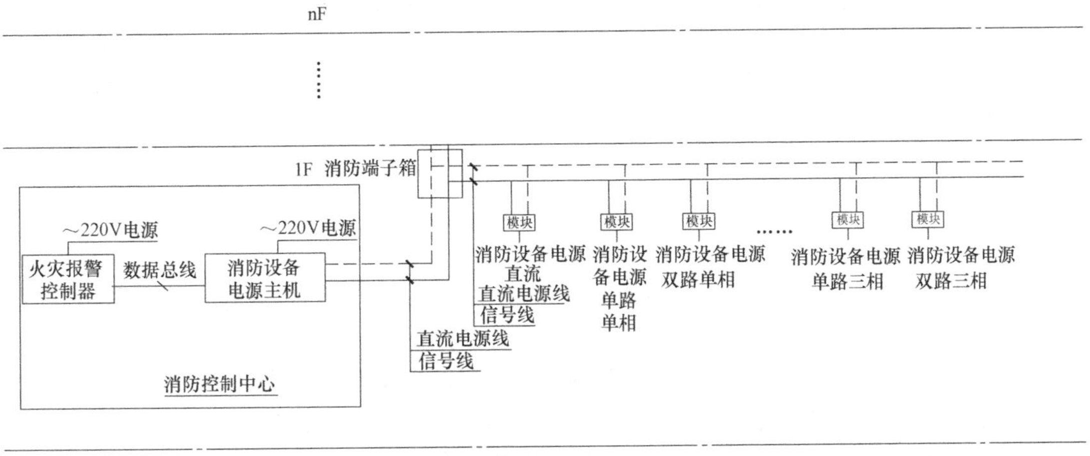

图 6-6　消防电源监控系统图

12. 要说明消防设备应设置明显标志，见《建筑设计防火规范》GB 50016—2014 中 10.1.9 条，这里提及是对比老版“建规”该条发生了些许变化，新版的规范对此条文由黑体字变为普通不加重的字体，即不再是强制性的文，但作为规范的要求仍建议审核中提出，只是按普通条文进行要求即是，实际在说明中除了将该条文复述，或也可以按“火警标示”等说法进行简洁易懂的说明。

13. 应急状态的启动时间：在《火灾自动报警系统设计规范》GB 50116—2013 中 4.9.2 条：“当确认火灾后，由发生火灾的报警区域开始，顺序启动全楼疏散通道的消防应急照明和疏散指示系统，系统全部投入应急状态的启动时间不应大于 5s”。前文已经有介绍，CB 级虽然较 PC 级双电源互投装置动作稍慢，但都可以做到 5s 内完成自动切换，所以应急照明的双电源互投无论 PC 级还是 CB 级均不存有问题。如果不使用双电源互投，而是采用单电源加 EPS，由于 EPS 的转化时间一般为 0.1～0.25s，也是可以达到启动时间的要求，但是需要注意如果采用单电源加柴油发电机电源的方式，则要落实柴油发电机的启动时间，由于柴油发电机要求是30s内启动，产品差别也较大多在5～30s之内，所以如果选择柴油发电机的供电模式，需要审核柴发的启动时间是否可以满足规范要求。

14. 消火栓按钮的重新定义：在《建筑给水排水制图标准》GB 50974—2010中第11.0.19条："消火栓按钮不宜作为直接启动消防泵的开关，但可以作为发出信号的开关"，故如今水专业也要求消火栓按钮不宜起泵，只作为报警，与《火灾自动报警系统设计规范》GB 50116—2013第4.3.1条的要求相同，消火栓按钮采集报警信号，可作为联动触发信号，但不直接启动消火栓泵，但需要注意的是4.3.1条的条文解释中写到：没有自动火灾报警系统时，消火栓按钮则应直接启泵，这与之前的报警要求也并无直接冲突，毕竟两条文针对的前提是消防报警系统是否存在，有火灾自动报警系统的建筑，消火栓动作信号应该仅作为联动触发信号通过消防联动控制器来控制消火栓的启动，而在建筑物内不设火灾自动报警系统的情况下，仍可以压力开关或是流量开关等启动消火栓泵，但是消火栓按钮动作信号也应该将信号线直接引至消防泵控制柜，可启动消火栓泵，此时消火栓按钮的进线两芯就不能满足要求了，需要在报警二总线的基础上增设电源二总线。消火栓直接启动到底是谁来完成，从电气的理解则是：通过检测流量变化的开关或是水压变化的开关来启动水泵，原理其实一样，实际审图与水专业对照进行审核。

15. 图例中消防广播（扬声器）应选用阻燃型，见《公共广播系统工程技术规范》GB 50526—2010中3.6.7条，这是一个单独对消防广播提出的要求，容易被人遗漏，其实也可以拓宽为对所有的消防设备的要求。

二、消防报警系统设计

1. 消防报警系统缆线的选择：应标明火灾自动报警系统的供电线路，消防联动控制线路、报警线路、消防广播和消防专用电话等传输线路的型号规格及敷设方式，这是审图中很常见到的问题，多数设计人员在设计时其实还是倾向于选择一种线型，有些设计师都是选择阻燃线缆，有些设计师则都是选择的耐火线缆。但在《火灾自动报警系统设计规范》GB 50116—2013中11.2.2条："火灾自动报警系统的供电线路、消防联动控制线路应采用耐火铜芯电线电缆，报警总结、消防应急广播和消防专用电话等传输线路应采用阻燃或阻燃耐火电线电缆"，即供电总线、联动总线要求采用耐火总线，而报警总线、消防专业电话总线、消防广播总线等要求采用阻燃或是阻燃耐火总线，又可见《公共广播系统工程技术规范》GB 50526—2010中3.6.7条的要求：火灾应急广播应为阻燃型产品，这里面就也包含了对于广播线缆的要求，阻燃即可。规范编制意图是联动、电源等要求更高的总线需要采用耐火线缆，耐火电缆是靠耐火层中云母材料的耐火、耐热的特性，保证电缆在火灾时也正常工作，以保证消防联动设备的动作，故需要防火要求更高的线缆；而报警、广播等总线要求为阻燃线缆，本意为不发生延燃就可以，可被燃烧，在撤去火源后，火焰在线缆上的燃烧仅在限定范围内并且会自行熄灭，即具有阻止或延缓火焰发生或蔓延的能力，而更适合使用在火灾发生的初期，针对进行报警的设备，火情扩大后，人员完成疏散，这些设备也就没有继续工作的必要，防火的要求稍低，所以这个地方并不需要太在意字眼，要明白规范制定者的用意，故如报警等总线也设计为耐火线缆其实并无错误，只是提高的设计等级和造价，略为浪费而已。如图6-7所示。

线路选型说明：

——————	信号线路	ZR-RVS-2×1.5 SC15-CC
S+D	信号、联动线路	ZR-RVS-2×1.5,NH-RVS-2×1.5 SC20-CC
D（虚线）	24V直流电源线路	NH-RVS-2×1.5 SC15-CC
F	消防电话线路	ZR-RVS-2×1.5 SC15-FC

本说明仅为参考具体由消防供应商确定。

图 6-7　消防缆线选择示意图

2. 防火门的监控与消防报警联动是两个独立的系统，需要设计有防火门监控系统及相关平面图，见《火灾自动报警系统设计规范》GB 50116—2013 中 4.6.1 条的要求，这里不复述，需要将常开门与常闭门分别进行表示，常闭门由防火门监控器模块、门磁开关、机械闭门器等组成，由于常闭防火门平时在闭门器的作用下平时是关闭状态，火灾时常闭防火门是也是关闭的，可起到阻止火势及浓烟的扩散；而常开防火门则平时保持常开状态，用于平时人员流动，对比常闭门来说更为多见，甲方也乐意使用，由防火门监控器模块、电动闭门器（电磁门吸、电磁释放器、机械闭门器等）组成，当出现火情，需要联动电动闭门器关闭防火门，从而使防火门起到与常闭防火门类似的作用，自动关闭的防火门仍然可以用手动推开，方便人员疏散，防火门可以自动缓慢关闭，若常开门关闭或者是常闭门长时间保持打开状态，平时可以被检测到，并反馈主机，主机发出报警信号，发生异常时将信号反馈给监控主机，及时由相关人员处理，火灾时也要确保常开门可以联动关闭，这个则为重点。如图 6-8 所示。

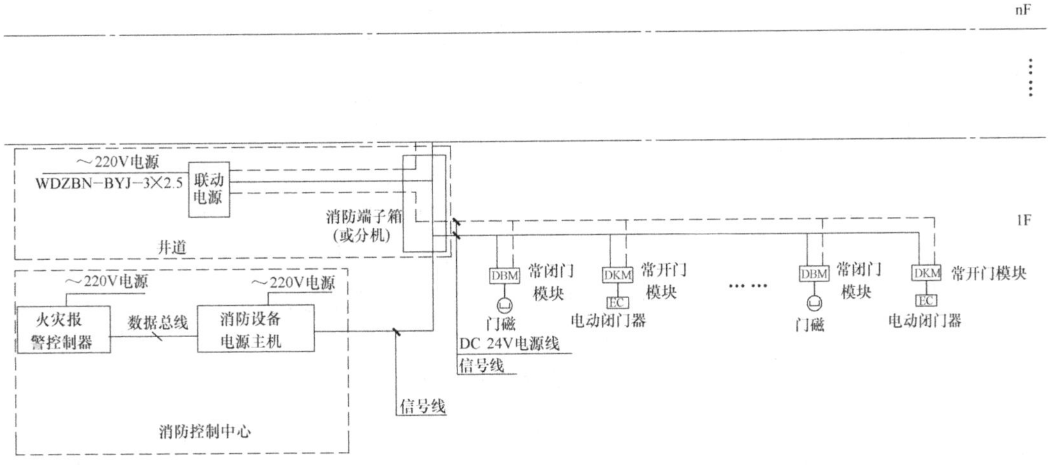

图 6-8　电动防火门系统示意图

3. 住宅烟感的设计要求：在《火灾自动报警系统设计规范》GB 50116—2013 中第 7.3.1 条规定住宅之卧室、起居室设烟感探测器，而在《建筑设计防火规范》GB 50016—2014 中 8.4.2 条又分为 3 种情况处理，其中建筑高度不大于 54m 的高层住宅建筑，只是要求公共部位宜设置火灾自动报警系统，户内并未提及，就是认为可以不设计，公共部位设置火灾自动报警系统并无冲突，但是套内是否设置烟感，规范却有冲突如何选择？作者建议按《建筑设计防火规范》GB 50016—2014 执行，虽然两本规范都比较权威，但由于《火灾自动报警系统设计规范》规范先于发布，但其中对于住宅的消防报警 A～D 类建筑形式并不好予以区分，套内烟感的设置容易，维护却相当有难度，因为并不是公共区域，系统巨大，且可能出现误报（如室内吸烟、做饭油烟等），所以当《建筑设计防火规范》GB 50016—2014 发布后，其 8.4.2 条对于住宅的火灾报警系统较为明确的要求，执行相对更明确和合理，所以实际设计中应该选择该条作为设计依据，也符合当前住宅的使用标准及维护现状，但仍建议以消防部门的意见为最终的设计决策。套内厨房还需要设置可燃气体探测器，与火警系统关联不大，可注明燃气公司定位，或通过可视对讲主机配出室外消控中心。

4. 人防室内地下游泳池的消防报警要求：这种情况较少出现，就是地下的游泳馆为人防建筑，依据《人民防空工程设计防火规范》GB 50098—2009 中第 1.0.2 条之条文解释，发现当游泳馆建筑面积大于 $500m^2$ 时，游泳馆是属于健身体育场所的，那么根据该规范第 8.4.1.1 条："建筑面积大于 $500m^2$ 的健身体育场所应设火灾自动报警系统"，但根据建规的要求，游泳池并非属于设火灾自动报警系统之内的场所，这种情况游泳馆可按《建筑设计防火规范》GB 50016—2014 的规范要求进行设计，因为游泳馆为多水场所，尤其上方比较潮湿，既会加速探头的腐蚀，潮湿场所本身不太会出现易燃火情，另外游泳馆本身的高度都比较高，检修和维护本身也并不方便，故人防室内地下游泳池的上方可不设火灾自动报警系统，当然设置也不错，但不建议。

三、消防报警平面设计

1. 柴油发电机房消防报警设计：

（1）柴油发电机房是否需要设置可燃气体探测器？这个话题乍看起来，可燃气体的场所当然应该设置可燃气体探测器，但参见《建筑设计防火规范》GB 50016—2014 中 3.1.1 条中丙类存储物品的介绍，包括了闪点≥60℃的可燃液体，柴油为此属性。又见《石油化工企业可燃气体和有毒气体检测报警设计规范》GB 50493—2009 中 2.0.1 条定义了可燃气体，至少为甲类可燃气体或是甲乙类可燃液体所形成的可燃气体，同时柴油为不易挥发的液体，则柴油算算不上可燃气体，所以设置可燃气体探测器的意义就不大了。

（2）柴油发电机房设置什么火灾探测器？见《建筑设计防火规范》GB 50016—2014 中 5.4.13.6 条："应设置与柴油发电机容量和建筑规模相适应的灭火设施，当建筑内其他部位设置自动喷水灭火系统时，机房内应设置自动喷水灭火系统"，考虑到柴油发电机房的重要性及失火的严重后果，首先要设置灭火系统，按规范采用自动喷水灭火系统自然没有问题，只是会产生大量的水对于柴油发电机房的人员安全及设备存有一定隐患，故笔者建议在柴油发电机房设水喷雾自动灭火系统更好，并且建议设置两种不同原理的火灾探测器（可见《气体灭火系统设计规范》GB 50370—2005 中 5.0.5 条："自动控制装置应在接到两个独立的火灾信号后才能启动"），如烟感与温感的组合使用较为合理，该设计理念也同样适用于锅炉房。如图 6-9 所示。

2. 变配电室的消防报警设计：高层建筑变配电室应设置气体灭火装置，详见《建筑设计防火规范》GB 50016—2014 第 8.3.9 条："下列场所应设置自动灭火系统，并宜采用气体灭火系统：8 其他特殊重要设备室"。其他特殊重要设备室可参见条文说明，内容如

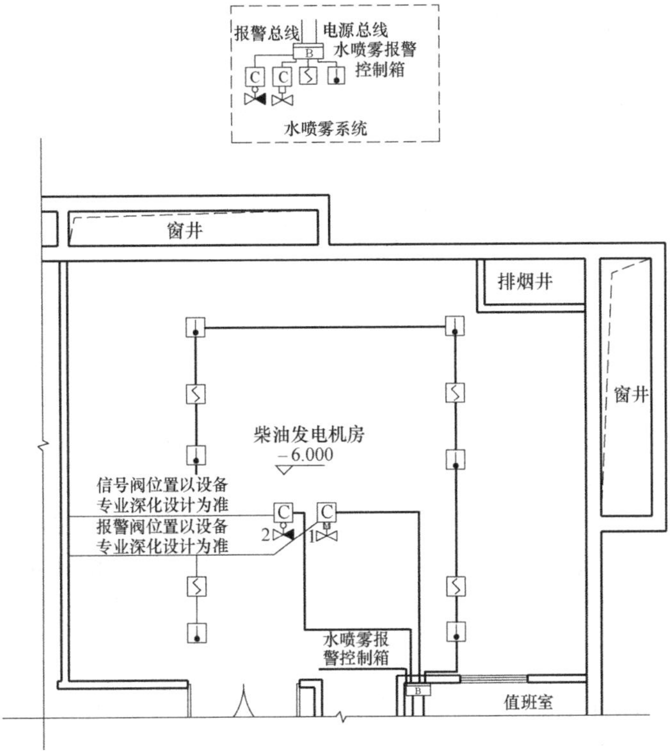

图 6-9　水喷雾系统及平面示意图

下："高层民用建筑内火灾危险性大，发生火灾后对生产、生活产生严重影响的配电室等，也属于特殊重要设备室"，则可见高层建筑物的附设变配电室需要设置气体灭火装置，顺带说一句其余的100册以上图书馆、省级及以上档案馆、A/B级电子信息机房也依据规范的要求设置气体灭火装置。平面可见图2-14所示，系统如图6-10所示。

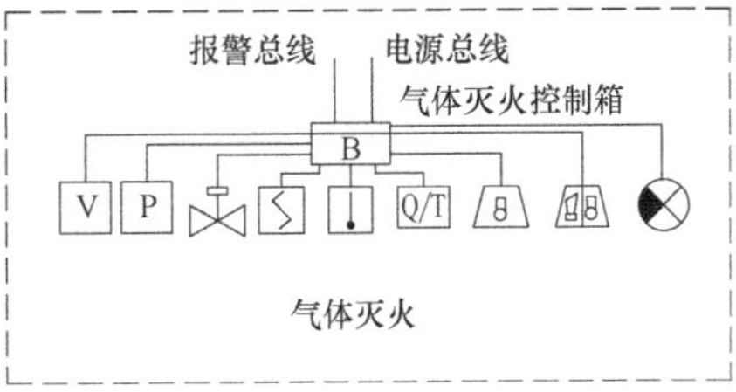

图 6-10　气体灭火系统示意图

3. 消防设备的安装：

(1) 感烟探测器：1) 变电室夹层、强弱电间、电缆竖井、楼梯间、服务间、个别走道、库房、空调机房、更衣等处易漏设感烟探测器，见《火灾自动报警系统设计规范》GB 50116—2013中附录D所述。2) 宽度小于3m的内走道，不可根据面积和半径进行审核烟感或温感的控制范围，因为只存有一排探测器，走道宽向空间相对较小，烟气或是火苗被限定在一个狭窄空间内，更容易被探测器所发现，所以可适当放宽间距要求，这一点与内走道消防广播的要求类似，可见《火灾自动报警系统设计规范》GB 50116—2013中6.2.4条："在宽度小于3m的内走道顶棚上设置点型探测器时，宜居中布置。感温火灾探测器的安装间距不应超过10m；感烟火灾探测器的安装间距不应超过15m"，可见相比大空间探头与探头的间隔走道是偏大的，即为此理。3) 舞台属于有遮挡大空间，虽然高度上适合采用红外对射探测器，但考虑到遮挡物的存在，就不应采用红外光束感烟探测器了，扩展一下思路，现在多见的中庭式商场，也同样存在这个问题，需要设计前按未来的业态考虑，如果存在遮挡，则红外对射探测器慎用。4) 空调机房、水泵房、地下车库等处感烟探测器布置需要梁的影响，审图时尤其需要注意在上翻梁结构形式的地库，每个柱子都存在梁帽，会占去很大的空间，所以设置烟感探头时需要尽量远离柱帽，并要考虑柱帽的影响，可见《火灾自动报警系统设计规范》GB 50116—2013 中 6.2.6 条要求。

(2) 感温探测器：锅炉房、变配电室容易漏设感温探测器，他是和烟感在一起配套使用的（气灭控制的要求）。其外在电缆夹层应设缆式感温探测器，见《火灾自动报警系统设计规范》GB 50116—2013 附录 D 的要求。

(3) 可燃气体探测器：见《建筑设计防火规范》GB 50016—2014 中 8.4.3 条，公共建筑及厂房内存有、生产或会散发（管道阀门）可燃气体的情况下要设置可燃气体报警装置，则重点审核公共建筑的餐饮、厨房区域是否使用了可燃气体，如有相应的管道阀门等，应设可燃气体探测器，但住宅的厨房则明确不需要设置可燃气体探测器，因为实际使用中，该部分的监控由燃气供应商在关断阀门上设置，相当于自带，而不能列入至消防报警系统之内，应该说上述两个系统不存关联，此外需要注意锅炉房或是厨房的燃气进线间应设气体探测，容易遗漏，当非住宅的情况下，可燃气体报警系统可以按控制器的方式接入火灾报警系统，但仅是报警信号传输，而消控中心并不进行控制。如图 6-11 所示。

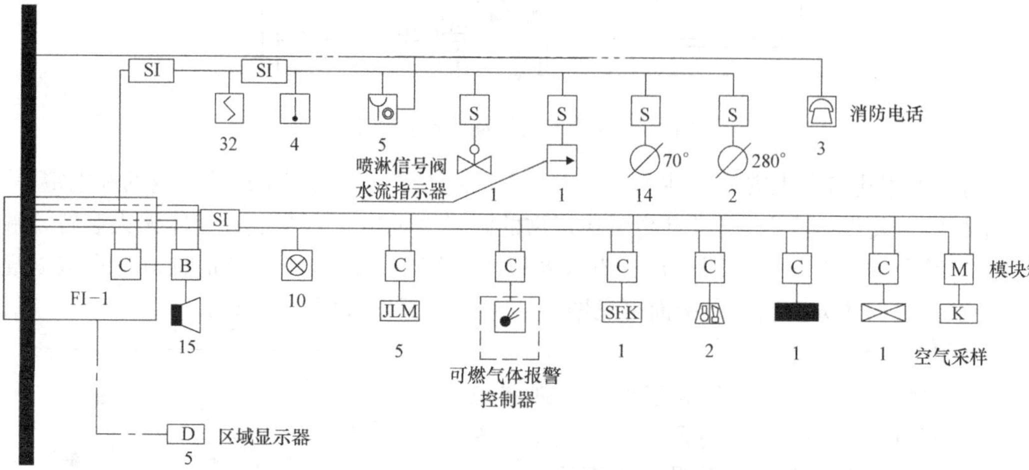

图 6-11　可燃气体并入消防报警系统示意图

(4) 防火卷帘：1）地下车库通道上防火卷帘是一次降到底，还是分两次？这个老问题在《火灾自动报警系统设计规范》GB 50116—2013 中 4.6.3 条说明中已经有了结论，即地下车库车辆通道上设置的防火卷帘也应按疏散通道上设置防火卷帘的要求设置，故为两次降落，虽然作为地库主体的汽车并不需要疏散，但作为通道，并不介意人员也可以利用而撤离，其实并无异议，能够帮助到消防疏散的，何乐而不为，且规范指出在卷帘的任一侧距卷帘纵深 0.5～5m 内设置不少于 2 只专门用于联动防火卷帘的感温火灾探测器，更加保障了防火卷帘在火势蔓延到防护卷帘前能够及时动作，防止了单只探测器由于偶发故障而不能动作的可能性。顺便提及一下车库的雨淋系统消防动作也是需要根据两个不同区域的两种类型探测器信号控制，与防火卷帘的控制要求相似，可见《火灾自动报警系统设计规范》GB 50116—2013 中 4.2.3.1 条。2）防火卷帘门两侧均应设置手动按钮，见《火灾自动报警系统设计规范》GB 50116—2013 中 4.6.3 条 2 款，不多述，常有遗漏，或是设置一边，或是只预留箱体。如图 6-12 所示。

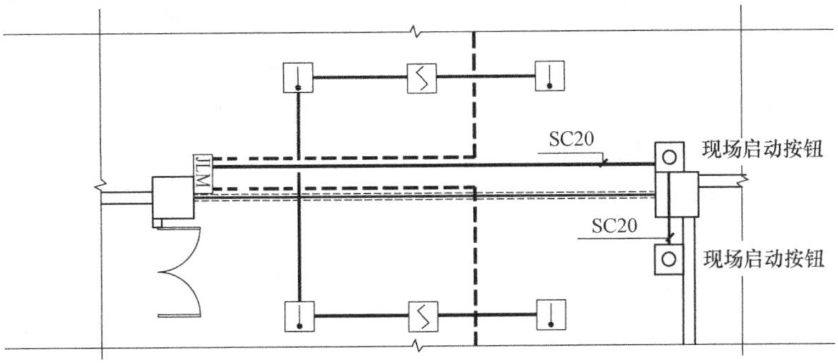

图 6-12　防火卷帘消防平面示意图

（5）火灾（声）光警报器不宜与安全出口指示标志灯具设置在同一面墙上，也为常见的错误，可见《火灾自动报警系统设计规范》中 6.5.1 条所述。主要是因为发生火灾之时，浓烟弥漫，疏散人群要尽快找到安全出口，但光报警器的照度会高过出口指示灯，同侧就近布置则难辨出口标志灯，且位置上也可能产生视觉上的重叠，从眼睛感光及位置两方面均可能影响侧向行人对指示灯的识别，故不可取。错误布置如图 6-13所示。

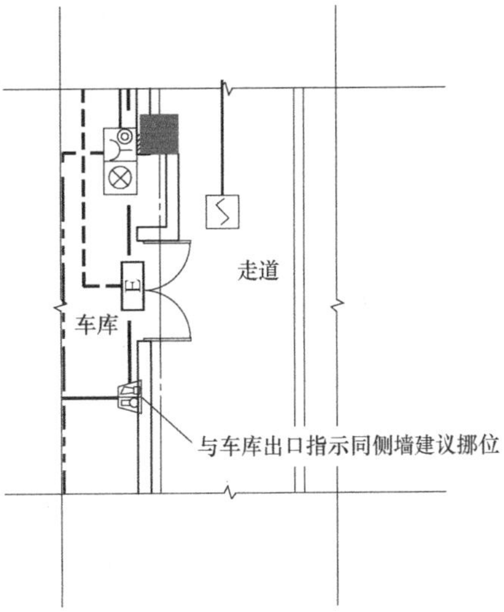

图 6-13　光警报器与安全出口指示一侧布置时示意图

（6）需要在平面及系统对消防水池流量开关及液位开关进行表示，消防水池与高位水箱功能类似。如有，则均需流量开关或压力开关，控制线送至消防泵房，并有监控水位的液位仪，其报警线传至消控主机，在规范上对液位装置的介绍不多，但考虑到水位发生变化时，才可有流量的变化，自动喷水灭火系统需要通过流量的变化进行识别，是否需要补水，进而启动补水装置，使自动喷水灭火系统的运转维持下去，故要反馈水位信号，所以压力开关或是流量开关及液位装置均需要在消防报警系统图上表示。如图 6-14 所示。

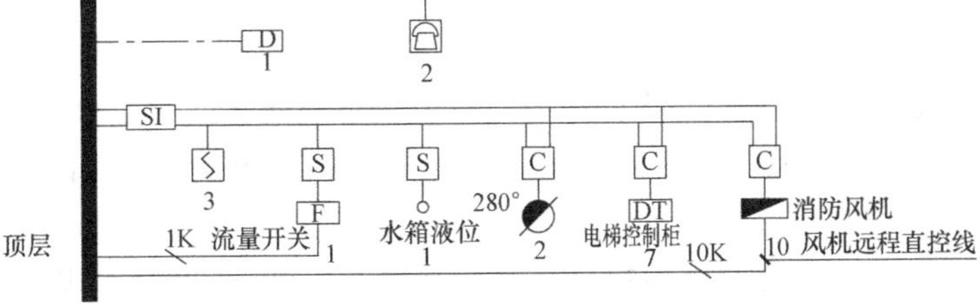

图 6-14　流量开关及液位装置系统示意图

（7）消防电话：

1）进排风机房、弱电间、配电室、制冷机房、锅炉房、消防泵房、弱电机房、消防电梯机房、排烟机房等处易漏设消防专用电话，可见《火灾自动报警系统设计规范》GB 50116—2013 中 6.7.4 条所述，这里需要说明排风机房需要设置消防电话颇有争议，因为条文所列部位是认为在消防作业的主要场所，并与消防联动控制有关的场所，具体设计时常遇到认为排风机不是消防相关的机房，则不需要设消防电话，但如作为主要通风和空调机房这点要求上，排风机房又容易被审图机构提出，笔者建议作为消防时候，消防队员在设备机房可能操作的一件事情，就是切除电源，如果该机房内有排风机的电源箱体，火灾时就需要切断电源，则此时消防电话就有设置的必要，而如果没有需要切断的电源（极少见）则可以不设置消防电话，同理弱电机房，也要看是不是存有需要切除主要设备的配电箱，所以也看用途和规模来定，弱电小间设置消防电话的意义就不大。空调机房消防电话的设置如图 6-15 所示。

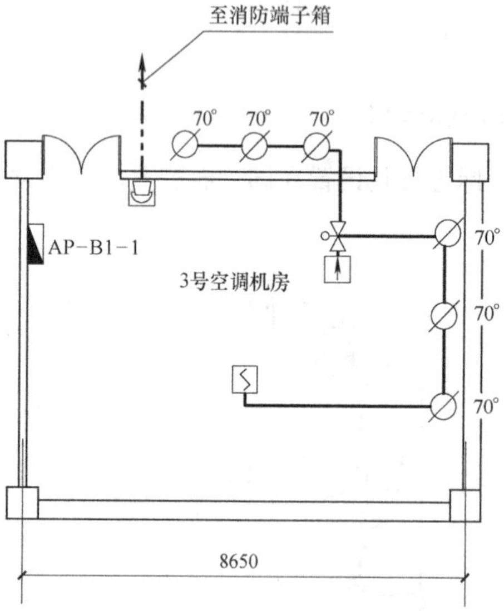

图 6-15　设备机房消防电话设置示意图

2）消防控制室应设置 119 火警外线电话，见《火灾自动报警系统设计规范》GB 50116—2013 中 6.7.5 条的要求，规范中要求：应设置可直接报警的外线电话，是指市政消防通信专用网络引来的一根电话线，具体设计时除了消防电话的表示，也需要有预留至户外的管路，用以备接。

（8）消防广播：见《火灾自动报警系统设计规范》GB 50116—2013 中 6.6.1 的相关要求："民用建筑内扬声器应设置在走道和大厅等公共场所"，则多功能厅、会议室、值班室、楼梯间、汽车库、疏散走道及电梯前室等处为常容易遗漏的场所，需设计消防广播，另外走道末端的消防广播至端墙不应大于 12.5m，也是经常审查的问题之一。

（9）其余容易遗漏的消防设计：

1）楼梯口或电梯前室易遗漏消防楼层显示器、声光报警器，见《火灾自动报警系统设计规范》GB 50116—2013 中 6.5.1 所述，楼层显示器的体积并不小，多为明装，是给物业管理人员巡查所用，并不考虑行人的关注，建议考虑美观，可以适当将其安装于不太显眼的前室角落。系统可见图 6-11。

2）手动报警按钮的距离容易误解，在《火灾自动报警系统设计规范》GB 50116—2013 中 6.3.1 的要求："从一个防火分区内的任何位置到最邻近的自动火灾报警按钮的步行距离不应大于 30m"，这是要求两个手动报警按钮的间距步行不大于 60m，而不是 30m。

3）吊顶上的排烟口应设计就地控制按钮，可预留一根 SC20 管，以便厂家或施工方具备安装条件，虽然消防规范并未明确提出相关条文，或也可以按照《通用用电设备设计规范》GB 50055—2011 第 2.5.4 条中就地控制的要求审图，但实际产品是具备现场启动条件的，也是在消防联动无效的情况下，现场启动的重要手段，建议预留。如图 6-16

所示。

4）楼梯间及前室的压力传感器容易漏画，该压力传感器需要设置于消防前室及封闭楼梯间，属于加压风机系统的一部分，也为消防状态下使用，但却并不能并入消防报警，是自己独立的系统，其具体的位置由暖通专业确定，用以感应楼梯间内的风压，当前室与走道防火门两侧压差值达到或超过 25～30PA 时，压力发生变化，联动打开楼顶设于风机附近的旁通泄压阀进行泄压，以维持楼梯间内的正压力（40～50PA），确保火灾时逃生人员能够打开防火门进行逃生，同时又要保证烟气不能侵入消防逃生走道楼梯间，由于设备只有四个接线点，两点接入直流电源，两点用于输出信号给旁通泄压阀，所以不存在可以接入消防报警控制系统的接口，至旁通泄压阀也只是信号，仍需要专用的控制箱收到信号后再对旁通泄压阀进行联动。主要针对最新的烟规的要求，但旁通泄压阀控制箱却可以设置于正压风机控制箱旁边，或是设于其内，完成消防控制的要求。如图 6-17 及图 6-17-1 所示：

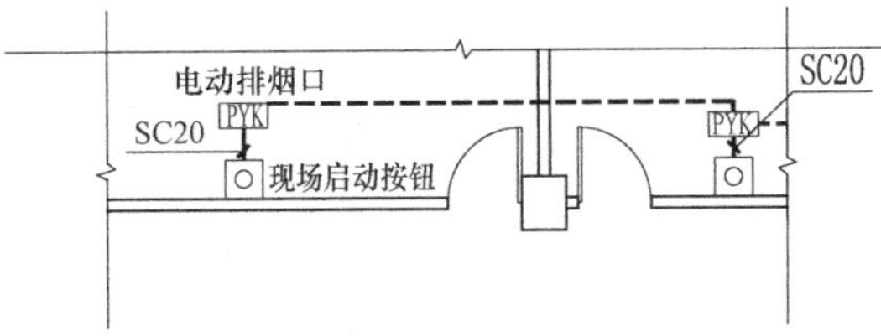

图 6-16　电动排烟口现场启动按钮示意图

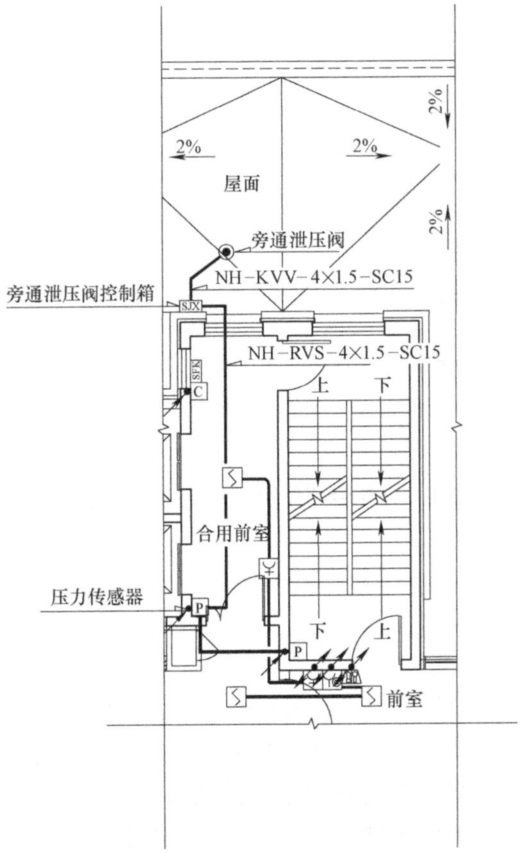

图 6-17　压力传感器及旁通泄压阀平面示意图

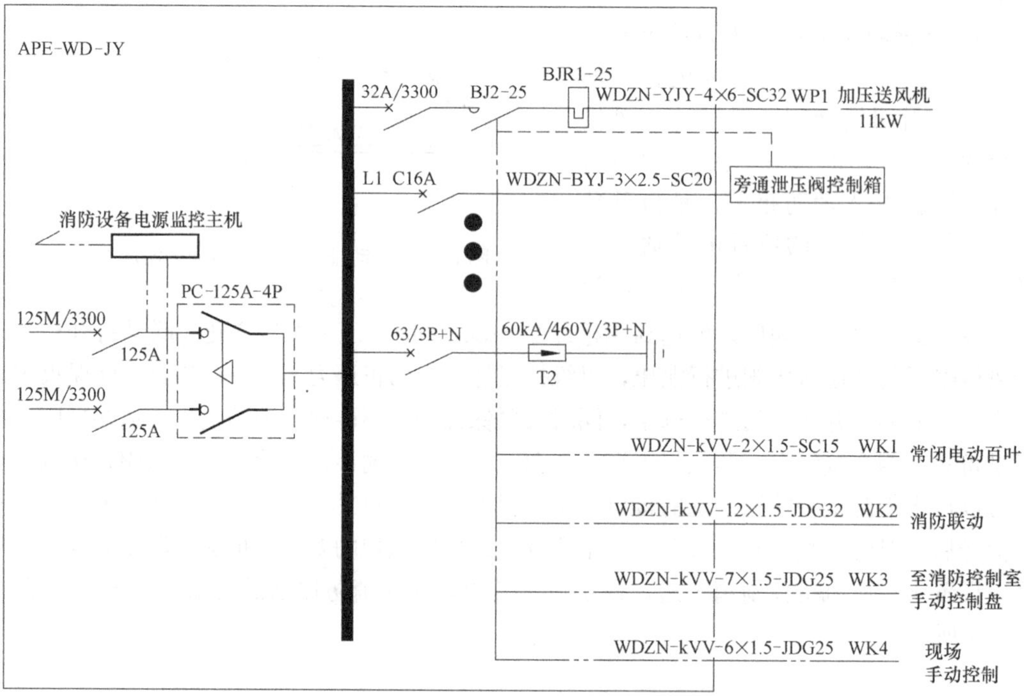

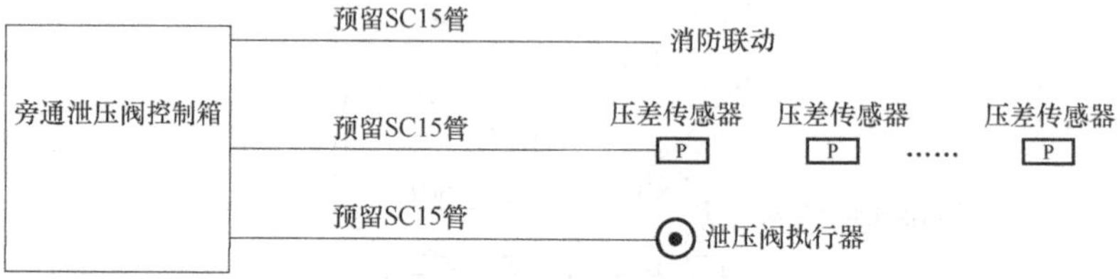

注：旁通泄压阀控制箱可设于配电箱外或内，设计决定

图 6-17-1　正压送风旁通泄压阀系统示意图

四、应急照明及疏散指示

1. 小面积的商业场所是否设置疏散照明或是安全出口标志呢?

(1) 住宅底商：笔者认为是需要分情况按面积来考虑应急照明的设置，在《建筑设计防火规范》GB 50016—2014 第 2.1.4 条中有定义：住宅建筑首层及二层分隔单元小于 300m² 的小型营业用房为商业服务网点，而在第 5.4.11 条又确认了商业服务网点与住宅部分建筑需要完全分隔，这里的重点是将商业网点从公共建筑或是住宅中剥离出来，不再像以前无法明确它的划分，但商业网点的应急照明又是什么做法呢？可以按照 10.3.1.2 条的规定来执行，按营业厅的要求设计应急照明：非住宅的民用建筑，建筑面积大于等于 200m² 的营业厅应设置疏散照明，也可以同时理解为建筑面积小于 200m² 的营业厅则不需要考虑应急照明甚至疏散指示，原因也较为明确，主要还是面积小，且疏散距离短，基本可以说是一目了然，自然并无设置的必要。

（2）而大型商场内部隔开的单间小商铺，是属于一个大型公共建筑物的一部分，但规范出处更为明确了，还见《建筑设计防火规范》GB 50016—2014 第 10.3.1.2 条：“观众厅、展览厅、多功能厅和建筑面积大于 200m² 的营业厅、餐厅、演播室等人员密集的场所”，也根据工程建筑面积具体情况，区分是否设疏散照明。这里需要重点说明的是产权和业态的影响，如果商铺是个人性质小商铺，管理权属于个人，则需要结合整体的应急照明统筹考虑，商户应急照明如与整体应急照明系统为一体更为合理的情况，可以由公共应急照明引来，平时并不投入使用，处于长灭状态，发生火灾时，强启才可以使其投入使用，如此设计主要既可以解决了费用的分摊为题，也实现了公共建筑小商铺的应急照明，当然也可以与小型商业的疏散走道和安全出口疏散指示标志的处理方式类似，选择自带蓄电池的灯具来解决，这种方案费用就直接由业主自己解决了，系统则是独立的。

2. 疏散照明的设置场所：

（1）常见遗漏疏散照明的场所：1）地下面积超过 100m² 的餐厅、健身房、自行车库等公共区域，见《建筑设计防火规范》GB 50016—2014 第 10.3.1.3 条：“建筑面积大于 100m² 的地下或半地下公共活动场所”。2）老年活动、幼儿少年活动区及寝室、医院重要房间等应设置疏散应急照明，见《建筑照明设计标准》GB 50034—2013 中 5.5.4.4 条所述。3）人员密集场所的避难走道、避难间等，见 GB 50016—2014 中 10.3.2.3 条。4）避难间（层）及配电室、消防控制室、消防水泵房、自备发电机房等，见 GB 51309—2018 中 3.8.1 条。

（2）常见遗漏安全出口及疏散指示的场所：1）终端房间：大会议室、展示厅、管理中心、大办公室等处应增加安全出口指示，这里面是一个度的问题，面积大于多少的公共空间需要设置安全出口指示，经常困扰设计人员，基本都是感觉挺大就装上安全出口和疏散指示，其实可以依据《建筑设计防火规范》GB 50016—2014 第 10.3.1.2 条，大于 200m² 的公共场所设置即可。2）通道类空间：如滤毒通道、简易洗消等借用通道的空间，这些房间虽然面积较小，确实达不到设置疏散指示及安全出口的要求，但却是疏散通道的一部分，需要设计。3）彻底的通道：是指楼梯口及门、电梯厅门等处要设置安全出口标志，封闭楼梯内应设置疏散指示照明，详《建筑设计防火规范》GB 50016—2014 中 10.3.1 条。

（3）常见遗漏备用照明的场所：主要的信息机房也需要设置备用照明，这在《建筑设计防火规范》GB 50016—2014 中并未提及，但在《电子信息系统机房设计规范》GB 50174-2008 中 8.2.6 条有介绍：有人值守的机房备用照明的照度不应低于正常照明的一半，需要注意的是可以为一半的照度，而其余的主要消防设备机房和变配电机房则是要求达到全部的照度。也可参照 GB 51309—2018 中表 23.4.2，比较全面。

3. 疏散指示的安装的常见问题：

（1）当两个防火分区中间的门为互相借用的疏散门时，该安全出口附近的疏散指示标志灯该往哪里指示？是应该指向最近的安全出口，引导人员进入另一防火分区？还是应指向本防火分区内独立安全出口，引导人员撤离建筑物呢？首先应该按照疏散方便来进行选择，对于防火分区内至离疏散出口比借用的疏散门距离更远的空间，相邻防火分区之间的防火门建议作为疏散通道，则作为疏散通道的一侧应向安全出口方向设明显的疏散指示标志，当两侧防火分区互为借用该安全出口时，则两侧均应向借用安全出口的方向设置明显的疏散指示标志，此安全出口门须双向开启，门两侧上均设安全出口标志灯，要实现疏散引导的功能，多采用智能应急疏散照明指示系统，通过防灾联动控制，进行智能熄灭及指示方向的切换。如图 6-18 所示。

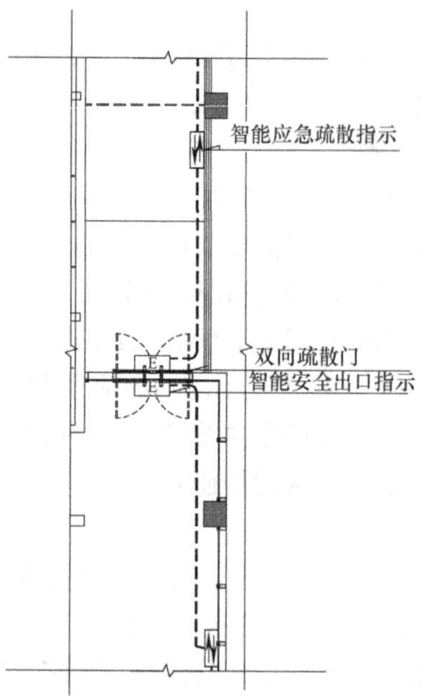

图 6-18　双向疏散门的安全出口及疏散指示平面示意图

（2）汽车库疏散指示的要求：1）疏散走道和主要疏散路线的地面或靠近地面的墙上，应设置消防安全疏散标志，安装高度在 1m 及以下，而不建议吊装于顶下，可见《汽车库、修车库、停车场设计防火规范》GB 50067—2014 中 9.0.5 条的相关要求。2）建议疏散指示标志间距不应大于 10m，可见北京市地标《消防安全疏散标志设置标准》DB11/1024—2013 中 3.2.5.1 条："消防安全疏散标志的设置应符合下列要求：1 设置在距地面高度 1m 以下的墙面上，间距不应大于 10m"，在 GB 51309—2018 中 3.2.9 条比较明确，内走道里疏散指示与疏散方向垂直时，灯具的设置间距不应大于 20m；疏散指示的标志面与疏散方向一致时，灯具的设置间距不应大于 10m，一个工程中方向垂直多用于门口处，而其余点则是方向一致，为了统一，建议均为 10m。开敞空间场所的疏散通道，中型或小型方向标志灯的设置间距不应大于 10m。也验证了这种建议的合理。10m 的要求更为安全，烟雾里 10m 的间距能给疏散者更短的逃离时间，另外由于地库内有车辆阻挡，经常出现因为车辆阻挡疏散指示而无法被看到的案例，故 10m 的间距也符合实际使用状况，建议推广采纳。3）转角区域 1m 内需设疏散标志指示，见《消防安全疏散标志设置标准》DB11/1024—2013 中 3.2.3.4 条："疏散走道转角区域 1m 范围内应设置消防安全疏散标志"，在《建筑设计防火规范》GB 50016—2014 第 10.3.5.2 条："应设置在疏散走道及其转角处距地面高度 1.0m 以下的墙面或地面上"，也有同样的要求，火灾时疏散者到达拐角处，需要更为及时的发现道路转弯，而不至于浓烟里错过了疏散岔路，失去逃生的时机，故在转角处设置疏散指示可以起到强化提示的作用。

（3）疏散指示灯吊装高度应为 2.2～2.5m。可见北京市地标《消防安全疏散标志设置标准》DB11/1024—2013 中 3.2.5.2 条："设置在疏散走道上空，间距不应大于 20m，其标志面应与疏散方向垂直，标志下边缘距室内地面宜为 2.2～2.5m"。这一条同样解决很多实际问题，吊杆安装的疏散指示之前的民规要求为不宜大于 2.5m，却没有太明确的安装高度，这个地标的要求，可以让安装的高度更为清晰，也值得推荐。

（4）强弱电井应设应急照明，见《民用建筑设计通则》GB 50352—2005 中 8.3.5.3 条："电气竖井、智能化系统竖井内宜预留电源插座，应设应急照明灯，控制开关宜安装在竖井外"。版本更新后，再无此说法，但需要注意《民用建筑电气设计标准》GB 51348—2019 中表 23.4.3 弱电间是有应急照明的要求，容易被忽视，强电井其实亦同。火规和建规都没有提及这个电井照明，其主要的功能是在普通照明停电后，方便检修人员进行检查和修复，需要维持井道内的照明亮度，实际设计多采用应急照明双电源互投后配出专用井道照明支路，也不需要设置备用电池。而 GB 51309—2018 中对于变配电室照明的 A 型灯具的做法可见图 6-19 所示。

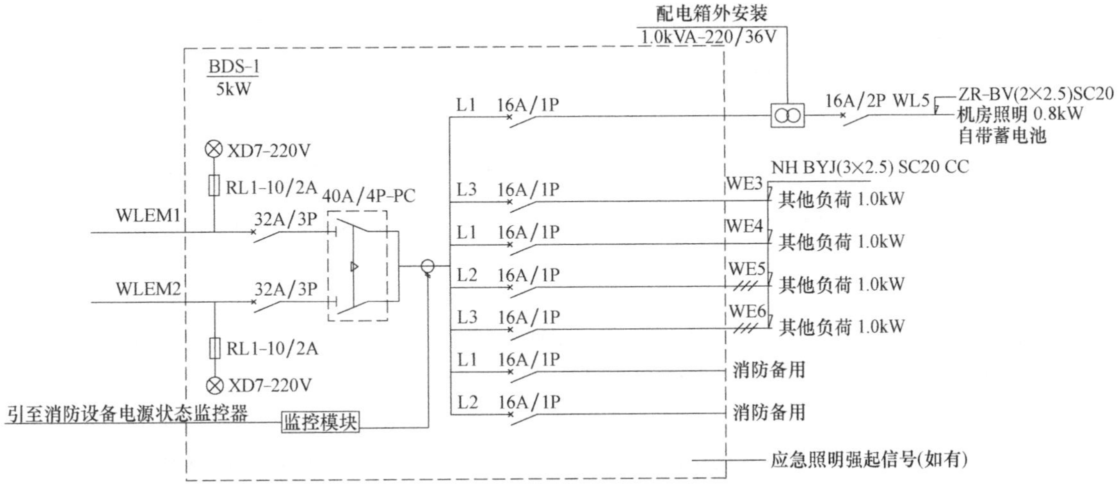

图 6-19 分散式电源系统示意图

4. 消防应急灯具的材质要求：见《消防应急照明和疏散照明系统》GB 17945—2010 第 5.1 条规定："系统的各个组成部分应有防护等级要求，外壳防护等级不应低于 GB 4208—2008 规定的 IP30；并应符合其标称的防护等级的要求"，这一条仅限于地面以上的灯具，新的规范对 2000 年老版规范中的含氧指数、不燃材料、难燃材料及导线耐温没有再提及要求，但审图中仍需要满足不应大于 2.5mm 的工具可以进入的 IP30 条件，审图注意规范的变化。

5. 关于应急照明强切的疑问：

(1) 应急照明强切的误解：在《火灾自动报警系统设计规范》GB 50116—2013 中 4.9.1.3 条："自带电源非集中控制型消防应急照明和疏散指示系统，应由消防联动控制器联动消防应急照明配电箱实现"，说到自带电源的应急照明需要通过应急照明箱联动启动，但如何实现及目的结果并未提及，而在《消防应急照明和疏散照明系统》GB 17945—2010 第 6.3.5.2 条的要求："应急照明配电箱应能接收应急转换联动控制信号，切断供电电源，使连接的灯具转入应急状态，并发出反馈信号"，则提出了强切的要求，我们常接触的消防应急照明箱更多见需要强制启动。现在规范中要求：应急照明配电箱在火灾联动时通过切断供电电源方式而实现强制点亮，与以前常规的说法正好相反，这是怎么回事呢？则需要看该规范中第 3.17 条关于应急照明箱的定义："为自带电源型消防应急灯具供电的供配电装置"，可以知道这个应急照明配电箱供电的其实不是普通灯具，而是自带蓄电池的灯具，通过前后对应，了解"自带电源非集中控制型消防应急照明"仅针对这种灯具而言，消防时通过箱体供电电源的强制切除，蓄电池才可以实现转换切入，蓄电池给应急照明光源进行供电。

(2) 这些带蓄电池的灯具平时是点亮还是熄灭状态呢？可先看图 6-20，进入灯具的为四根线：K、L 充、N、PE，在平时状态下，开关控制灯具的开启，充电线也不受开关的控制，可保持随时充电的状态，所以进入单联开关为三线：L、L 充、K，从进入开关

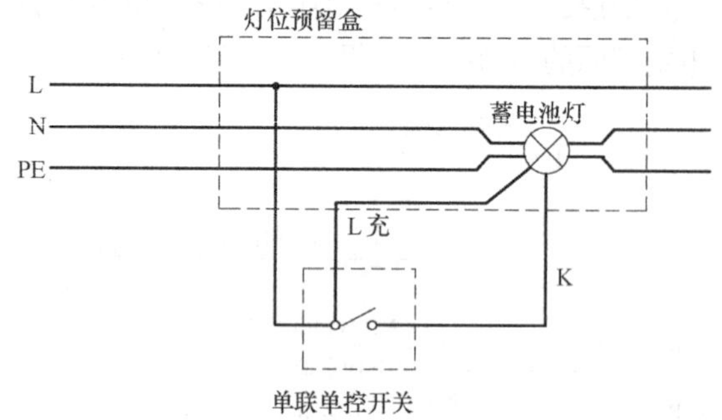

图 6-20　非强起自带蓄电池灯具控制示意图

的火线上口引出一根充电线“L 充”配入灯具内的蓄电池控制器，平时可以在 L 线 N 线供电的状态下为蓄电池充电，而灯具通过 N 线及 K 控制线完成正常的点亮和关断，在消防状态下，蓄电池控制器自动检测 L 线断电（切非），即蓄电池控制器断电，自带的常开点闭合，导通蓄电池与光源的连线，同时灯具的开启不再受开关的控制，电池投入工作，灯具点亮。

6. 应急照明和疏散指示能否为同一分支回路供电？这问题在刚出来民规的时候多有争论，当时主要依据是《民用建筑电气设计标准》GB 51348—2019 中 13.7.15.8 条：“备用照明和疏散照明，不应由同一分支回路供电，”但要注意备用照明并非是疏散应急照明，疏散照明包括了我们常说的公共区域的疏散应急照明和疏散指示照明，而备用照明则多用在机房等地，所以实际设计中的公共走道的应急照明和疏散指示照明其实可以一路设置，并且当下 LED 小功率光源的普及，让公共空间的应急照明更适宜与疏散指示同一路供电和控制，较合理，让这一条意见更不存争议。如图 6-21 及图 6-22 所示。

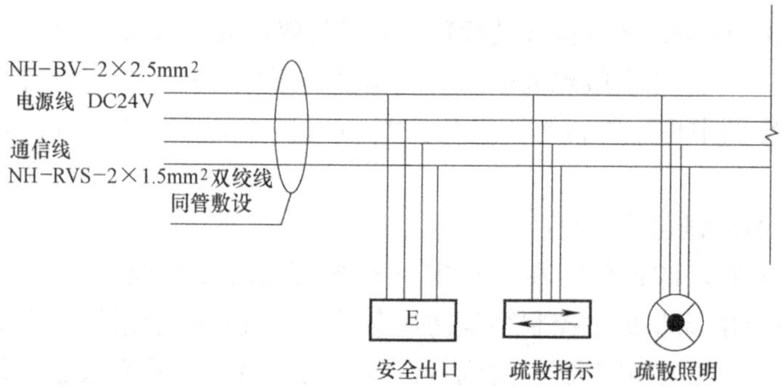

图 6-21　应急照明和疏散指示同路控制示意图

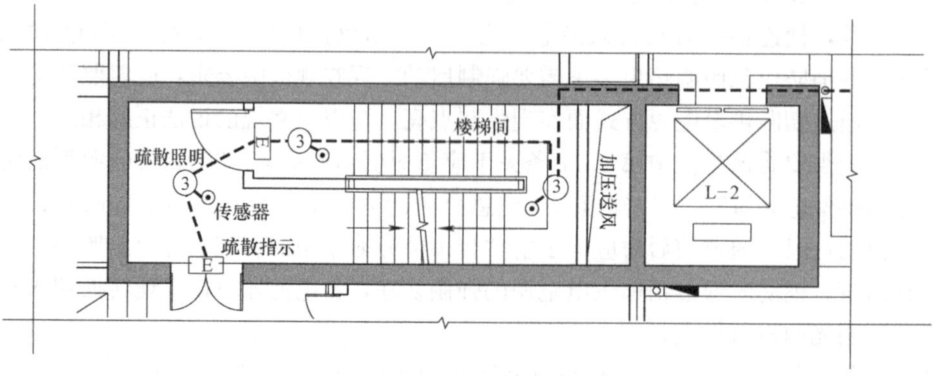

图 6-22　应急照明和疏散指示同路平面示意图

7. 应急照明双电源互投，末端灯具是不是还有必要自带蓄电池呢？当消防负荷等级为一或是二级，实际设计双回路电源至应急照明箱体即可满足规范要求，前文有述，末端灯具没有必要再自带蓄电池，但在住宅等建筑中末端灯具常见的做法是：应急疏散照明及安全出口、疏散标志灯更多采用自带蓄电池的灯具，这个还是有一定的合理性，虽然从供电可靠性上讲，双路电源可以保障在故障情况下应急照明所需的连续供电，双路电源可认为能够实现大于 180min 的供电时间，应急照明灯具从规范讲是可不自带蓄电池，但从实际的灭火环境的人身安全考虑，末端的蓄电池电源却是很有意义的，消防队员灭火时由于火场内有大量的水，应急照明供电的电压等级是 AC220V，考虑消防队员的人身安全（防止通过水触电），实际操作中需切除两路应急照明的电源，而并非我们认为的继续保证双路供电的情况，这时失去供电电源的应急照明会转由蓄电池供电，由于是特低压的直流供电，并不会再产生人身危险，同时又可满足灭火队员的照度需要，所以应急照明灯宜自带蓄电池，进行安全电压供电，其实在消防队的眼中是更为合理的。

8. 运动场地的应急照明及疏散照明的特殊要求：运动场地的安全照明要比常见场所的照度要求高，需要注意，如医疗场所的安全照明的照度是 15lx，而运动场地安全照明（一般指场地的应急照明）照度不应低于 20lx，可见《体育场馆照明设计及检测标准》JGJ 153—2007 中 4.2.7 条：“观众席及运动场地安全照明的平均水平照度值不应小于 20lx”。另外疏散照明（一般指通道的疏散照明）的水平照度也高于一般场所 1lx 的要求，而是要求为 5lx，出自其 4.2.8 条：“体育场馆的出口及疏散通道的疏散照明最小水平照度值不应低于 5lx”。另外由于疏散照明、安全照明与继续比赛的备用照明在供电时间长短上有差别，故疏散照明、安全照明需要设置 EPS 即可以解决问题，而比赛备用照明建议取自柴油发电机。

9. GB 51309—2018 中常见审查问题，规范审查中重点要注明应急照明为 A 型灯具的要求，集中设置 EPS 的类型最为常见，见图 6-4，配出侧电压即为 DC36V，而分散式灯具供电也为 DC36V，可见图 6-19，适用的场所为独立机房等不成控制系统，灯具数量少，或是改造类型，不多见。

（1）这里需要顺带补充一个容易误解的概念，A 类与 A 型灯具并不同，审图时需要注意笔误的出现。A 类灯具并非今日才有，其实我们一直在使用，其主要特点为平时及应急两种情况兼用的模式，为自带蓄电池的灯具，而 B 类则多指应急专用型，更多见集中式蓄电池，可见产品样本，也可见《消防应急照明和疏散指示系统》GB 17945—2010 中 4.0.4 条，所以 A 类灯具及 A 型灯具是不是泛指同一类设备。

（2）所以实际审图中，按照 GB 51309—2018 中需调整的思路，首先 8m 以下必须是 A 型灯具，这一点直接导致强启做法的消失，但不代表应急照明不需要联动了，事实上审图中消防报警的联动往往被人遗忘，见 3.7.3 条。

（3）应急照明可平时兼用，也可以声光控，为节电模式，兼用的灯具还要增加非消防时的持续时间，且不超过 30min，如图 6-4 中的 60＋15min 中 15min 的示意，见 3.6.6.1 条；但在消防状态下，由控制器先完成切换，转入应急模式。

（4）机房消防备用照明不再要求设置蓄电池灯具，采用双电源互投应急照明箱的支路即可，默认其可满足 180min（或 120min）的供电要求要求。见 3.8.2.2 条。

（5）材质上有了一些变化，也是为了消防人员的安全而设置，设置在距地面 1m 及以下的标志灯的面板或灯罩不应采用易碎材料或玻璃材质，见 3.2.1.5 条。

五、消防供电系统中的常见问题

1. 消防设备的热保护需要取消：详《民用建筑电气设计标准》GB 51348—2019 中 7.6.3 条：“对于突然断电比过负荷造成更大损失的线路，不应设置过负荷保护”。又见《低压配电设计规范》GB 50054—2011 中 6.3.6 条：“过负荷断电将引起严重后果的线路，其过负荷保护不应切断线路，可作用于信号”。《通用用电设备配电设计规范》GB 50055—2011 中 2.3.7.1 条也是大约同样的要求，可以看到这点是十分重要的。在《低压配电设计规范》GB 50054—2011 中 6.3.6 条其条文解释进一步说明：“线路短时间的过负荷并不立即引起灾害，在某些情况下可让导体超过允许温度运行，即使牺牲一些使用寿命也应保证对重要负荷的不间断供电，例如消防水泵……”等，说明了消防设备的重要，对于消防的设备，需要保障消防状态下设备的正常使用，即便有过热过载的情况也不建议断路器跳闸，也明确了民用建筑中该条规范要求主要针对消防设备。

(1) 消防设备用电的保护开关应为信号报警而不应断开电路，即保护消防设备的开关应该采用单磁开关，所以在系统图中需要表示出断路器为单磁断路器，如消防电梯，正压风机的保护开关，所谓单磁开关就是不带没有热器脱扣器的断路器，发热超值后并不跳闸，而是报警，作用于信号，只有短路才会动作，所以末级控制箱的消防配电线路一般都要求做到过负荷情况不切断电路，仅作用于信号。

(2) 消防电机保护开关选用单磁脱扣，由于没有热脱扣器的存在，也就不存在超过额定电流后持续发热动作的跳闸情况，故可以不按 1.1 倍及以上的额定电流进行选型，选用电动机保护特性曲线其单磁脱扣整定值≥电机额定计算电流即可，导线截面也不需放大。如 10kW 的电机回路，额定计算电流 $I_z=19A$，依据上述原则，保护开关 $I_n=20A$，导线选用 $6mm^2$ 即可。

(3) 消防设备支路以上各级保护开关是否都需要采用单磁开关呢？应该是不需要的，该条规定实际操作时仅针对电动机保护电器这一末端的供电而言，并不针对变配电所配出的每一级消防线路的过负荷保护电器，因为一是有可能会扩大故障面，另外一点则是上级断路器的过负荷能力已经远大于下一级，也就没有每一级均放弃热保护的必要。如图 6-23 所示。

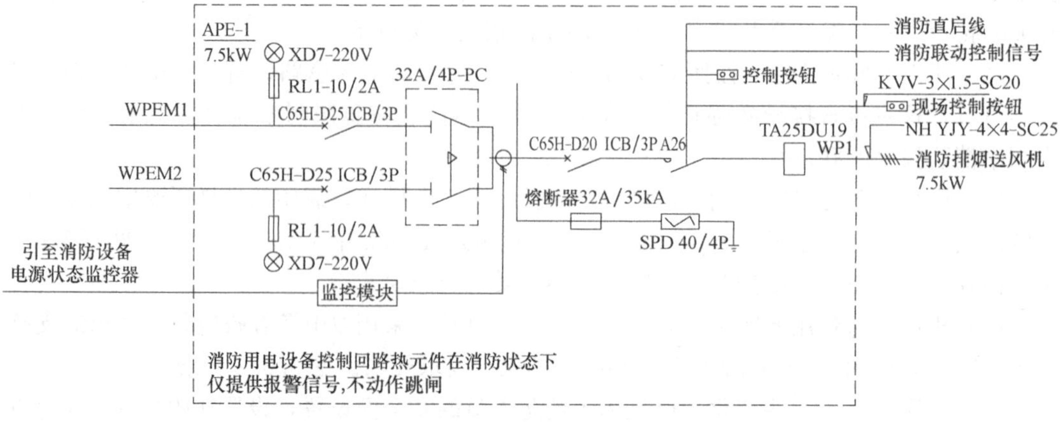

图 6-23　消防用单磁脱扣器系统示意图

2. 消防排水泵的供电要求：见《消防给水及消火栓系统技术规范》GB 50974—2014第9.2.1条规定：设有消防给水系统的地下室应采取消防排水措施，由于地库类型建筑多设有消防给水系统，则给水排水专业认为：根据此条所有潜水泵都应作为消防负荷，那么所有潜水泵都应按照消防负荷要求采用双电源末端切换吗？又根据《建筑设计防火规范》GB 50016—2014第10.1.8条及其条文解释："最末一级配电箱对于消防控制室、消防水泵房、防烟和排烟风机房的消防用电设备及消防电梯等为上述消防设备或消防设备室处的最末级配电箱，对于其他消防设备，如应急照明疏散指示标志等，为这些用电设备所在防火分区配电箱"。即设于消防控制室、消防水泵房、防烟和排烟风机房内的消防用电设备及消防电梯应在消防设备处的末级配电箱设置双电源自动切换装置，未设在消防水泵房内的消防排水泵，如消防排水泵最典型，应该属于条文中的其他消防设备，可采用防火分区内设置最末级双电源互投切换装置的做法，由末级互投箱放射式供电至各排水泵控制箱。

3. 手动机械启泵功能：见《消防给水及消火栓系统技术规范》GB 50974—2014第11.0.2条规定：消防水泵控制柜应设置手动机械启泵功能并应保证在控制柜内的控制线路发生故障时，由有管理权限的人员在紧急时启动消防水泵。此功能在图纸中如何表示呢？由于市场已有成套装置出现，则在图纸中表明设有手动机械启泵功能即可。

4. 消防设备不建议采用变频装置，那软启动器是否可以使用呢？消防设备不允许使用变频设备是为了保障消防设备启动的稳定性，变频器在低频的情况下启动，频率低则转速低，启动电流相应小，带动的主要消防设备多为消防水泵，转速下降以后会影响流量和扬程，消防泵需要大流量高扬程，才能满足消防需要，故不可使用变频器，见《民用建筑电气设计标准》GB 51348—2019中第13.7.6条："消防设备的控制回路不得采用变频调速器作为控制装置"。虽然软启动器与变频装置的原理并不一样，软启动器是通过调整电压进而调整电流，使启动实现坡型控制，更为平稳，也常用在大功率电机的启动中。但在《消防给水及消火栓系统技术规范》GB 50974—2014中第11.0.14条："火灾时消防水泵应工频运行，消防水泵应工频直接启泵；当功率较大时，宜采用星三角和自耦降压变压器启动，不宜采用有源器件启动"，新的规范如此提出，至少消防水泵是不能采用软启动器，确实也不算意外，虽不是最优秀的启动方式，但星三角启动的主要优点是稳定，星形接线的启动电流小，运行后切换为三角形接线则转速高，可满足消防水泵大流量高扬程需求。不过笔者自己设计的消防水泵曾使用过软启动器，那时还没有该条文所限，至于软启动器是否运行不够可靠，目前并没有足够案例可以明确说明，当系统存有消防和平时设备兼用的情况，则变频或软起只要提出设有旁路开关的设计，确保在软启动器发生故障时退出时消防设备能继续安全运行及启动，笔者认为也未尝不可。另外目前消防风机尚没有提出不允许使用软启动器的明确规范，但基于编撰规范的意图，采用软启时仍建议最好加标旁路接触器，以保证可靠。如图6-24为消防风机采用软启动器的示意。

5. 防火卷帘控制箱或电动排烟窗控制箱能否可由应急照明箱供电？在车库电气设计中，防火卷帘的负荷普遍较小，且分散，电动排烟窗则常见大型展厅的顶部，负荷也较小，单独设置消防动力配电箱自然可以，但如果配电箱附近仅有防火卷帘或是电动排烟窗一种消防动力负荷时，在台数不多负荷不大的情况下，则采用应急照明箱为其供电，不失为更好的设计方案，同理也可以将这个设计理念扩大，小功率的单台消防动力设备可就近配出于应急照明箱，因为虽然动力设备启动会影响照明质量，但上述几种设备平时并不开

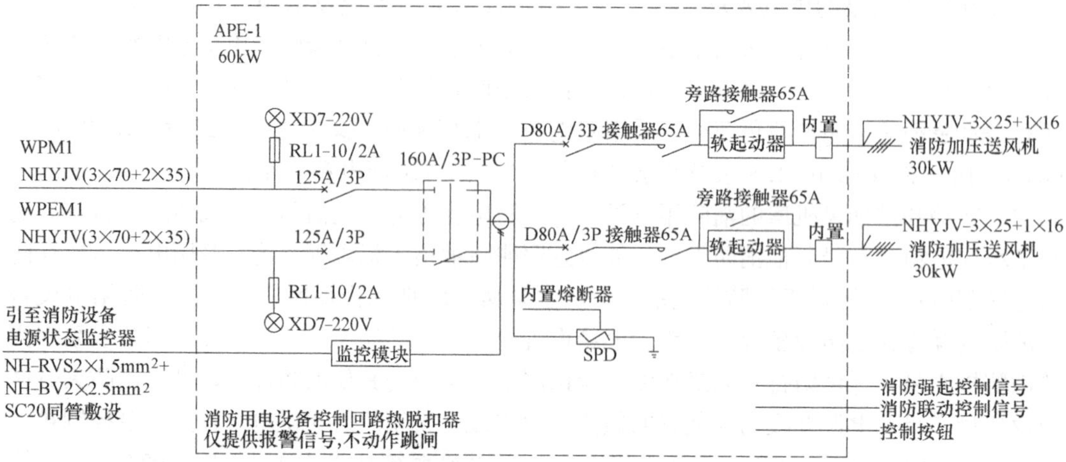

图 6-24　消防设备采用软启动器系统示意图

启，且容量较小，对于日常的照明并不会产生直接影响，故比较可行，但如果数量众多则需要单独设置配电箱。如图 6-25 所示。

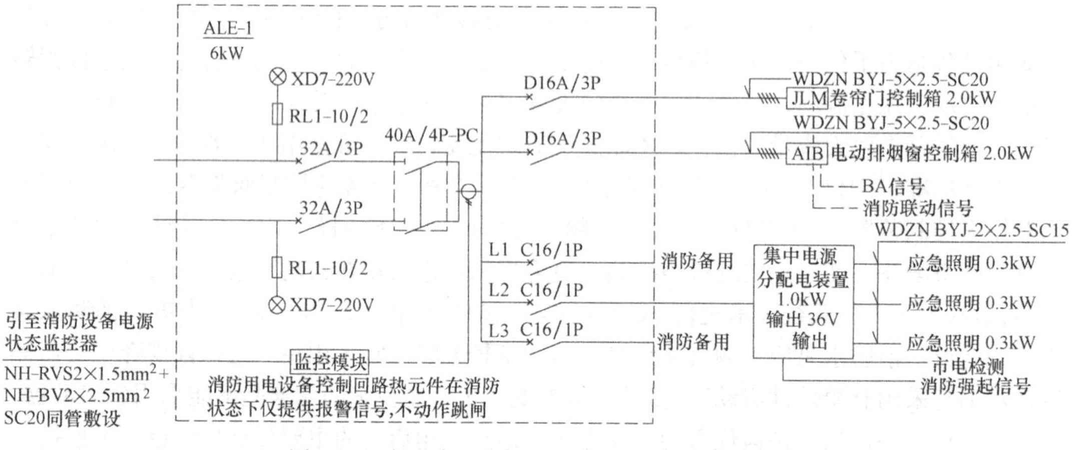

图 6-25　小型消防设备配出于应急照明箱示意图

6. 消防的专用：《建筑设计防火规范》GB 50016—2014 中 10.1.6 条："消防用电设备应采用专用的供电回路，当建筑内的生产、生活用电被切断时，应仍能保证消防用电"需要注意的第一点是消防设备采用专线供电，引出如下几条与该条规范相应的常见设计要求：

（1）由变配电室引出的正常电源干线和消防电源干线，其后面所接负荷不能再存有消防与非消防混接的情况。

（2）消防与非消防用电不可混接应急母线段中，消防与非消防负荷应分设母线段供电。条文说明中给出低压配电系统主接线方案，有分组、不分组两种，不分组方案（可靠性低）又分为：1）消防负荷采用专用母线段，但消防与非消防负荷共用同一进线断路器。2）消防与非消防负荷共用同一进线断路器和同一低压母线段。当采用共用同一低压母线段时，是可靠性最低的一种方案，消防与非消防负荷应分柜布置，并设置消防标识，消防专用柜柜体应加标识。3）柴油发电机应急母线段中也要分为重要负荷母线段及消防负荷母线段。如图 6-26 所示。

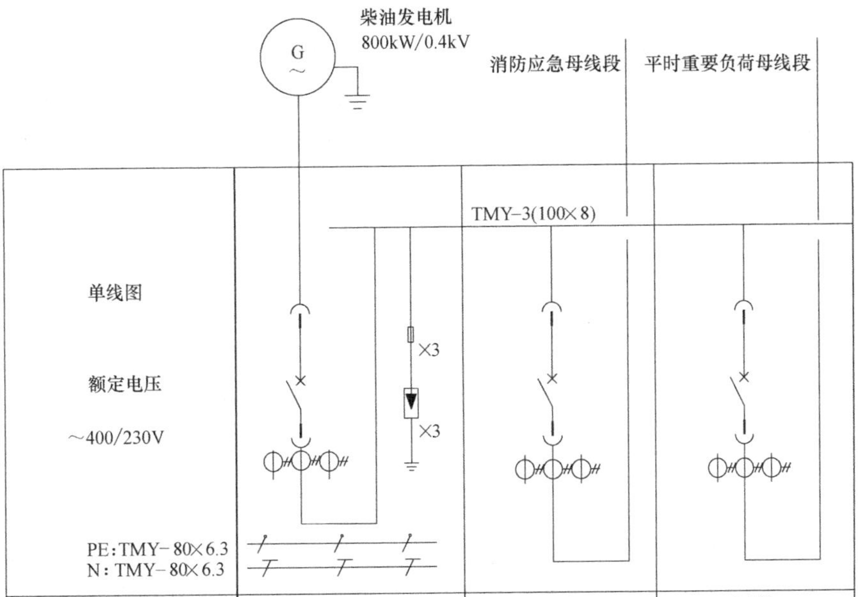

低压开关柜编号		AA1	AA2	AA33
低压开关柜外形尺寸(mm)		1000×800×2200	800×800×2200	800×800×2200
主要备设	空气断路器	额定电流1200A 长延时:Iz1=1250A 短延时:Iz2=5Iz1 0.4s	额定电流800A 长延时:Iz1=800A 瞬时:Iz3=10Iz1	额定电流630A 长延时:Iz1=630A 瞬时:Iz3=10Iz1
	电流互感器0.2级	3×1500/5	1000/5	800/5
	电流表	3	3	3
	电压表	1		
	电压转换开关	1		
设备容量 kW				
需要系数 Kx				
计算负荷 kW				
功率因数 cosΦ				
计算电流 A				
回路编号			WF -1	WF-2
用途			消防应急	平时重要负荷
避雷器(FA)		HY1.5WS2-0.3/1.3		
导线型号规格 防火密集母线		1600	1250	800
用途			消防负荷	重要负荷

图 6-26 柴发母线分段系统示意图

(3) 应急照明配电箱不应接入电气竖井插座以及非消防设备，实际审图需与下文的消防备用甄别。

(4) 电源末端互投装置的控制范围：末端是指一个平面空间内，或处同一防火分区内，均可认为是一个双电源箱体可以覆盖的区域，譬如屋顶平面就近的消防风机组可以合用一台双电源互投箱，因为没有了防火分区的界限；而地下车库同一防火分区的排水泵也可以共用一台双电源互投箱。这是简化设计的一种手段，可降低工程的繁琐程度和难度。

7. 消防的备用：《建筑设计防火规范》GB 50016—2014 中 10.1.6 条：“备用消防电源的供电时间和容量，应满足该建筑火灾延续时间内各消防用电设备的要求。”同一条另外一点则是消防负荷的备用，消防箱体内也未尝不可以设置备用回路，是可以依据需要来设置备用回路的，毕竟有些场所如屋面、电梯机房等可能只有消防动力箱，就没有可能再增加普通的备用出线回路。为了方便维护和检修消防设备，则需要预留备用回路，但是需要标明该备用为消防负荷备用，同时不建议设置插座回路，因为插座多为检修使用，在北京地区可参见京施审专家委房建［2015］电字第 1 号《电气专业相关问题研讨会纪要》中 1.1.2 条有介绍。如图 6-27 所示。

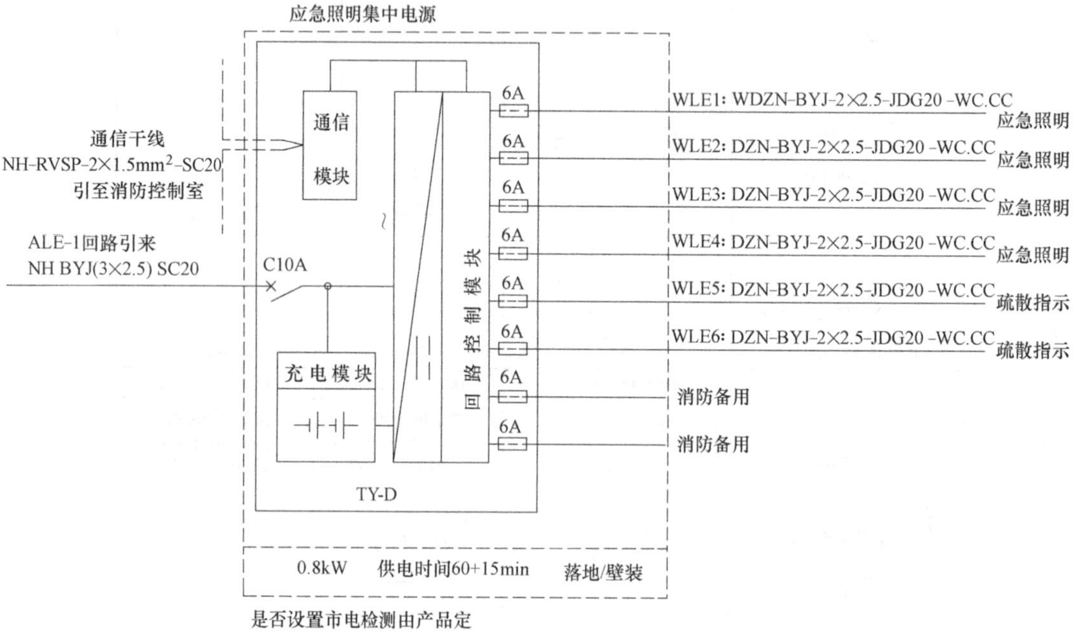

图 6-27　应急照明集中电源系统示意图

8. 消防泵控制柜需要设置自动巡检系统，见 GA 30.2—2002 中 5.4.4 条只是与曾经的强制条文相比，要求相对降低，但仍然是应该设置，可见《消防给水及消火栓系统技术规范》GB 50974—2014 中 11.0.18 条所述，建议设计专用的消防巡检柜，但仅限巡检消防泵、喷淋泵等直接参与消防灭火的水泵，如稳压泵之类的则可以不用列入巡检范围之内，因为其是平时消防管道的稳压作用，不参与消防灭火。

六、人防设计的常见问题

1. 关于人防排水泵的负荷等级：《人民防空工程设计防火规范》GB 50098—2009 中 7.8.1 条中规定：“设置有消防给水的人防工程，必须设置消防排水设施”。为黑体加重，即强制性条文，这也是车库设计时常见的问题，其核心争议是水专业规范并未有强制性条文的说法，但却也提及存有消防给水的地下室要求设消防排水系统，可见《消防给水及消火栓系统技术规范》GB 50974—2014 中 9.2.1.2 条：“下列建筑物和场所应采取消防排水措施：2 设有消防给水系统的地下室”。故此处划为强条略有牵强，但排水泵确实为消防排水泵，实际操作可按水专业的要求为准，尽量将人防区与非人防区的消防排水做法一致为宜，笔者认为审核意见为强条偏重。

2. 战时应急照明用EPS持续工作时间要满足展示隔绝时间的要求，即隔绝时间是多少，EPS的持续供电时间就是多少，可见《人民防空地下室设计规范》GB 50038—2005表5.2.4中的相应要求。这张表是出自建筑部分的要求，却对全专业都适用，应分工程用途来区别审核，物资库为不小于2h，二等人掩、电站控制室不小于3h，其余工程应不小于6h，并不难记忆。

3. 人防工程需要说明应设置柴油发电站等战时电源的设置要求，即是否需要设置区域电站，首先这个问题需要咨询人防办公室，各地的要求并不一样，实际实施的时候可以依据当地的人防部门的要求进行，报外审时给审图部门出具当地要求即可。在初期审图阶段可按《人民防空地下室设计规范》GB 50038—2005中7.2.13.3及7.2.13.4中的相应要求来执行，概括如下：

（1）不需要设置人防电站的情况：通常中小型人防工程，当面积小于5000m² 的场所，不需要设置人防电站，由地区人防电站提供低压供电电源，但对于战时一、二级负荷，应设置蓄电池组（UPS或EPS）作内部自备电源，同时预留引接区域电源电力接口条件，如进出户管道、防爆波电缆井等。需要注意一点，设有人防电站，就无需再设置EPS，见GB 50038—2005中7.2.13.4条。

（2）需要设置柴油发电机的情况：1）中心医院、急救中心需要设置固定式电站；2）人防区域建筑面积之和大于5000m² 的人防地下工程应设置柴油电站。可以设置固定电站也可以是移动电站，移动电站即为仅预留安装位置及运输坡道等土建条件即可，待战时另行安装，但相关通风、排风系统需要考虑，当人防负荷大于120kW时宜设置固定式电站，且单机容量不应大于300kW。同时需要注明人防的批文编号。

4. 需要清楚独立电源、内部电源、区域电源、自备电源的定义及关联，工程应该明确各负荷等级的要求：1）其中战时一级负荷时，应有两个独立的电源供电，其中一路独立电源为内部电源（该建筑防空地下室的柴油发电机或是EPS电源），另一路为电力系统电源（正常供电电源），两个电源末端互投，互为备用；但如果为建筑面积≤5000m² 的人防工程，可接引区域电源（设于其他人防建筑内的区域电站）而不采用内部电源（指内部柴油发电机），但一级负荷仍需加设EPS电源。2）战时二级负荷也为两路供电，其中一路可引接人防工程区域电源或自备电源供电，另外一路为电力系统电源，当无人防工程区域电源时，则需加设EPS电源，采用双电源分段在电源侧转换后，放射式配出。3）战时三级负荷，引接工程电力系统电源，预留引接战时辅助电源的条件。可见《人民防空地下室设计规范》GB 50038—2005中7.2.15中的相应要求。且负荷计算应该按战时和平时两种情况分别计算，见7.2.5条的要求，系统如图6-28示意。

5. 平面布置容易遗漏的设计：

（1）洗消间、滤毒室等房间应按规范要求在不同位置设置不同数量和用途的插座，可见《人民防空地下室设计规范》GB 50038—2005中7.5.9～7.5.13的要求，这里需要注意两点：1）简易洗消间可以不设置插座，因规范未有提及，或也可见《人民防空地下室施工图设计文件审查要点》RFJ 06—2008中6.6.2条的介绍；2）滤毒室需标出插座安装高度，规范要求是1.5m，其余审核重点是场所与数量上的对应要求。

（2）见《人民防空工程防化设计规范》RFJ 013—2010中8.0.3条："所有密闭通道、防毒通道最后一道密闭门内侧1m附近设置插座，供空气染毒通道透入监测"，该条规范

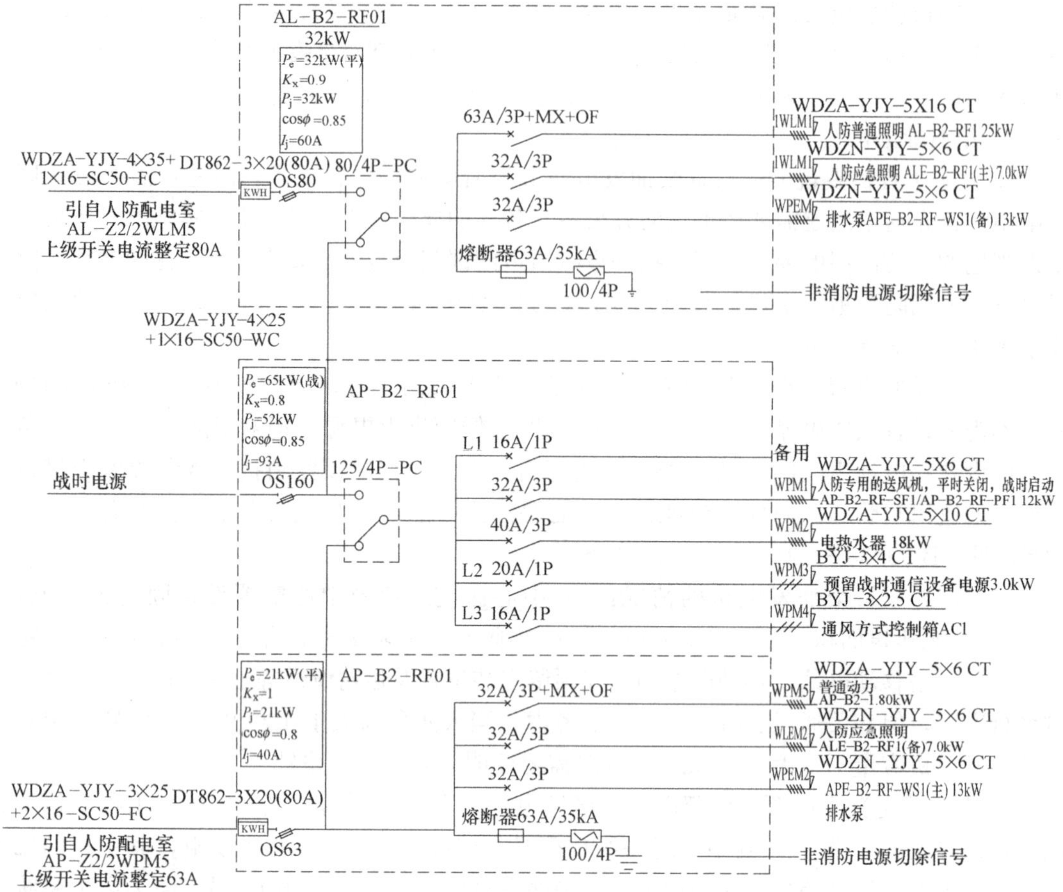

图 6-28 人防系统示意图

是人防部门内部的设计规范，设计一般不会知晓，常被遗漏，但人防审图可能会提。如图 6-29 所示。但如无简易洗消的设计，则该插座可不预留。

（3）人防区到非人防区的照明支线应增加保护用熔断器，则从人防内部至防护密闭门外的照明线路，在防护密闭门（第一防毒通道的外侧门）内侧距顶 0.2～0.3m 处，单独设置熔断器做短路保护，熔断器需标注规格需要标注，外部照明容量较小，2A 熔断器即可。如对非防护区的灯具采用了单独回路供电，则防护密闭门内侧不需设熔断器或断路器。可见《人民防空地下室设计规范》GB 50038—2005 中 7.5.16 条的要求，如图 6-30 所示。

6. 穿越人防的密闭处理：

（1）穿越外墙、临空墙、防化值班室、防护密闭隔墙和密闭隔墙的各种电缆、管线应进行密闭处理并应满足《人民防空地下室设计规范》GB 50038—2005 中 7.4.3 的要求。首先需要注意，非人防电气无相关的线路桥架是不允许穿越人防区域的，其次是与之相关的电缆桥架或是线槽穿越需要进行密闭处理。如图 6-29 所示。

（2）图 6-29 中电缆桥架在穿越防护密闭隔墙、密闭隔墙时应改为穿管敷设，且线路穿越外墙，临空墙、防护密闭隔墙和密闭隔墙应标注密闭的标识。见《人民防空地下室设

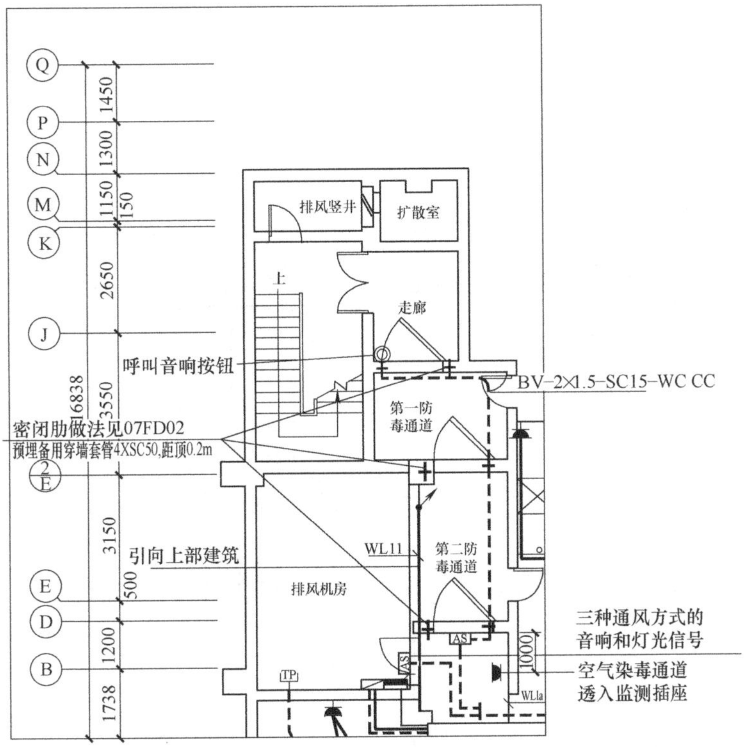

图 6-29　人防内部密闭肋及插座示意图

计规范》GB 50038—2005 中 7.4.6，桥架不得直接穿越，必须转换为套管，因为套管才可以密闭严实，而线槽或是桥架内部存有空间，线路众多，无法密闭严，容易出现缝隙，对防核及防化而言绝对不行。

（3）母线穿越密闭隔墙、密闭隔墙时应改为防护型母线，并应标识，需要在说明中有所表示，见《人民防空地下室设计规范》GB 50038—2005 中 7.4.7 条所述。

7. 音响信号按钮：设有三种通风方式的防空地下室，每个防护单元或战时主要出入口防护密闭门外侧应设置有防护能力的音响信号按钮，审核的重点是“主要出入口”如果所有出入口，都设置了按钮，同样不正确，配线采用两芯以上即可，仅为音频信号输出，音响信号按钮应设在值班室内，可见《人民防空地下室设计规范》GB 50038—2005 中 7.3.8 条。

8. 人防值班室应设置应急照明，并建议利用平时的应急照明，可见《人民防空地下室设计规范》GB 50038—2005 中 7.5.5.3 条，其中列及的场所很多，但只有人防值班室是与人防直接关联的电气场所。

9. 通信电话：各人防建筑容易在通风机房及普通值班室遗漏电话分机；中心医院、急救医院容易在配电间遗漏电话分机，可见《人民防空地下室设计规范》GB 50038—2005 中 7.8.4、7.8.5 条，同时需要将电话管线预留至防化密闭门外侧，可见《人民防空地下室施工图设计文件审查要点》RFJ 06—2008 中 6.9.1 条的要求，并应按《人民防空地下室设计规范》GB 50038—2005 表 7.8.6 的要求在人防强电系统图中核对设计通信容量。

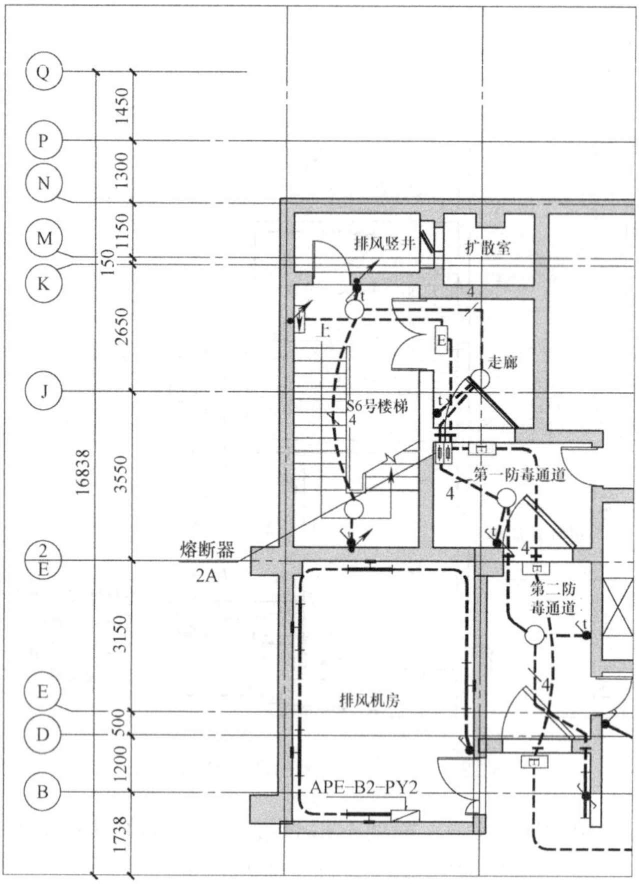

图 6-30　人防内部照明示意图

10. 人防工程内灯具安装：应符合《人民防空地下室设计规范》GB 50038—2005 中第 7.5.14 条的要求，即需要采用链吊或是线吊，以满足震动情况下灯具的完好，并能够使用，当然前提是轻质灯具，线缆或金属链可以承重的程度。此外在战时需要注明增加掉落防护网，以避免灯具内光源的坠落伤人的可能。这里需要注意平战结合的应急照明，平时需要满足耐火的需求，而链式安装则必然不能满足，这时候就需要平时注明为吊杆安装，而战时改为吊链式安装。

11. 注意消防疏散指示标志沿墙设置的间距，人防区与非人防区是不同的，人防区 15m，可见《人民防空工程设计防火规范》GB 50098—2009 第 8.2.4.1 条：消防疏散指示标志的设置位置应符合下列规定："沿墙面设置的疏散标志灯距地面不应大于 1m，间距不应大于 15m，非人防区 20m"，来自民规的要求，实际审图中对于人防区域的疏散指示应该按至少不大于 15m 进行审核。

12. 防毒通道、密闭通道、滤毒室是否要设火灾探测器？平时与人防两个概念，并无直接关联，所以设计时，需要先按正常使用时的功能进行考虑，再按人防功能下进行考虑，如果二者均无要求，则可以不设置，如果二者有其一需要布置，则建议布设，上述场所首先为地下场所，见《火灾自动报警系统设计规范》GB 50116—2013 中附录 D 中 D. 0. 1. 16 条及 D. 0. 1. 21，要求了地下的丙丁类库房及走道均要设置火灾探测器，其中滤毒室多作为储藏室平时进行使用，而防毒通道、密闭通道平时则是走道，故两者均建议设置火灾探测器，不用再去考虑人防单位的要求，但需要做好密闭防护处理。

13. 人员出入口（包括连通口）最里一道密闭门内侧和其他需要设置的地方，应设置显示三种通风方式的灯箱和音响装置，容易遗漏点为车库中两个防护单元间的连通口的大门处，要设置于有三种通风方式系统的车库大门内侧入口。

14. 在能够采用非人防区引来战时电源的情况下，可以尽量利用非人防区域的预留管，而无需增加防爆波电缆井。

第七章　防雷及接地的常见审图问题及解析

一、防 雷 计 算

1. 未有初步设计阶段的施工图需要将预计年雷击次数需要表达在电气说明中，可见《建筑工程设计文件编制深度规定》（2016 年版）中 3.6.2.9 条第 1 款的要求，年雷击次数的计算公式：$N=k\cdot N_g\cdot A_e$，其中 k 为校正系数非特殊地质情况下选择 $k=1$；N_g 为雷击大地的年平均密度［次/$(km^2\cdot a)$］，$N_g=0.1T_d$，T_d 为年平均雷暴日数（天/年），根据地区不同查气象局资料即可；A_e 为与建筑物截收相同雷击次数的等效面积（km^2），实际使用时分好几种情况，需要分情况选择公式，但建议当 $H<100m$ 时，采用 $A_e=[LW+2(L+W)D+\pi D^2]10^{-6}$，当 $H\geqslant 100m$ 时，采用 $A_e=[LW+2H(L+W)+\pi H^2]10^{-6}$即可，这样选用计算值虽然保守，但能够将罗列的各种可能均全部包含在内，审图时用来估算较为简便，或是也可以采用天正软件的计算功能复核雷击次数，如表 7-1 是天正软件的计算示意。

天正电气雷击次数示意表　　表 7-1

建筑物数据	建筑物的长 L(m)	73.4
	建筑物的宽 W(m)	18.9
	建筑物的高 H(m)	82.4
	等效面积 $A_e(km^2)$	0.0500
	建筑物属性	住宅、办公楼等一般性民用建筑物
气象参数	年平均雷暴日 T_d(d/a)	36.3
	年平均密度 N_g(次/$(km^2\cdot a)$)	3.63
计算结果	预计雷击次数 N(次/a)	0.065
	防雷类别	第三类防雷

2. 几处容易混淆的雷击次数定义的防雷等级：

（1）预计雷击次数大于 0.05 次/a 的人员密集的公共建筑物及火灾危险场所应为二类防雷，请按二类防雷要求编写防雷说明，见《建筑物防雷设计规范》GB 50057—2010 中 3.0.3.9 条。

1）其中人员密集的公共建筑物较难于定义，消防法中有同一时间内聚集人数超过 50 人的公共活动场所的建筑为基本的要求，又在《建筑设计防火规范》GB 50016—2014 中 5.5.19 的条文解释有："人员密集的公共场所主要指：营业厅、观众厅，礼堂、电影院、剧院和体育场馆的观众厅，公共娱乐场所中出入大厅、舞厅，候机（车、船）厅及医院的门诊大厅等面积较大、同一时间聚集人数较多的场所"，除此以外还有学校、养老院、托儿所、图书馆、展览馆、人员的密集宿舍、旅游室内景点等也均为人员密集的公共建筑物。常见审图中容易误导的建筑物类型是商业网点，它不算是人员密集的公共场所，虽然商场属人员密集场所，但与前文对于应急照明中的说法类似，住宅的设置的商业服务网点，并不属于商场，而更倾向于住宅的特点，规范文中对商业网点也没有单独提及，则认为其不属于人员密集场所，商业服务网店的年预计雷击次数大于 0.05 次小于等于 0.25 次时，建议按住宅要求来执行，即三类防雷进行设计。又如年预计雷击次数大于 0.05 次/a 的学校食堂、封闭操场、幼儿园等则可属于二类防雷建筑。而室外独立的 10kV 变配电站，虽然对于电气专业来说很重要，但是基于防雷设计规范则没有明确说法，仍可依据大于或等于 0.05 次/a，且小于或等于 0.25 次/a 时，10kV 变电所属于第三类防雷建筑物。

2）火灾危险场所的定义，火灾危险场所来源于 IEC 的标准，在 IEC60364-3 中，“火灾危险场所”定义为 BE2 场所，其特性解释是：生产、加工或储存可燃性材料，包括粉尘。其条文后的应用和举例中，列举了“车库、木制品商店、造纸厂”。由于老规范《爆炸和火灾危险环境电力装置设计规范》GB 50058—92 有专门章节讲火灾危险环境，并有定义（火灾危险 21、22、23 区）。而新规范《爆炸危险环境电力装置设计规范》GB 50058—2014 把有关火灾危险的章节取消了，对于准确的定义难于查询，则只能依据《建筑设计防火规范》GB 50016—2014 中 3.1.1 条：生产的火灾危险性应根据生产中使用或产生的物质性质及其数量等因素划分，可分为甲、乙、丙、丁、戊类，并应符合表 3.1.1 及表 3.1.3 的描述，可看出储存、生产、使用甲、乙、丙类燃烧介质的场所为火灾危险场所。则实际设计中多出现在丙类及以上的库房和车间的设计中，可以按照火灾危险场所来确定防雷等级。

（2）如果经过年雷击次数计算，确实达不到三类防雷建筑，那还需要做防雷吗？很多人会纠结，其实没必要。既然在规范层面是不需要做防雷的，那就是不需要做，但也有人说《建筑物防雷设计规范》GB 50057—2010 中 3.0.1 条：“建筑物应根据建筑物的重要性、使用性质、发生雷电事故的可能性和后果，按防雷要求分为三类”，是说所有的建筑均为三类之内的，达不到三类防雷建筑的要求，也要按最低的三类防雷建筑执行，但我认为这个说法太过文字化。笔者在老家的平房没有哪一家做过防雷，也没有哪家被雷击过，故不可教条，最合理的设计不是浪费钱财，而是要学会甄别。不过虽然我不认同低于三类的建筑需要设置防雷措施，但如果是一个多层的公共建筑，则需要考虑另外一方面，由于该有的接地和等电位等设计在公建或是多层住宅中并不能缺少，没有了防雷，接地系统似乎缺了点什么，譬如引下线的上端该和谁联结，这也确实是个问题。所以如果觉得系统最好要完整的，考虑完善接地系统的建筑，则建议按 3 类防雷进行设计。如果实在担心，又不想做，最稳妥的做法是咨询当地气象部门，毕竟很多地区气象部门还会审核，最终解释权在他们那里，咨询之后以其中高的要求为执行条件即可。

二、防雷接地说明

1. 防雷引下线的要求：

（1）柱内钢筋引下线的间距，在《建筑物防雷设计规范》GB 50057—2010 中对二类及三类防雷利用柱内钢筋作防雷引下线时的间距并没有明确的说法，只是说到了专用引下线的规定，反倒是一类防雷建筑的引下线没有提及专用一词，那个 18m 及 25m 的专用引线的间距是否对于柱内钢筋同样适用呢？答案是肯定的，可见 4.2.4.2 的条文说明：“故本规范对引下线间距相应定为 12m、18m、25m”，包含了二类及三类防雷建筑的引下线要求，同时并未提及要是专用引下线，则无论是否为专用引下线的要求，柱内钢筋的引下线也均按上述三值来要求较为合理，钢筋混凝土结构的建筑采用自身的柱筋作为引下线时，考虑柱间距一般都小于上述几个要求值的最低值，则钢筋混凝土建筑在利用临近柱内主筋作为引下线，只需满足上述引下线的间距要求即可。

（2）那么二类、三类防雷建筑的引下线间距是否可以适当放宽？见《建筑物防雷设计规范》GB 50057—2010 第 5.3.8 条：“第二类防雷建筑物或第三类防雷建筑物为钢结构或钢筋、混凝土建筑物时，在其钢构件或钢筋之间的连接满足本规范规定并利用其作为引下线的条件下，与其垂直支柱均起到引下线的作用时，可不要求满足专设引下线之间的间距”。仅从文字上看，当建筑物内的钢筋体系被整体利用作防雷装置，且满足防雷规范的第 4.3.5 条、第 4.4.5 条和第 4.5.6 条时，尤其是满足第 4.3.5 条第 6 款时，此时设计仅指明利用部分柱子内的主筋作为防雷引下线，可视为满足第 5.3.8 条，可不要求满足专设引下线之间的间距，审查时可不提意见。可见 18m 和 25m 在常规的钢筋混凝土建筑中是可以适当放宽，在一类防雷建筑仍需严格执行 12m 的要求，考虑钢筋混凝土的柱距一般都在 8～9m，所以其实钢筋混凝土结构的建筑做到引下线的间距其实并不难。但要做到垂直支柱均起到引下线的作用却不是很容易，或者说并不多见，每根柱子都作为引下线，最小的间距都能够满足，故这思路仅限于文字上的揣测，笔者也是认同规范的要求。其实该条规范的初衷更多适用于钢结构的大跨距建筑的特殊情况，钢柱之间会有大跨度，没有办法达到引下线要求的间距时才提出，但仍然要把其他引下线间距变小，以保证整体引下线的平均值在要求的间距之内，如果其他引下线也都不具备缩小的可能，也不可能说工程不干吧，则出现了这条条文，所以不是实在没有办法的情况，还是要依规实施。

（3）防雷引下线与建筑物室内接地线是否不能联结在一起？是否存有雷电反击的可能？首先说建筑立面内的竖向引下线与室内接地金属还是不建议联结起来的，因为距离太短，要防止雷电流对室内的设备形成反击，故防雷引下线和建筑物室内接地线或是其他金属件要离开一定的距离较为合理，所以才会预留井道内的通长接地线，这是我个人的理解，那规范怎么说呢？首先来说一类防雷建筑在规范中并没有提及此事，而二类及三类防雷则有要求，当可用建筑物的内部为钢筋混凝土形成的金属钢筋网罩的形态，则防雷引下线和建筑物室内金属件就没必要分隔，见《建筑物防雷设计规范》GB 50057—2010 中 4.3.8 及 4.4.7 条：“当金属物或线路与引下线之间有自然或人工接地的钢筋混凝土件、金属板、金属网等静电屏蔽物隔开时，金属物或线路与引下线之间的间隔距离可无要求。”二类及三类防雷建筑的防雷引下线与建筑物室内设备接地网的上下层引线可以共用柱内钢筋。是否一类防雷由于重要性比较高，楼层也高，被雷击的可能性增大，发生内外接地线反击的可能性大，规范并没有介绍，原因也不得而知，只是猜测，所以需要严格执行，需要分开敷设，距引下线 3m 范围内不要存有室内金属接地线，即可认为不会发生雷电流反击。

（4）防雷引下线需要设置在建筑物的四周，而不可以穿越建筑内部，可见《建筑物防雷设计规范》GB 50057—2010 中 4.2.4.2 条等：“引下线不应少于 2 根，并应沿建筑物四周和内庭院四周均匀或对称布置”，具体条文不复述，其主要原因也是担心雷电流下泄的时候，如果有钢筋外露或是搭接到其他的内部接地线的情况，则雷电流会不泄入地下，对搭接的设备或是人员容易造成伤害，并可能产生感应雷，造成电气设备的损坏，所以出现在室内的引下线是禁止的，设计时建筑物上下结构位置不对应，上方是屋顶外围，但是到了接地的部分就变成了室内，则容易出现引下线入户的情况，所以接地和防雷的绘图顺序建议应从下向上对应，而不是从上向下对相应，这样可杜绝引下线进入室内的可能，如图7-1所示的几处就是穿越到了室内的情况。

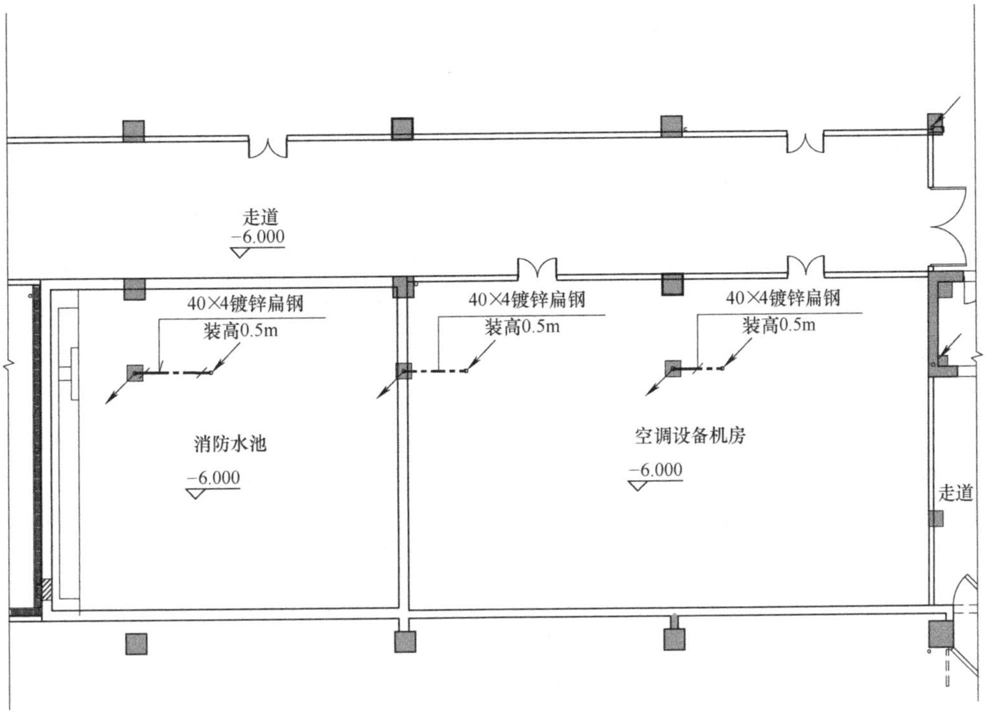

图 7-1 引下线进入室内的示意图

2. 应补充说明防侧击雷击的说法，应满足《建筑物防雷设计规范》GB 50057—2010中4.2.4.7条、4.3.9.2及4.4.8.2条的要求，具体条文不复述，只是说具体的实施办法，一般30米（一类）、45米（二类）60米（三类）以上，开始每三层做一个均压环（《民用建筑电气设计规范》JGJ 16-2008中11.3.3条的要求，但仅对二类防雷建筑，设计时可以拓展），均压环设置的主要目的是为了形成笼型防雷装置有利于建筑物内部设施的防直击雷及雷电脉冲，是防侧击雷的主要方式。

（1）均压环设置要求：这些要求的高度以上，才开始设置均压环，而不是从一层就开始布设，由于《建筑物防雷设计规范》GB 50057—2010要求是一类防雷建筑不大于6m做一次均压环，从层高角度来看基本也就是不大于3层，内涵是一样的，审图中可以将对于不大于6m或是3层一设均压环的都认为是合理，此外就没有其他条文对于侧击雷的实际实施做法还有描述，则二类和三类防雷建筑也可以参照执行这个层数或是距离的要求，同样将所有外侧金属门窗均与接地主干线联结，这里需要注意规范中仅是一类防雷建筑提及了栏杆、外窗需要联结到均压环，二类和三类防雷建筑仅说要设置均压环，未提及金属件的联结，这个细节可能是笔者多想了，但确实有空当可钻。均压环设置的意义如图 7-2 所示：

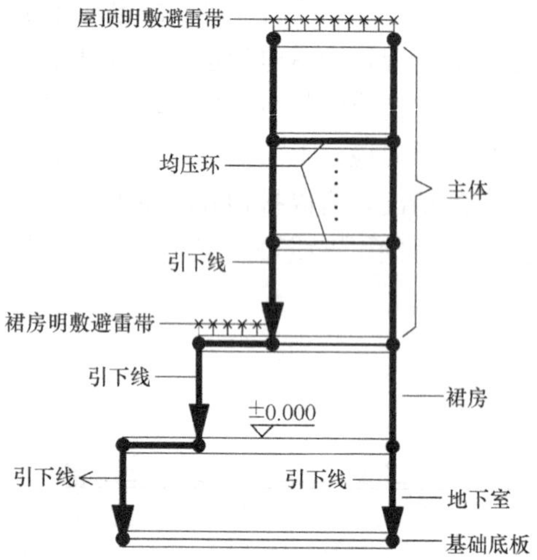

图 7-2　均压环设置示意图

（2）均压环的做法：1）主干接地线与内部金属件起联络作用的均压环，可以是一圈 40×4 的热镀锌扁钢，通长敷设于建筑物外侧，为人工均压环，也可以利用实际施工时大梁自身的两根直径不小于 $\phi16$ 的螺纹钢，绕外围一圈，形成自然均压环，施工单位会在通长的镀锌扁钢或是螺纹钢上再焊接方形扁钢埋件，如开关盒般贴留在模板上，拆模之后埋件与可能出现的金属件进行备接。2）这些做法可以在设计中提出，但要分情况实施。一种是如住宅一样的钢混外立面，多为涂料或是贴砖的墙面，实际的用处就不大，因为外围的金属件多数为金属窗，其防侧击雷主要的做法是从墙体内部钢筋进行联结，而不是与外贴的扁钢埋件进行联结，因为出于美观，外立面其实不可以有裸露的接地线存在，预埋件从实际使用的角度则可以不做要求。另一种是玻璃幕墙或是干挂墙砖的墙面，在主体的施工过程中，建议设置预埋件，要将预埋扁钢可靠地与每层的均压环进行焊接，焊接长度要符合避雷接地的规范要求，并与该层的全部防雷引下线焊接，幕墙的构架与预埋件连接时，须对接触面进行防腐处理，用螺栓固定。

（3）空调室外机是否需要考虑接地：应满足《建筑物防雷设计规范》GB 50057—2010 中 4.2.4.7 条、4.3.9.3 及 4.4.8.3 条的要求，与防侧击雷击的要求相似：外墙内、外竖直敷设的金属管道及金属物的顶端和底端，应与防雷装置等电位连接，自然也包括了空调室外机的金属部分，但 60m 之上还设有分体空调的情况，也只有住宅类的建筑才有可能，而住宅类建筑最多就是二类防雷建筑，则在《民用建筑电气设计标准》GB 51348—2019 中 11.3.3 条："应将 45m 及以上外墙上的栏杆、门窗等较大金属物直接或通过预埋件与防雷装置相连"，专门针对二类防雷建筑进行了要求，则高层住宅，尤其高层住宅达到二类防雷建筑的要求时，是需要考虑空调室外机接地的设计，则事先应在空调板附近预留接地螺栓，螺栓下部与板内钢筋联结，以便使室外机在安装完成后，外墙预设的空调支架可以可靠地与建筑接地网进行联结。

3. 屋顶接闪带应采用热镀锌钢材：可见《建筑物防雷设计规范》GB 50057—2010 中 5.2 条中表 5.2.1 对热浸镀锌钢的相关要求，热镀锌是较冷镀锌而言的，因为加工的工艺不同。热镀锌钢板的防腐能力强，热镀锌也称热浸锌，是将钢铁工件经过除油、除锈，呈现出无污、浸润的表面，立即浸入到预先将锌加热融熔了的镀槽中去，在工件表面形成一层锌镀层的方法，由于镀锌层的附着力和硬度较好，抗腐蚀性也更强；而冷镀锌的扁钢则是"电镀"的原理，即把锌盐溶液通过电解，不用加热，使铁离子和锌离子进行置换反应，上锌量相比热镀锌要少得多。所以不建议使用在接闪带这样长期外露的场所，风吹雨打之后，用不了几年，冷镀锌的钢材会很快腐蚀生锈，影响接地的效果，产生严重的后果，故审图时需要提出。

4. 接地电阻的要求：一般可以认为防雷接地电阻要求为不大于10Ω，见《建筑物防雷设计规范》GB 50057—2010 中 4.2.1.8 条等；工作接地电阻要求为不大于4Ω，由于民用建筑目前入户多为电缆入户，则多为低电阻接地系统，则可参见《交流电气装置的接地设计规范》GB/T 50065—2011 中 6.1.2 条："低电阻接地系统的高压配电电气装置，其保护接地的接地电阻应符合……，且不应大于 4Ω"；重复接地电阻要求不大于 10Ω，见《交流电气装置的接地设计规范》GB/T 50065—2011 中 7.2.2 条："7.2.2 配电变压器设置在建筑物外其低压采用 TN 系统时，低压线路在引入建筑物处，PE 或 PEN 应重复接地，接地电阻不宜超过 10Ω"；另外公用接地（联合接地）电阻要求不大于1Ω，随便选取一种弱电系统，可见《火灾自动报警系统设计规范》GB 50116—2013 第 10.2.1.1 条规定："采用公用接地装置时，接地电阻值不应大于 1Ω"，由于民用建筑现在多采用公用接地，则在建筑电气设计中，一般接地电阻的要求不大于 1Ω，即为 TN-C-S 或 TN-S 系统接地电阻之出处，多数地区需要参照执行。但需要注意的是在北京地区一般会要求公用接地电阻为 0.5Ω，可见《北京供电公司、京供生技〔2000〕73》文件中第二.3 条："当 10kV 高压侧采用低电阻接地方式时，低压配电系统中的低压零（N）线接在一起的多台配电变压器的等效接地电阻在 0.5Ω 或以下时，保护接地与工作接地可以不分开。如达不到此要求时，应采取措施降低配电变压器的接地电阻使等效接地电阻等于或小于 0.5Ω"，此外在《交流电气装置的接地设计规范》GB/T 50065—2011 中 7.2.6 条的条文说明也有："变压器台接地装置互联的总接地电阻不超过 0.5Ω"，也有介绍公共接地的阻值要求，同是也介绍到此条要求是北京供电局的经验要求，所以其他地区供电局是否要求接地电阻值不大于 0.5Ω，设计前应同当地供电局设计前进行了解，如果没有相关文件，则多数地区仍然将 1Ω 作为审图的标准要求较为常见。

5. 大门口是否设有均压或绝缘措施：可见《建筑物防雷设计规范》GB 50057—2010 中 4.5.6.2 条中第 2）款："引下线 3m 范围以内地表层的电阻率不小于 50kΩ·m，或敷设 5cm 厚沥青层或 15cm 厚砾石层"。该条说的有些模糊，是不是所有的引下线周边 3m 之内都要进行土质处理呢？答案是没有必要的，虽然雷电流注入地下时会产生跨步电压，但考虑到没有人员经常经过的外围墙体，实际产生跨步电压进而对人身造成伤害的可能性并不大，故只是需要在有人员出入的入口处，进行跨步电压的预防和处理，具体做法可见《电气装置安装工程接地装置施工及验收规范》GB 50169—2006 中 3.5.1.5 条："独立避雷针及其接地装置与道路或建筑物出入口等的距离应大于 3m，当达不到 3m 时，应采用均压措施或铺设卵石或沥青地面"。还需要明白两点：①如果是利用基础钢筋网的公共接地，并不受这条规范的制约，因基础钢筋网格间距是建立在对跨步电压理论计算之上的，认为可以消除跨步电压的影响。②该条针主要对门口外的人工接地装置，人工接地装置如果设于门口，则要距离大于 3m，如不大于 3m 则进行土质处理，并且明确了适用场所，可以前后对照审核。如图 7-3 所示。

6. 人工接地体及引下线的几组数据：

（1）人工接地体的埋深要求：《建筑物防雷设计规范》GB 50057—2010 中 5.4.4 条："人工接地体在土壤中的埋设深度不应小于 0.5m，并宜敷设在当地冻土层以下，其距墙或基础不宜小于 1 m"。则 0.5m 为浅埋，也是人工接地体最低的埋深要求，还有规范要

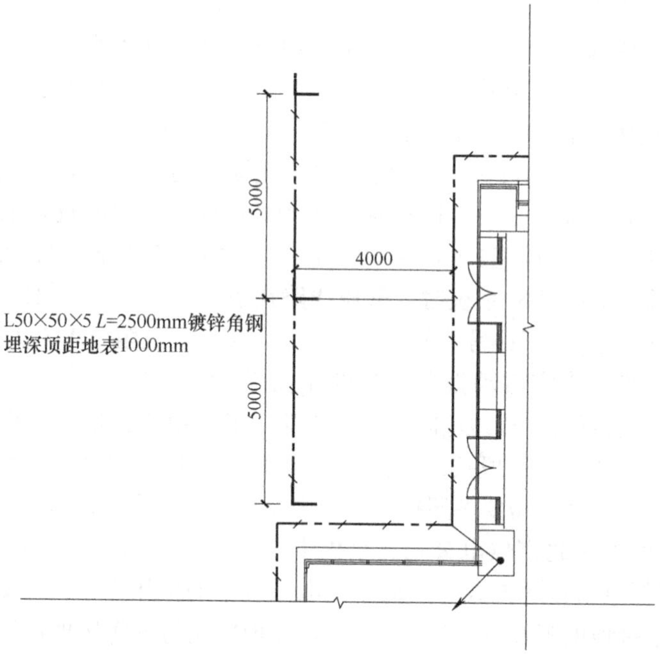

图 7-3　人工接地体入口设置示意图

求为 0.6m 等，但大于 0.5m，不再介绍。如果存有冻土层或是高电阻率土壤，则需要加深或是进行土质处理，距离建筑物不小于 1m 是针对不在出入口时，沿外墙埋设时的要求。

（2）人工接地体的间距和长度的要求：可见《电气装置安装工程接地装置施工及验收规范》GB 50169—2006 中 3.3.2 条：垂直接地体的间距不宜小于其长度的 2 倍。水平接地体的间距应符合设计规定。当无设计规定时不宜小于 5m"，见《建筑物防雷设计规范》GB 50057—2010 中 5.4.3 ："人工钢质垂直接地体的长度宜为 2.5m 。其间距以及人水平接地体的间距均宜为 5m "。明确了人工接地体的间距要求及单根接地极的建议长度，如图 7-3 所示。

（3）断接卡子或接地连接板的设置高度：两者均为接地测试点，断接卡子是通过断开其下方的接地线进行接地电阻测量。连接板方式则是接地引下线不断开，引下线上在测试点处焊接支出测试扁钢，测量整体公用接地系统的接地电阻，断接卡子多用在专用接地线上，可以测量专用引下线对地的接地电阻，而公用接地网由于为一个整体，断开已经没有了意义，因为上部也会是通过网状联结，成为一个整体，故仅设置连接板即可，安装高度是同样的要求，可见《建筑物防雷设计规范》GB 50057—2010 中 5.3.6 条："当利用混凝土内钢筋、钢柱为自然引下线并同时采用基础接地线时，可不设断接卡，但利用钢筋作引下线时应在室内外的适当地点设若干连接板，当仅利用钢筋作引下线…，应在每根引下线上距地面不低于 0.3m 处设接地体连接板"。具体设计中测试点的高度建议设在 0.3～1.8m 间，0.3m 是考虑雨水可能的浸泡腐蚀的高度下限，1.8m 则为高度上限，处于测量方便的考虑。

7. 母线及金属桥架的接地：

母线的接地要求可见《建筑电气工程施工质量验收规范》GB 50303—2015 中

10.1.1.1 条："每段母线槽的金属外壳间应连接可靠，且母线槽全长与保护导体可靠连接不应少于 2 处"。金属桥架的接地要求可见《建筑电气工程施工质量验收规范》GB 50303—2015 中 11.1.1.1 条："梯架、托盘和槽盒全长不大于 30m 时，不应少于 2 处与保护导体可靠连接，全长大于 30m 时，每隔 20～30m 应增加一个连接点，起始端和终点端均应可靠接地"。由于桥架及母线均属于外部可导电导体，考虑到可能出现的线缆漏电，故利用等电位联结来防电击保护，在一般情况下，在桥架中设置接地干线是没有必要的，因为桥架或是母线已自带接线端子，用软铜带联结即可，依上规范可见：母线及桥架均要不少于两处联结，考虑到母线出厂时每段都设有接地端子，单段母线的长度在 13～18m 左右，故每两段联结即可满足规范的要求。而金属桥架则要求不超 30m 设两处接地线，考虑到金属桥架的出厂长度多为每段一般为 2m，也可以定制其他长度，如 4m、6m，但少见超过 6m 长的单节桥架，则每段线槽之间为了保证电气导通的连贯性，即便小于规范要求的联结长度，也需要将每两段桥架之间采用软铜带分别在两侧进行联结，虽桥架的厂家会在桥架上自带接线端子，但设计中需要有所说明和介绍。

8. 屋顶配电箱的配电线路要明确接地要求：应满足《建筑物防雷设计规范》GB 50057—2010 中 4.5.4.2 条："从配电箱引出的配电线路应穿钢管。钢管的一端应与配电箱和 PE 线相连；另一端应与用电设备外壳、保护罩相连，并应就近与屋顶防雷装置相连"。随着高层及超高层建筑物的日渐增多，屋面的电气设备也越来越多，设备功能性及复杂度的要求也更高，金属管路及金属线槽沿顶敷设，受到雷击的可能极大，雷击后轻则影响使用功能，重则毁坏设备，更甚者造成人员伤亡，所以该处须严格审核，平面图最好予以表示。如果设备数量众多，也要在说明中予以介绍，其中需要明确钢管或是金属线槽要与设备外壳及防雷装置联结，可以采用镀锌圆钢焊接搭接，钢管入箱体的部分还要与箱体的金属外壳进行双面焊搭接（进线管与箱体接地联结可见图 7-5），此外金属箱体内部的 PE 线端子需要与进线电缆的 PE 线进行端接，即可完成综合防雷接地的要求，也是等电位联结，降低了预期的接触电压。连接电机如图 7-4 示意。

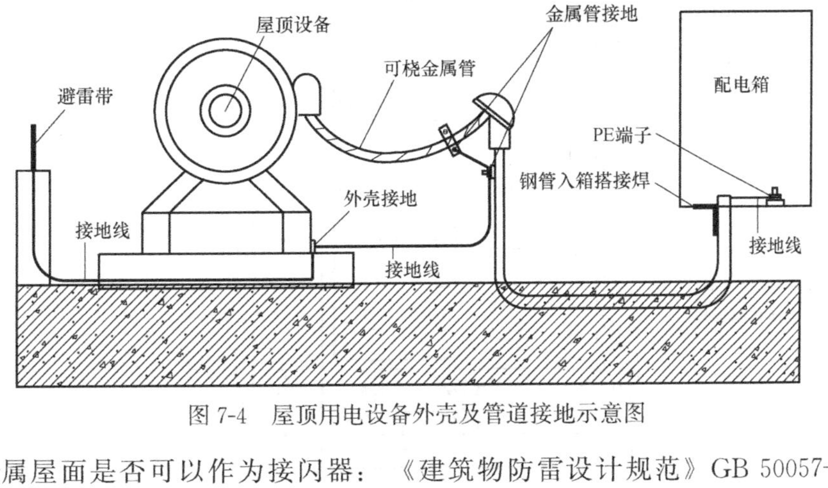

图 7-4　屋顶用电设备外壳及管道接地示意图

9. 金属屋面是否可以作为接闪器：《建筑物防雷设计规范》GB 50057—2010 中 5.2.7.2 条及《民用建筑电气设计标准》GB 51348—2019 中 11.6.6.3 条："当金属板不需要防雷击穿孔和金属板下面无易燃物品时，钢板厚度不应小于 0.5mm，铜板厚度不应小于 0.5mm，铝板厚度不应小于 0.65mm，锌板厚度不应小于 0.7mm"，这条文中可见屋

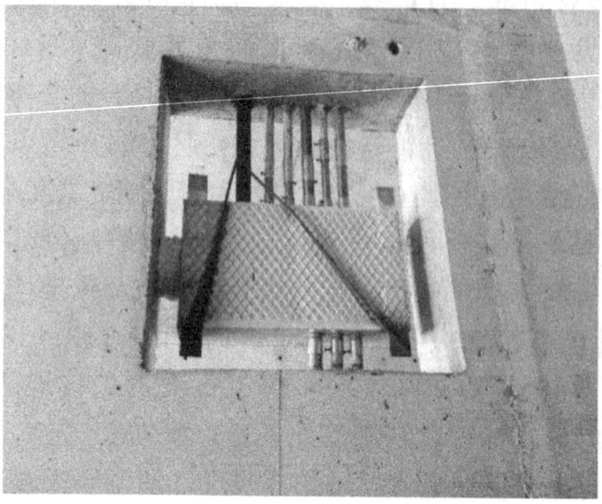

图 7-5　箱体外壳及进线管接地实例

顶金属板是可以作为接闪器的，但前提是不需要防雷击穿的情况，也就是该屋面是可以被雷电击中，并且击穿，但只要能够对屋面以下的物体及人员进行保护就可以，击穿之后屋面会留有孔洞，或是修补或是更换。但已经受到破坏，一般而言，设计均按此要求即可，不过仍建议设计前与甲方咨询，询问是否该金属屋面可以放弃，以免留有漏洞，回头存有不必要的争议，因为如为不可击穿，则厚度将大大加厚，规范大约为可击穿钢板厚度的十倍左右，普通的压型钢板将不能达到要求，设计时候需要注明和落实。

10. 电梯的导轨需要接地：需从基础接地网引镀锌扁钢至电梯井底坑内，与电梯导轨进行等电位联结，电梯机房 LEB 端子箱为工作接地备用，建议与导轨、轿厢、电气设备采用同一接地体，可见《通用用电设备配电设计规范》GB 50055—2011 中 3.3.7 条所述，但考虑机房的接地线建议多采用多股铜线，而导轨则采用镀锌扁钢联结至基础接地网，材质不同则建议分别设置，由于为公共接地系统，最终还是一个接地系统，也并不冲突规范，但如果是住宅项目，也可以简化，将作为引下线的轨道在顶端焊接出镀锌扁钢至机房 LEB 端子箱，而省去多股铜线。公建电梯接地做法如图 7-6 所示。

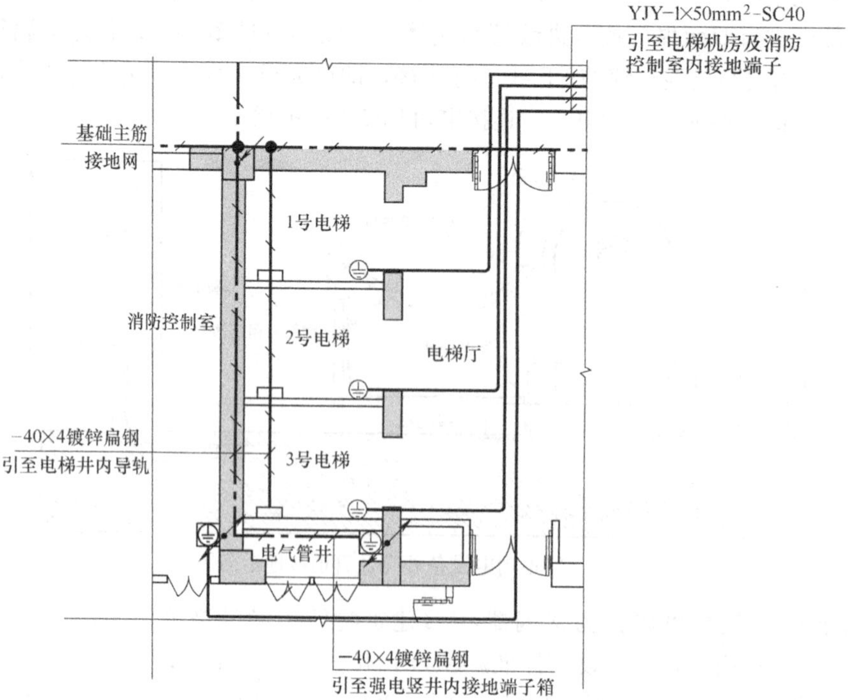

图 7-6　电梯导轨及机房接地示意图

三、接地干线

1. 哪些场所需要设置独立的接地系统？程控电话、计算机房、消防中心、控制中心、音响中心等，是否需要独立接地系统？弱电机房的独立接地系统也就是局部等电位的设置要求，可见《建筑物电子信息系统防雷技术规范》GB 50343—2012 中 5.5.1.3 条所述，程控机房、通信进线间等需要设置局部等电位联结，局部等电位与建筑接地体的接地线不小于 $25mm^2$ 的多股铜线，局部等电位与配线架的接地线不小于 $16mm^2$ 的多股铜线；5.5.2.2 条所述网络机房需要设置局部等电位联结，局部等电位与建筑接地体的接地线为不小于 $25mm^2$ 的多股铜线，设备与局部等电位的接地线为不小于 $1.5mm^2$ 的多股铜线；5.5.3.5 条所述安防机房需要设置局部等电位联结，局部等电位与建筑接地体的接地线为不小于 $25mm^2$ 的多股铜线，设备与局部等电位的接地线为不小于 $6mm^2$ 的多股铜线；5.5.4.5 条所述消防控制室需要设置局部等电位联结，局部等电位与建筑接地体的接地线不小于 $25mm^2$ 的多股铜线，局部等电位与配线架的接地线不小于 $4mm^2$ 的多股铜线（《火灾自动报警系统设计规范》GB 50116—2013 中 10.2.3 及 10.24 条）；另外需要注意 5.5.5.2 条所述的建筑设备管理系统，也就是常说的楼控系统机房为宜设置局部等电位的要求，而不是"应"，审图的要求可以偏低；其余常见的机房还有有线电视机房，在 5.5.6.2 条所述的相关要求，应设置局部等电位联结，接地线的规格同安防机房的要求，主要的机房要求，大约如此，像是音响中心等规范中并未明确描述的设备机房，也建议设置局部等电位联结，审图时可依据工程中重要性自行决定，机房的接地干线可见图 7-5 所示。

2. 说明中弱电接地干线的要求：既然提及了局部等电位与基础接地体的最小接地线截面，那弱电接地干线是否需要单独敷设？还是可以联结至就近的混凝土主筋呢？在《建筑物电子信息系统防雷技术规范》GB 50343—2012 中 5.2.4 条："某些特殊重要的建筑物电子信息系统可设专用垂直接地干线。垂直接地干线由总等电位接地端子板引出，同时与建筑物各层钢筋或均压带连通"。至于什么是特殊重要的建筑物电子信息系统，条文说明也没有明确的介绍，只是提及为了避免干扰，另外介绍专用接地干线为不小于 $50mm^2$ 的多股铜线。可以想到的重要机房：一个是与火灾人员安全有关的消防报警控制中心，在《火灾自动报警系统设计规范》GB 50116—2013 中 10.2.1.2 条："采用专用接地装置时接地电阻值不应大于 4Ω"，其中并无明确的强制采用专用接地线的要求，可以就近取自公用接地网。另外一个需抗干扰的机房是负责网络传输系统的数据机房，一端为光入口，末端也是越来越多的尾纤，为非金属材质，不导雷电流，则雷电流的干扰仅限于剩余的网络设备，实际情况并不严重，所以专用接地干线适用于哪些机房并不算太明确，建议设计师依据工程的特殊性来考量，决定机房的重要性及是否设置专用接地干线，但上述两种机房采用专用干线为最好。

3. 建筑物地下室有防水外墙的情况下自然接地是否满足要求：如结构为筏板基础，防水卷材将基础整体包裹的情况，防雷系统是否必须要做人工接地装置呢？如何才能保证雷电流分流到室外地坪下土壤？可见《建筑物防雷设计规范》GB 50057—2010 中 4.3.5.2 条："当基础采用硅酸盐水泥和周围土壤的含水量不低于 4%及基础的外表面无防腐层或有沥青防腐层时，宜利用基础内的钢筋作为接地装置”。另外此条的条文说明中列举了原苏联、德国的若干篇文献去证明，存有沥青类的防水卷材是可以不单设人工接地装置，这里面需要提及另外一点，现在的高层建筑，基础混凝土体积也是巨大的，主要靠着基础自身的流散电阻起到分流雷电流的作用。具体的原理比较复杂绕口，但可以理解为大型建筑基础体积也大，可以承载那些注入的雷电流，并可以使之逐步耗散，而不会产生雷击的次生危害，笔者在从事电气施工时曾经也对包的严实的基础外墙防水卷材心存不安，认为仅依靠自然接地体是无法达到1Ω的接地电阻值，但当时的设计方仅是要求引出备接的接地扁钢，在工程施工到首层后，笔者还忍不住多次测量接地电阻的阻值，但均控制在1Ω之下，直至竣工接地电阻也没有超过要求，人工接地体也并未补打，故对混凝土基础的流散效果有了新的认识，也是从实战的角度的验证了这条规范的可靠性。

四、等电位联结

1. 总等电位联结：民用项目均应设置应设置总等电位箱，可见《低压配电设计规范》GB 50054—2011第3.2.15中5.2.4.1条，这里不复述。

(1) 总等电位箱设置的场所：规范中并没有明确提及，但考虑需要进行总等电位联结的设备虽然纷杂，但PE主线及电气装置的总接地导体为最重要的连接设备及耗散体，则应该设于总的变电室内，以方便PE主线的联结，作为电气接地的重要节点也方便检测。

(2) 总等电位箱设置的高度：一般建议安装在距地0.3m的高度上，由于变配电室距内墙高0.3m处会设置一圈铜带或是镀锌扁钢，则总等电位箱设置在0.3m的高度方便镀锌扁钢接入总等电位箱，且最好明装，以方便各种接地分支的出入。如图7-8、图7-9所示。

2. 局部等位联结：

局部等电位箱设置的场所：

1) 各主要弱电机房、强弱电井、分配电间均应设局部等电位箱，可见《建筑物防雷设计规范》GB 50057—2010中6.3.4.5条所述：电子系统机房需要设置等电位箱，6.3.4.3条所述：电气井道、分配电箱作为后续防雷界面的等电位联结处需设置局部等电位箱。

2) 卫生间、盥洗室需要设置局部等电位箱。则可见《住宅设计规范》GB 50096—2011中8.7.2.5条的所述，卫生间局部等电位最大的争议是有人认为其不可与防雷接地联结在一起，如柱内主筋。有观点认为雷电流会引入卫生间，潮湿环境下更加的危险，笔者认为首先来说这局部等电位箱既然要利用公共接地，则无论是联结板还是联结柱或是PE线，其实最后都是一个系统相互连通，而在法拉第笼的概念中，雷击的影响对建筑内部的金属设备已不明显，或可以认为并不存在，所以争执局部等电位联结于PE线还是联结板或柱，可以说意义不大，既然是采用公共接地，那建议局部等电位箱的接地干线与柱内或是板内主筋联结即可，而联结PE线的实施过程其实更难，越是复杂越容易出问题，个人也不推荐。

3) 泳池、锅炉房、消防泵房等潮湿场所需要设置局部等电位箱，可见《民用建筑电气设计标准》GB 51348—2019 中 7.7.5.3 条所述或是《系统接地的形式及安全技术要求》GB 14050—2008 中 5.1.3 条，叙述类似，均为要求降低接触电压的场所进行的间接接触保护，故设置局部等电位箱，原因是潮湿环境中人体电阻越小，电流越大，是需要控制电位差的，而局部等电位箱就是控制电位差的最好手段，泳池的接地如图 7-7 所示。

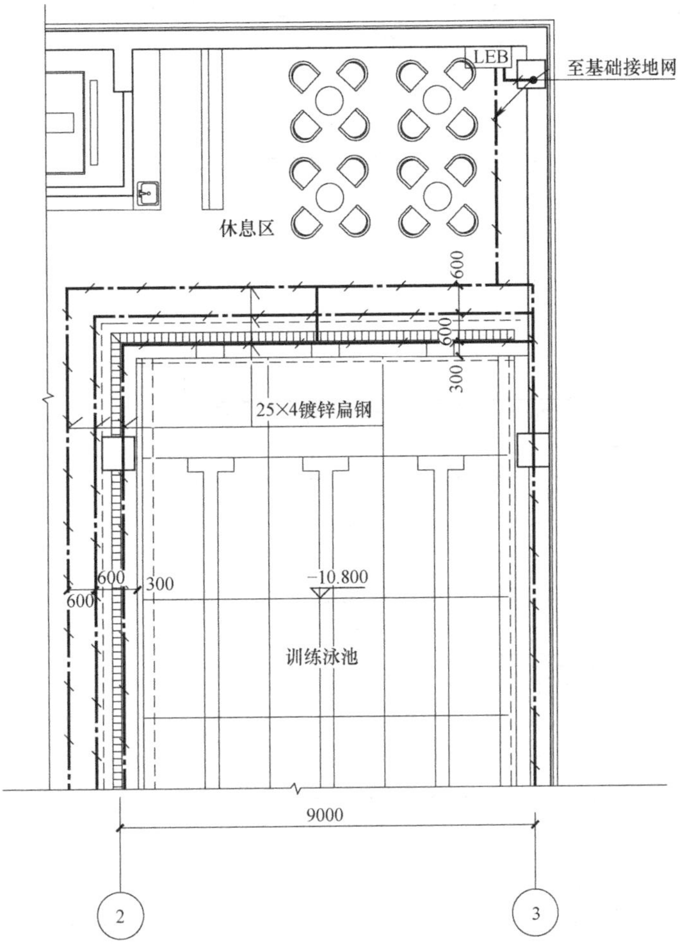

图 7-7　游泳池接地示意图

4）各风机房及水泵房，可见《建筑物防雷设计规范》GB 50057—2010 中 6.3.3 条中 i 款：固定安装有 PE 线的Ⅰ类设备和无 PE 线的Ⅱ类设备。

3. 工作接地与保护接地是否需要分开？这个也是要分情况而定，由于工作接地的电阻要求与保护接地、防雷接地的阻值要求并不同，所以弱电机房的等电位联接板与机房工作接地应分别与基础接地极相连，不应彼此直接相连，但当工作接地、保护接地、防雷接地按最小的接地电阻进行要求时，则是可以共用一组接地装置，可见《建筑物电子信息系统防雷技术规范》GB 50343—2012 中 5.2.5 条："防雷接地与交流工作接地、直流工作接地、安全保护接地共用一组接地装置时，接地装置的接地电阻值必须按接入设备中要求的最小值确定"。审图时看是否均采用综合接地电阻≤1Ω（北京地区综合接地电阻≤0.5Ω），如果是则已经是按综合接地电阻最小值进行的设计，可以认为各接地系统可以就近联结成为一个整体。

4. 大型工程建议补充接地系统图，《建筑物电子信息系统防雷技术规范》GB 50343—2012 中 5.2.5 条的条文解释中有接地系统示意图，但并没有强制要求绘制的规定，只是对于大型工程中需要设置局部等电位箱的部位很多，容易遗漏，相关联结的关系也不能明确的展示，对于法拉第笼的作用不够直观，所以建议设计有局部等电位竖向示意图，容易一目了然地看到 MEB（总等电位）和 LEB（局部等电位箱）的位置及联络的关系，笔者认为有较大的实用意义，建议推荐绘制，如图 7-8 所示。

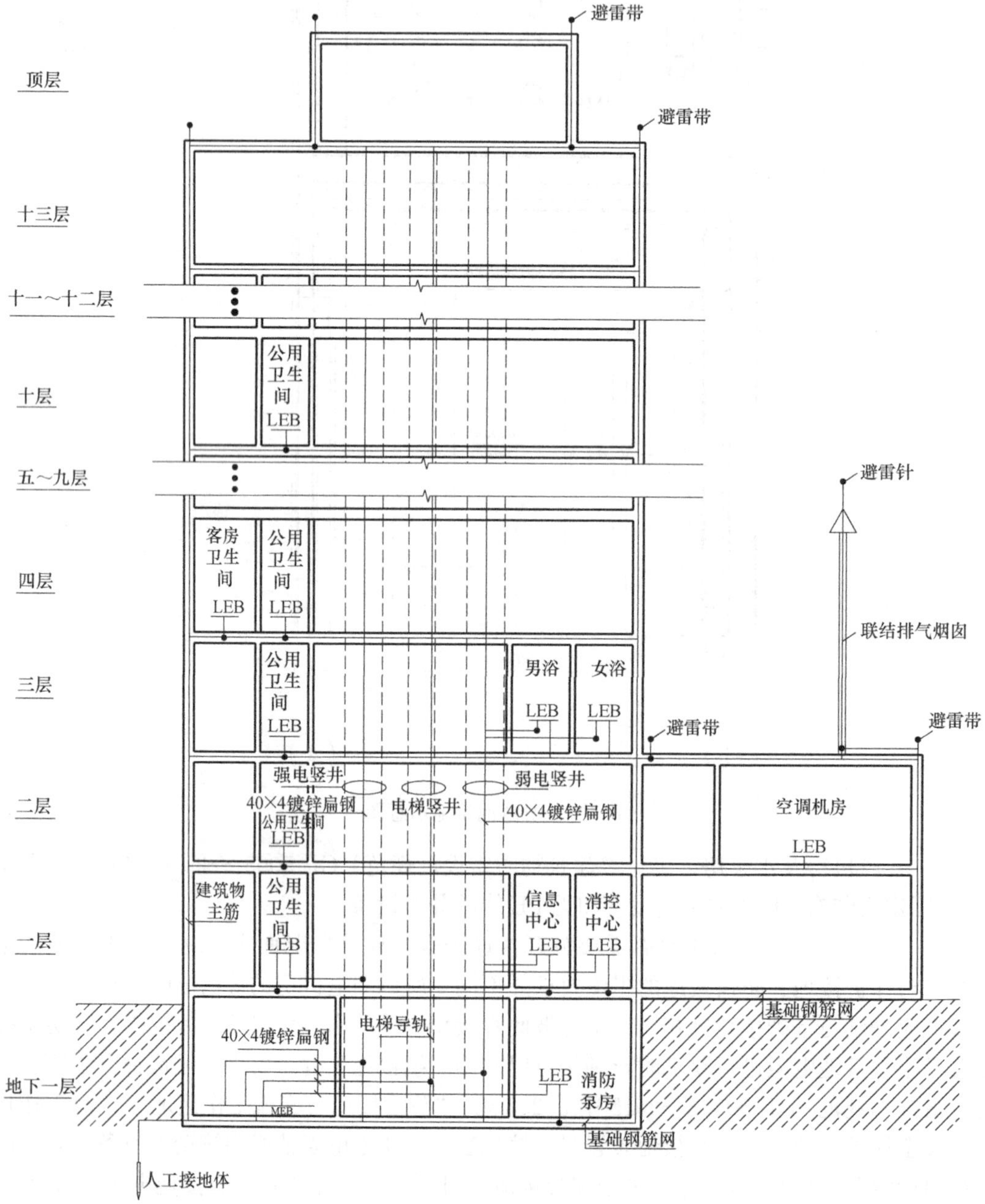

图 7-8　竖向接地干线示意图

5. 自动门和卷帘门及汽车道闸等存有金属构件的设备需要进行接地，由于为电气拖动的设备，存在电气设备漏电后人员触电的可能性，故设备外露的可导电部分要采取可靠的接地措施，这一点设计时常发生遗漏，需要在平面图中有所表示，可参见《民用建筑电气设计标准》GB 51348—2019 中第 9.4.5 条所述："带金属构件的电动伸缩门的配电线路，应设漏电动作保护器，并设置局部等电位联结，二者缺一不可"的描述，将这个要求的内涵进行拓展则汽车道闸、电动天窗等传动机构也需要考虑接地。

6. 变配电室的接地：

(1) 变配电室内变压器中性点接地与外壳接地、低压柜接地等接地线应分别有规格标注，不可采用同一个接地系统，也就是建议变压器中性点设置专用的接地线，外壳接地的要求参见《建筑电气工程施工质量验收规范》GB 50303—2015 中的 4.1.3 条："变压器的箱体、干式变压器的支架、基础型钢及外壳应分别于保护导体可靠连接"，变压器中性点单独接地可见《交流电气装置的接地设计规范》GB/T 50065—2011 中 4.3.7.1 条："发电厂和变电站的电气装置中，下列部位应采用专用敷设的接地导体接地：如直接接地的变压器中性点"，由于变压器中性点接地为工作接地，故建议与外壳接地等保护接地尽量分开，以避免故障时 N 线带电时可能对 MEB 的影响，但如果是建筑内附属的变配电室，基于独立设置接地网有难度，也可采用公共接地网，则变压器中性点单独接地后也可以连接至公共接地网，但仍需要独立于其余外壳或导轨接地独立引出，以使其尽量分开一段距离。

(2) 多台变压器运行的情况，则要采用一点接地，见《交流电气装置的接地设计规范》GB/T 50065—2011 中 7.1.2.2 条第三款："对于具有多电源的 TN 系统，应避免工作电流流过不期望的路径，3) 电源中性点间相互连接的导体与 PE 之间，应只一点连接，并应设置在总配电屏内"。基于不同变压器 N 线分别接地后的产生回流电流，相互叠加或是消减，容易引起回流电流的变化，引起磁场发生变化，产生电磁干扰，故多台变压器的接地要汇于一点，各变压器中性点电流回流至统一的接地点，从地电位角度来说是相同的，可尽量避免杂流及电磁干扰的产生，当然如果母联开关采用了 4P 断路器可以断开 N 线，则回流被断开，也不会产生杂散电流的影响，是另外一种思路，但考虑第四章中二.13 条，由于母联开关平时是开断的状态，则 N 线触头同样容易被氧化，可能出现接触不良的情况，确实互有利弊，实际设计中如果可以满足一点接地，尽量做到。如图 7-9 及7-10所示。

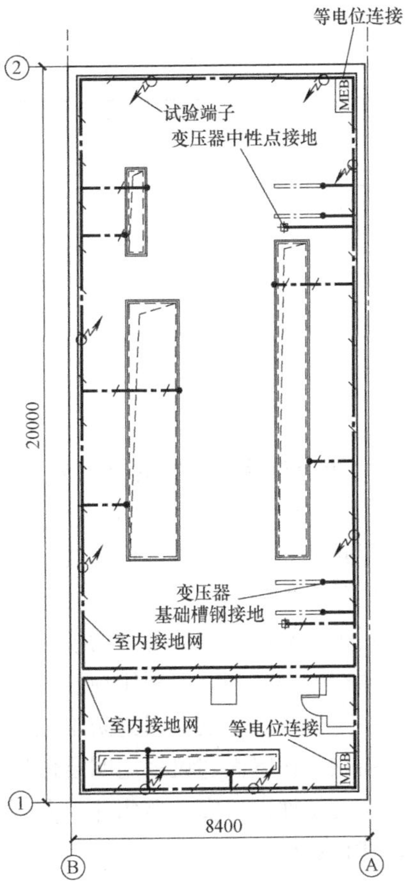

图 7-9　建筑内变配电室接地示意图

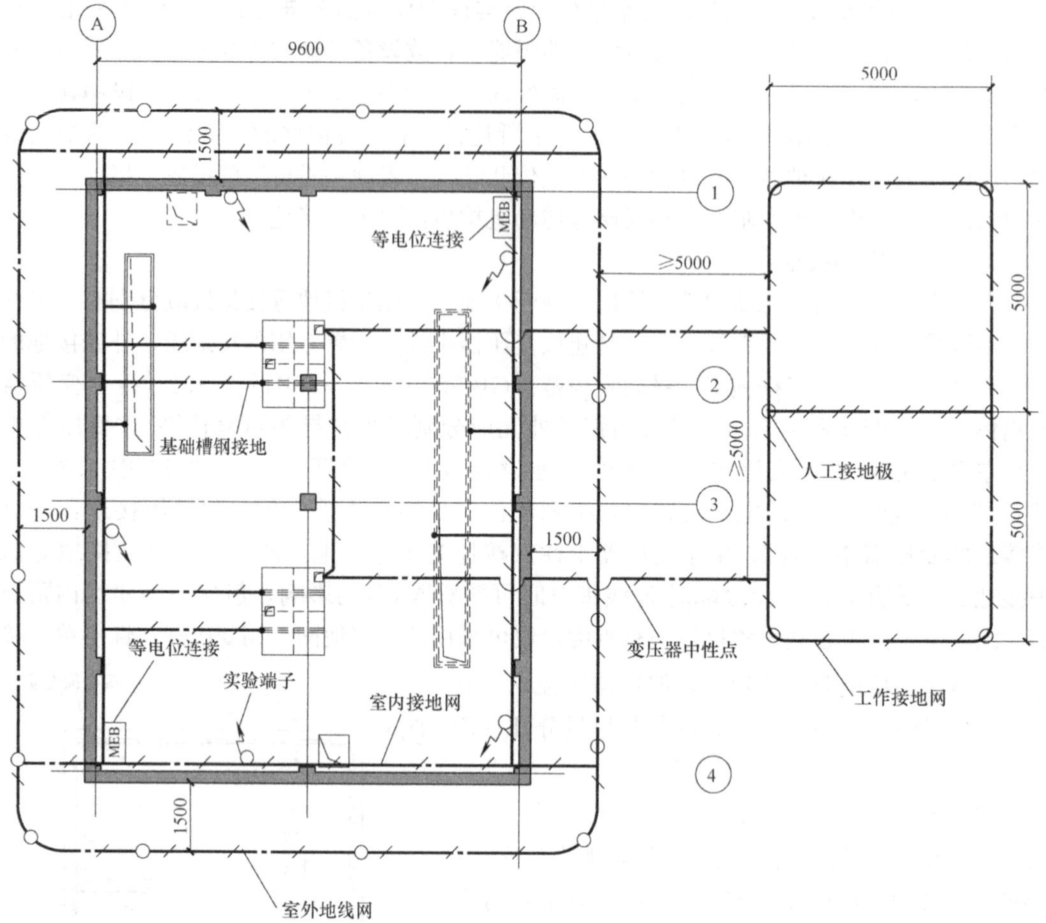

图 7-10　室外独立变配电室接地示意图

五、防雷平面图

1. 屋顶防雷网格的设计做法：

不上人屋面的避雷带内网格宜采用明敷的方式，如果采用暗敷在屋面防水层内，则需要满足规范《建筑物防雷设计规范》GB 50057—2010 中 4.3.5 条的部分内容："当其女儿墙以内的屋顶钢筋网以上的防水和混凝土层允许不保护时，宜利用屋顶钢筋网作为接闪器，雷击后易造成屋面防水的损坏"，该条文可理解为：可以采用专用的避雷带，也可以利用顶层的钢筋网，但利用顶层钢筋网的前提是允许破坏防水及混凝土层，这一点在民用建筑中是比较反感的。因为防水破坏后，修复工作量很大，且容易反复漏水，并不推荐，故避雷网格在屋面建议采用明装做法，立起方形素混凝土小堆，预制或是现浇都可以，其上固定支持件，再安装避雷带，做法也是多样，参照图集即可，对于不常有人停留的屋面，建议该种做法。

2. 外围女儿墙接闪带的明装和贴伏做法：

（1）首先要给更正一下，目前国标规范名称中"避雷带"已改为"接闪带"，审图时也要一并提出的，只是笔者对避雷带的称呼用的太久，故两种称呼可能都会存在此书中，读者不用太过在意，意义相同，均指敷设于建筑物屋顶女儿墙上部的接闪带。

（2）明装虽然好，但很多工程中明装接闪带会影响到立面的美观，故也有设计师采用接闪带贴伏安装的办法来解决这个问题，女儿墙上贴伏接闪带的做法在图集 99D501-1-2-09 中有表示，但其更新的版本 15D501 中已经取消了相关内容，可见该种做法目前也被认为存在一定的隐患，故只能当做参考，不能作为引用。虽然规范对于贴伏装设避雷带并无直接异议，但在《建筑物防雷装置检测技术规范》GB/T 21431—2015 第 5.2.2.8 条："当低层或多层建筑物利用屋顶女儿墙内或防水层内、保温层的钢筋做暗敷接闪器时，要对该建筑物周围的环境进行检查，防止可能发生的混凝土碎块坠落等事故隐患"。虽然该条文与上小节所述的意思相仿，雷击都有可能对建筑物本身的结构造成一定的损伤，因为贴伏于女儿墙的避雷带，接收雷电会产生明显的感应雷效果，感应雷所产生的能量有可能造成女儿墙砖石高空坠落等事故，才是规范的初衷。

（3）此外由于贴伏的避雷带在拐角处不能做成大于 90°的圆弧形，则给拐角处的尖端防雷留有一定的隐患，因为尖端处更容易受到雷击，所以保护方式也更特别，可见《建筑物防雷装置检测技术规范》GB/T 21431—2015 第 5.2.2.9 条："接闪器在拐角处应按建筑造型弯曲其夹角应大于 90°，弯曲半径不宜小于圆钢直径 10 倍，扁钢宽度的 6 倍"，即是对于拐角处的防雷要求更加严格，要给雷电流距离上的更大缓冲，所以拐角的接闪器要突出拐角，围成一个大大于 90°的圆弧。

综上两点考虑，除极特殊的建筑造型要求外，接闪带要尽量突出于女儿墙明装敷设。

3. 接闪带的安装要求：

（1）需要注意明敷的接地线与接闪带的支持件的间距要求并不相同，审图时可予以注意：明装的接地线的支持件间距水平部分在 0.5～1.5m，垂直部分在 1.5～3m，转弯在 0.3～0.5m，可见《电气装置安装工程接地装置施工及验收规范》GB 50169—2006 中 3.3.7.3 条所述。而圆钢接闪器的支持件的间距要求为 1m，拐角处考虑拉结力稍大，建议为 0.5m，可见《建筑物防雷设计规范》GB 50057—2010 中 5.2.6 条所述。

（2）接闪带与女儿墙顶的间距宜为 10～15cm，可见《建筑物防雷设计规范》GB 50057—2010 中 5.2.6 条所述。

（3）避雷带的界面要求：仅需要记住圆钢不小于 ϕ8mm，扁钢厚度不小于 2mm 即可，实际设计中多用 ϕ10mm 和 ϕ16mm 或是扁钢－25×4mm 之规格，可见《建筑物防雷设计规范》GB 50057—2010 中续表 5.2.1 所述。

4. 存有高差的建筑物屋顶：

（1）多个标高的建筑物接闪器设置要求：实际中多指高层建筑物下的裙房屋面，常见的一类防雷建筑并不多，所以民用建筑多为二、三类防雷兼存的情况，需要参照《建筑物防雷设计规范》GB 50057—2010 中 4.5.2.3 条："当防雷建筑物部分的面积占建筑物总面积的 50%以上时，该建筑物宜按本规范第 4.5.1 条的规定采取防雷措施"进行设计，4.5.1 条的核心内容为高防雷要求的屋面面积超 30%时，防雷按高等级要求，否则按其下级要求，主体建筑为主要防雷部分，高度也高，面积虽然可能相对会小，但多大于屋面总面积的 30%，故一般建议裙房与主体结构防雷等级相同，采用同样的防雷要求。另外实际操作中重点审核图纸中的高差，需要设计人在图纸上标注屋顶的标高，才可以发现平面之间的高差问题，尤其是一些阳台其顶是低于屋面的标高的，需要设置接闪器，或是有高差的相邻两个平台交接处，同样需要设计接闪器，如图 7-11 所示。

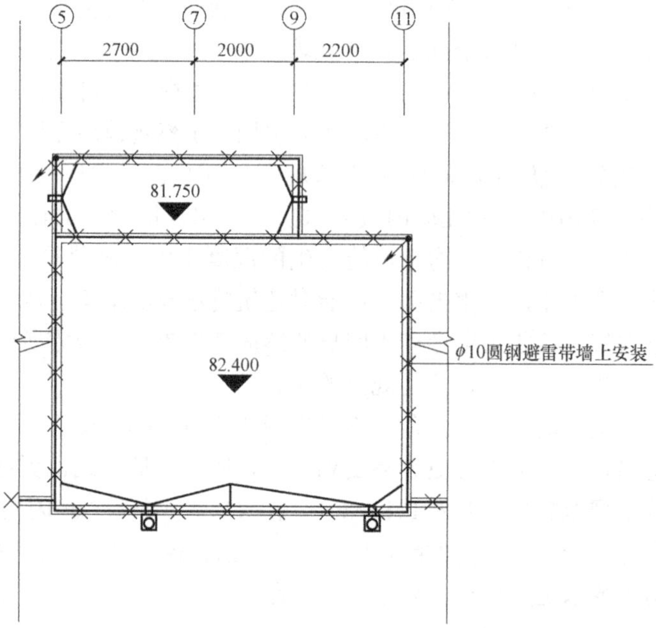

图 7-11　屋面不同高差防雷平面示意图

(2) 屋面上突出的构筑物也要设置接闪器，屋顶的金属物件自不用说，但是这些突出的砖砌风道、烟道、窗户虽不是金属材质，因为是突出物，又存有一定的高度，且有保护的要求，避雷网格无法保护到位，则也需要设计接闪器或是接闪带（局部补充接闪器如图 7-13 所示)，并与四周的接闪器联结为一体，可见《建筑物防雷设计规范》GB 50057—2010 中 4.2.2.2 条："在屋面接闪器保护范围之外的非金属物体应装接闪器，并应和屋面防雷装置相连"。电气图中容易遗漏这些构造物，需要对照建筑专业的图纸进行审查。如图 7-12 所示。

5. 玻璃屋面如何设置接闪器：

现代建筑处于美观或采光的要求，常会出现大面积的玻璃屋顶设计，如果其宽度及长度在防雷网格的范围之内，则可在四周女儿墙上采用明装金属支架固定接闪器的常规避雷做法，如果其宽度及长度已经超过了防雷网格能够保护的范围，则需要在固定玻璃的钢架上设置接闪带，接闪带的支架需要特殊定制，高度尽量低，以避免从下方被轻易看到，从而影响了美观，如钢架本身符合《建筑物防雷设计规范》GB 50057—2010 中 5.2.8 条的相关要求，简而言之就是除一类防雷建筑以外，屋顶上永久性金属物可以作为接闪器，但其各部件之间均应连成电气贯通，安装钢架其折合截面不小于 $50mm^2$，钢架其壁厚不小于 0.5mm，同时也适用于屋面的栏杆兼做防雷的情况，采用接闪带如图 7-14 所示。

6. 由避雷网格要求想到的接地网格：

避雷网格是老生常谈的一个话题，也是审核要点，这里点一下，一带而过，要说明不同防雷等级的避雷网格大小，一类为不大于 5m×5m 或 6m×4m；二类为不大于 10m×10m 或 12m×8m；三类为不大于 20m×20m 或 24m×16m，见《建筑物防雷设计规范》

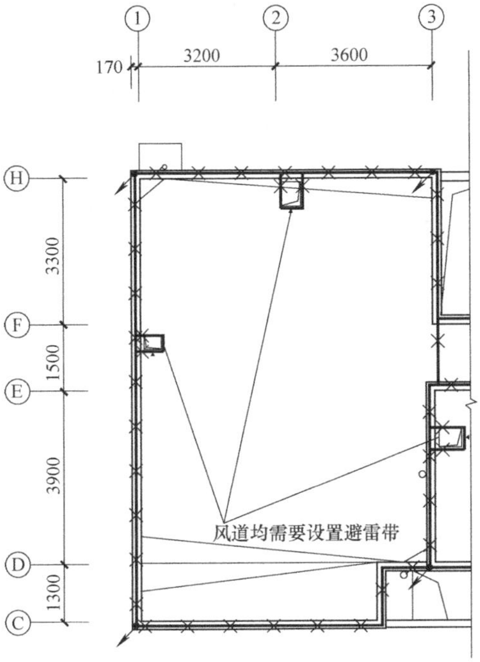

图 7-12　屋面突出构筑物防雷平面示意图

图 7-13　局部防雷接闪器设置实例

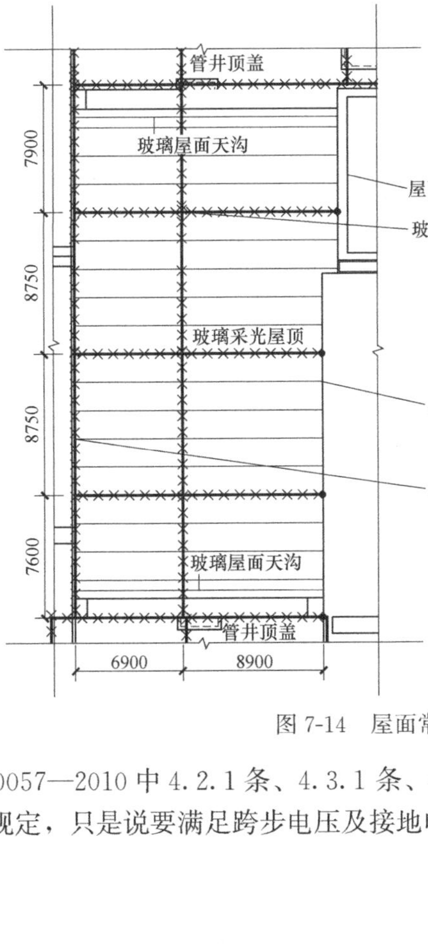

图 7-14　屋面常见接闪带平面示意图

GB 50057—2010 中 4.2.1 条、4.3.1 条、4.4.1 条记述。但是接地网格却没有规范明确的尺寸规定，只是说要满足跨步电压及接地电阻的要求，计算又太过于复杂，如何简单确定网格的大小呢？是不是可以与防雷的网格一样？这点上争议很多，但计算确实比较复杂，多数的懒人做法是采用 10m×10m 或是 20m×20m 的接地网格，规范出处可见《交流电气装置的接地设计规范》GB 50065—2011 中附录 D. 0. 2："接地网接地极的布置可分为等间距布置和不等间距布置。等间距布置时，接地网的水平接地极采用 10～20m 的间距布置"。该条文仅针对等距布置，不等距布置则需要计算，故设计则尽量按等距布置，在 20m 的范围之内即为可行。

第八章　弱电设计的常见审图问题及解析

一、弱电说明常见问题

1. 弱电进线：

（1）弱电进线的设备要求：在弱电系统说明中应注明所采用模块局的注意事项（需设置UPS、设置气体灭火等方面的要求，可参见《通信局站共建共享技术规范》GB/T 51125—2015中相关要求、程控交换机的种类（如今都为数字程控交换机）、电话电缆交接箱（如50对电话电缆交接箱）、语音信息点配置原则（如办公建筑每5～10m² 为一个工作区，每个工作区按1个信息点1个语音点等）、与电信上级机房的连接管线（敷设管路的材质及敷设深度）、总点数（如该工程共1000个信息点500个语音点等）、机房位置等，可见《智能建筑设计标准》GB 50314—2015中4.4.4.2条："应根据建筑物的业务性质、使用功能、管理维护、环境安全条件和使用需求等，进行系统布局、设备配置和缆线设计"。

（2）弱电进线间的要求：

1）由于进线间一般设于外墙侧，应有防止由外向内渗水的措施，如进线管要求一定的倾斜角度或鸭脖弯的做法，如果仍存有隐患宜设有自动排水装置，进线间内预留集水坑和排水泵。进线示意如图8-1所示。

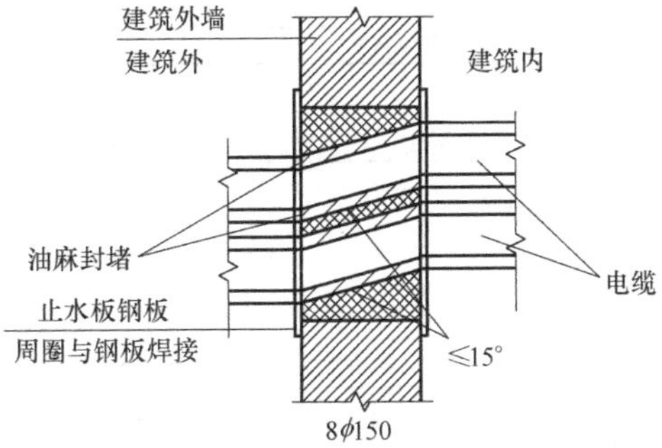

图8-1　进户鸭脖弯做法示意图

2）进线间应采用规范要求的防火级别的防火门，门向外开，宽度不小于1000mm（《民用建筑电气设计标准》GB 51348—2019中表23.4.2要求）。进线间应设置防有害气体措施和通风装置，排风量按每小时不小于5次进行分量容积计算（《民用建筑电气设计标准》GB 51348—2019中表23.4.3要求）。与进线间无关的管道不宜通过，进线间入口管道口所有布放缆线和空闲的管孔应采取防火材料封堵。进线间的位置如图8-2示意。

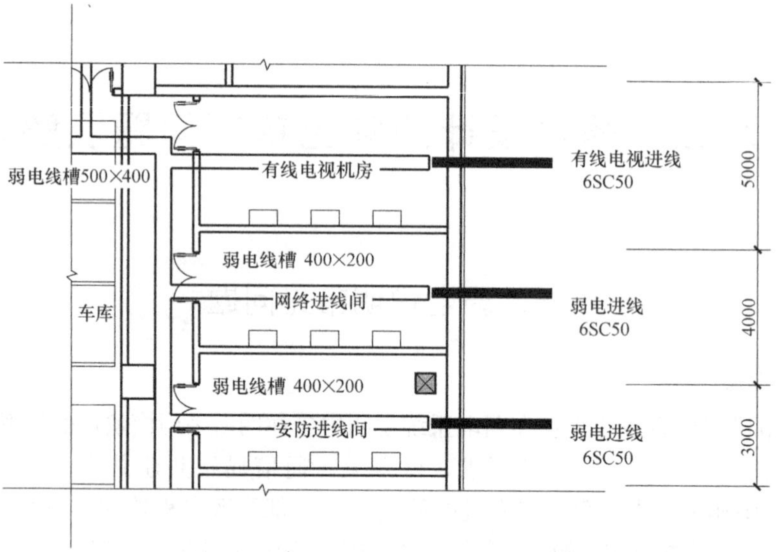

图 8-2　进线间的位置示意图

2. 弱电设计中所有子系统的主要特点：网络系统包含电话系统和数据布线、室内移动通信系统等；安全防范系统一般会包括闭路电视监控系统、防盗报警系统、出入口控制系统、门禁系统、巡更系统、一卡通等子系统；自控系统包含楼宇自控系统、能源管理系统等；会议系统包含有多媒体显示、扩声系统、信息发布系统等；剩下如有线电视、查询系统、时钟系统、UPS 等可单独成为一个系统，可按甲方招标文件要求设置相关系统，需描述各系统的主要特性、采用的技术、前端设置布点数量和机房位置等。

(1) 视频监控系统：主要需说明采用网络式还是模拟式（模拟已经淡出舞台，应用很少）；摄像头的供电采用 POE 供电还是单走独立电源；监控系统数据保存的时间，如 30d 等；监控的位置及点位数量。图 8-3 为几种常见的视频监控方式，可以参考。

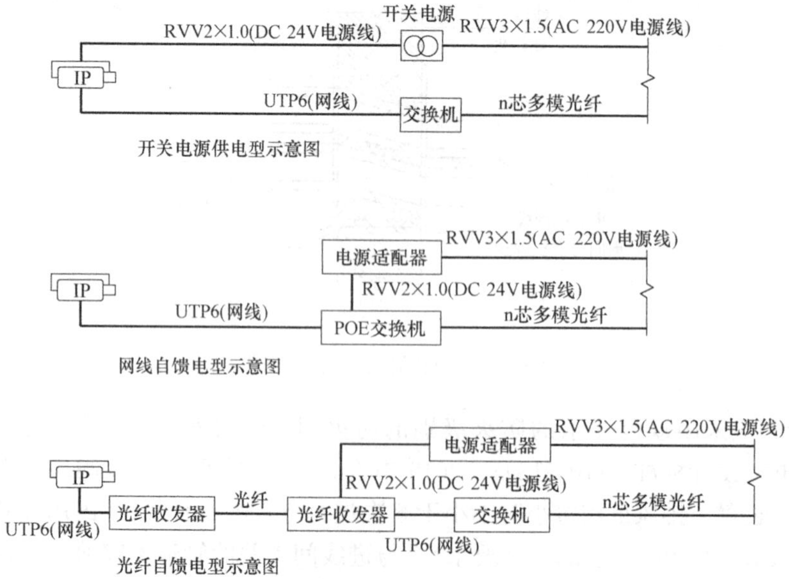

图 8-3　常见视频安防系统示意图

(2) 门禁系统设置：1) 需要说明门禁设置的位置：设置门禁的场所主要为商业与物业管理区的交界门、租区之间的交界门、重要的设备机房、重要的办公场所等，可见《安全防范工程技术规范》GB 50348—2018 中 4.1.3 条中 5.1.8～5.1.11 条所述，此外写字楼大堂与入口、地铁等客运入口等处要设速通门。2) 门禁系统与消防报警系统的联动的要求，当门禁设置于人员疏散的方向时，需要与火灾报警系统或是其他的紧急系统联动打开，可见《出入口控制系统工程设计规范》GB 50396—2007 中 9.0.1.2 条的相关要求，这一点至关重要，在现代化的建筑中，门禁系统基于安全及商业出租的便利被大量使用，如果火灾时不能可靠的联动打开门禁，将会对人身安全造成巨大的隐患，设计时需要尽量简单可靠的解除门禁，一般采用由消控中心进行统一解除，并宜在现场也设置紧急手动打开装置，也是合理性的要求，故除了说明中要有文字方面表述，如果绘制有平面图，也要配有相应消防联动管路，如图 8-4 速通门示意图中有消防报警联动的表示。

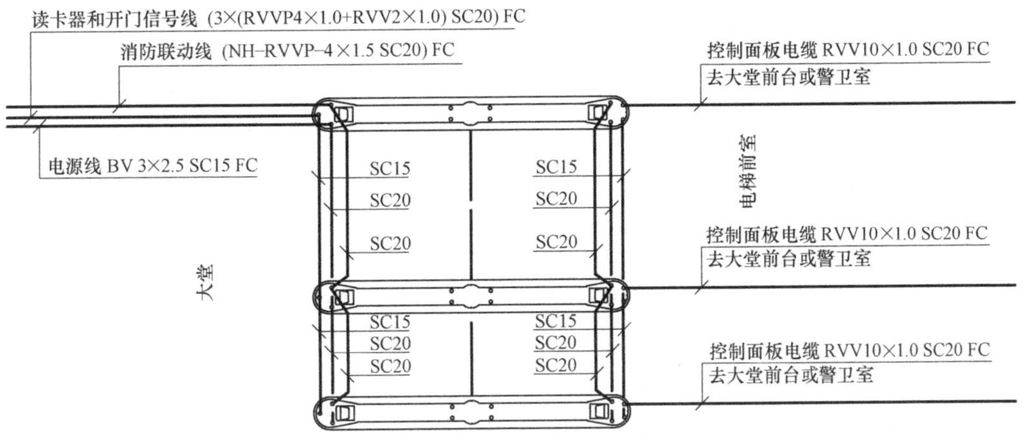

图 8-4　速通门消防联动示意图

(3) 有线电视系统：1) 有线电视信号选取何种分配方式需要有所表述，对于楼层不高但单层面积的较大的建筑建议采用分支-分配的方式，即分段平面辐射型分配方式；对于单层面积不大，但是层数较多的高层建筑建议采用分配-分支的方式，是考虑到分配器箱位置每层相同，上下敷设一根管路即可，节省管材；如果线路较长或设备点分散的场所建议采用分支-分支方式。2) 电视终端的电平水平及图像显示等级需要有所表示，可同下视频监控中内容的相关要求。3) 有线电视机房位置需要说明中有所表示，可以与其余弱电机房合用，但不建议与安防及消防共设一室，主要因为有线电视设备并不需要人员值守。

(4) 综合布线系统的系统说明：要求见《建筑工程设计文件编制深度规定》(2016 年版) 中 5.3.4.8～10 条，并可参见第二章的相关内容。1) 网络交换机设置，数据信息点配置原则、总点数（数据点位、语音点位、信息发布点位、视频监控点位等），无线接入网等说明。2) 配线架是采用卡接式或是模块式，卡接式配线架为在出厂的时候已经安装好了卡接模块，安装线缆时需要把线对按要求插入，但不可更改位置插孔位置，因为做成了固定的，只能调整线对，对比模块配线架价格也会便宜些。模块化配线架则在安装模块和管理配线架的时候会更自由，因为插孔不再固定，可以拆卸移动，比卡接式配线架要灵活方便。3) 采用何种数据接入方式？采用几层的拓扑结构？如一核心两层（核心层、接入层），或是三层结构（核心层、汇聚层、接入层）等。4) 需要说明垂直子线子系统采用的传播介质，如垂直数据干线光缆及语音铜缆或是均为干线光缆，如图 8-5 所示：

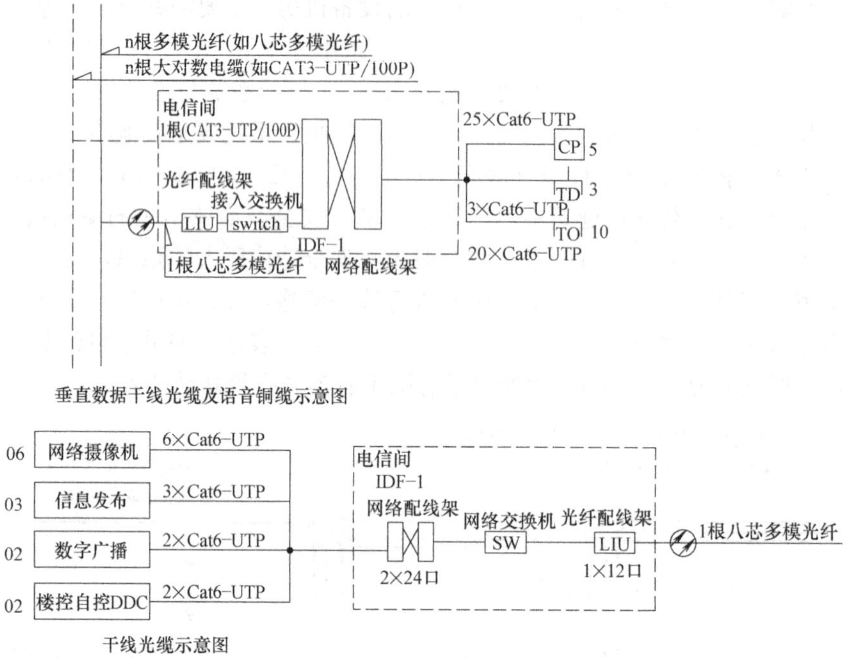

图 8-5　常见综合布线系统示意图

（5）楼宇自控系统：1）重点说明该系统是“只监不控”还是“可监可控”的设计要求。“只监不控”要求相对简单，只需要监测数据，但不需要相应的自动控制，实现可能性大，数据反馈局部有故障也不会没有任何反馈，而“可监可控”则要求根据监测的结果进行自动控制。这控制之中存有巨大的变数，很多项目的自控系统难于实现是个现实问题，因为某一个控制环节的失效就会使整个系统无法调通，则不能达到正常使用的结果，且后期出现一个控制点的失控，对于现场的维护人员都很难以解决，因为毕竟不是厂家，维护的难度很大，故建设方一般会选择“只监不控”，但设计要依据甲方的任务书的要求在说明中将此功能进行如实介绍，不可夸大其词。2）介绍总线采用的方式，如 RS-485 或 LonWorks 现场总线，其均为现在采用较多的总线类型。3）楼宇自控所含的控制系统要有所介绍：如制冷站系统、热交换系统、空调和通风系统、给水排水系统、变配电系统、照明系统、电梯系统等，均为最常见的 BA 控制系统。

（6）车场管理系统：1）重点进行介绍是否采用了自动识别系统，现代化停车场如每辆车都要进行人工判断登记，既费时，又不利于管理和查询，所以该点要求很有必要，也符合现实的需求。2）与门禁系统相似，要说明停车场道闸与火灾自动报警系统联动关系，可见《安全防范工程技术规范》GB 50348—2018 中 6.4.7.8 条：“当通向疏散通道方向为防护面时，系统必须与火灾报警系统及其他紧急疏散系统联动，当发生火警或需紧急疏散时，人员应能不用进行凭证识读操作即可安全通过”，故消防状态下停车场道闸是需要自动打开，并维持打开的状态。

（7）触摸式信息查询系统或信息发布系统：信息发布系统设置的场所需要在说明中有所表述，一般会分布设置于出入口、门厅、贵宾休息区域、会议室门口、走廊始端等区域。触摸式信息查询系统则主要用于营业厅、展厅等建筑场合的信息查询，多设在大堂、出入口等处。

(8) 数字会议系统：主要明确扩声系统的声音参数是否满足要求，厅堂内应该能达到扩声声学特性指标，可以依据《厅堂扩声系统设计规范》GB 50371—2006 中 4.2.3 条的会议类扩声的要求进行设计。

(9) 公共广播系统：

1) 消防广播与背景音乐切换方式需要有所介绍，要说明背景音响与消防应急广播扬声器是否兼容，如果兼容则楼层弱电井内需要设置消防广播模块，以完成自动切换，系统图中要有表示，可见《智能建筑设计标准》GB 50314—2015 中 4.4.4.2 条："紧急广播应满足应急管理的要求，紧急广播应播发的信息为依据相应安全区域划分规定的专用应急广播信令。紧急广播应优先于业务广播、背景广播"，及《火灾自动报警系统设计规范》GB 50116—2013 中 4.8.12 条："消防应急广播与普通广播或背景音乐广播台用时，应具有强制切入消防应急广播的功能"，如图 8-6 示意。

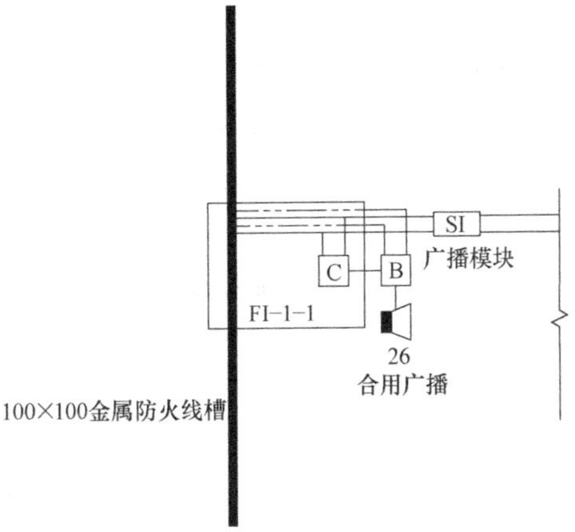

图 8-6 消防系统中消防广播示意图

2)《智能建筑设计标准》GB 50314—2015 中 4.7.6 条："机房工程紧急广播系统备用电源的连续供电时间，必须与消防疏散指示标志、照明备用电源的连续供电时间一致"。该条规定是考虑到消防紧急广播与应急照明在消防使用中的时间要求相同，均参与整个火灾前期的引导和疏散工作，故对于时间要求一致。

3) 消防广播的分贝要求：应高出背景噪音 15dB，可见《火灾自动报警系统设计规范》GB 50116—2013 中 6.6.1.2 条："在环境噪声大于 60dB 的场所设置的扬声器，在其播放范围内最远点的播放声压级应高于背景噪声 15dB"，背景噪声大的场所一般多见于超市、设备机房、加工车间、封闭菜市场等。

4) 火灾紧急广播系统扩音机容量为扬声器计算总容量的 1.3 倍，而备用扩音机容量不小于火灾时需同时广播的范围内火灾紧急扬声器最大容量总和的 1.5 倍，这是一条 98 版老火规中的要求，新火规并未做相关要求，但实际验收时备用扬声器的容量常被列入其中，容易被甲方漏做，会出具备用扬声器尚未安装等验收缺项报告，故建议说明中提及并标明容量。

5) 其余需要表示内容：公共广播需要明确装设音量调节开关的场所；说明广播机房位置；还有室外广播等是否考虑等，如不清楚，需描述按甲方招标文件或要求另行设计等内容。

(10) UPS 电源系统：UPS 电源系统作为为数据机房供电的系统，需注明 UPS 电源引自何处、UPS 容量、电压等级、供电范围、配电电池后备时间几小时等情况，可见《通信局站共建共享技术规范》GB/T 51125—2015 中 4.4.3.5 条中的相关要求。

3. 防雷系统、接地系统应详细介绍：

(1) 防雷系统分防直击雷及信息系统防雷两部分。1) 其中防直击雷是指弱电设备设于屋面或露天场所时，需预防雷电直接击中，如屋顶接收天线等裸露弱电设备需要设置接闪器，可见《民用建筑电气设计标准》GB 51348—2019 中表 11.5.1 条所述。2）信息防雷系统则是指数据、网格、安防、有线电视需要设置信息系统专用的浪涌抑制器，用以防护雷电流侵入，对弱电设备造成大电流的损害，可见《综合布线系统工程设计规范》GB 50311—2016 中 8.0.1 条："当电缆从建筑物外面进入建筑物时，应选用适配的信号线路浪涌保护器"。前文已经有所记述，可参见图 4-21。

（2）接地系统则应注明弱电系统局部等电位联结（LEB）的设置场所及要求，如各种弱电机房、弱电竖井等；弱电竖井接地干线的截面及敷设方式，如竖井内采用-40×4 镀锌扁钢明敷；专用信息机房的接地线铜缆规格及敷设方式，如 35mm^2 多股塑铜线；采用综合接地系统的接地电阻值要求，一般为 1Ω；弱电线路的金属桥架接地的要求，可以参考前文的桥架接地相关内容，重点为两处接地；总等电位联结对于弱电系统的归纳及整合方面的要求需要表述，即弱电机房的局部等电位（LEB）与总等电位（MEB）汇于同一接地系统；有线电视系统等采用含有金属屏蔽层电缆的接地要求，如同轴电缆引入端的金属护套应接地，又如光纤的金属加强线应做接地，可见《民用建筑电气设计规范》JGJ 16—2008 中 15.8.4.2 条所述。

4. 弱电线缆的说明：

（1）非屏蔽线的应用场所，网络线分为非屏蔽双绞线（UTP）和屏蔽双绞线（STP）两大类，综合布线系统中目前多采用 UTP，但如果线缆对于屏蔽的要求很高，譬如传输信息重要或是保密场所，如党政机关或银行的重要机房等场所。另外需要穿越干扰很强的场所，如变配电站、高压线缆、电动机、X 射线机、无线电发射源等区域，则需要考虑考虑采用屏蔽线，同时也需要与建设方确认该类场所是否需要抗干扰或是允许存有小幅干扰，进而确定是否全部采用屏蔽设备和线缆。如果建设方并无要求，则需要核算类似场所综合布线区域内存在的电磁干扰场强是否高于 3V/m。如果高于此值，仍需要采用屏蔽布线系统进行防护，详见《综合布线系统工程设计规范》GB 50311—2016 第 3.5.1.1 条："综合布线区域内存在的电磁干扰场强高于 3V/m 时，宜采用屏蔽布线系统进行防护"，但同时也要慎用屏蔽电缆，因为施工很难做到全程完好的屏蔽，任何一个细节的处理不当，都将使屏蔽的要求无法完成，甚至还不如非屏蔽线的抗干扰效果理想，难达到预期的结果。

（2）5 类和超 5 类传输要求与系统表达有误，如 5 类和超 5 类线及其相关模块仅能支持 100M 宽带，且 5 类布线系统目前多应用于语音主干布线的大对数电缆及相关配线设备，设计前需要与甲方工程师确认局域网络到末端要实现多大的带宽，然后再确定线缆的选择。如支持的带宽为 250M，则 5 类和超 5 类线不能达到标准，系统图需采用为 6 类线，需要注意系统与平面的统一，要求详见《综合布线系统工程设计规范》GB 50311—2016 第 3.2.1 条及表 3.2.1。

（3）光纤到户的要求：要按《住宅区和住宅建筑内光纤到户通信设施工程设计规范》GB 50846—2012 第 1.0.4 条执行，此条要求县级以上的住宅需要按光纤到户进行设计，其实也已是时下一个常规做法，只是把它变为一个规范条文进行硬性要求，需要由井道光分配器按户数要求分出多路皮线光芯，多为单芯光纤，配送至家庭末端多媒体箱内即可，但建议说明与系统均有表述。如图 8-7 所示。

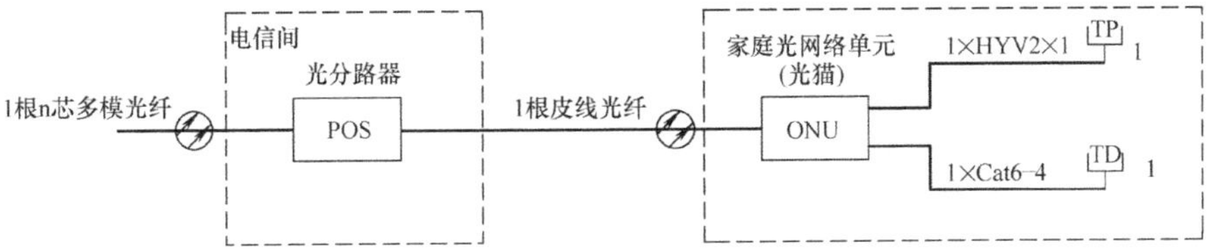

图 8-7　住宅光纤入户系统示意图

二、弱电系统常见问题

1. 电气设计应表示用电设备的电动机主接线图、二次回路原理图：如果有现成的图集参考，或是设计人不熟悉如何绘制，可以采用图集相关做法，但一定要有所表示，可在系统图或说明中表示相关二次原理图的方案号，见《建筑工程设计文件编制深度规定》(2016 年版) 中 4.5.8.1 条："建筑电气设备控制原理图，有标准图集的可直接标注图集方案号或者页次"，而配电箱厂应出具对于原理图的深化图，同样设计人要予以再次核对，而不能听之任之，认为厂家的东西就一定合理，因厂家对常规的原理图十分擅长，但对于工程特有的要求则不如设计人清楚，功能实现仍需核对。审核人则要把控二次接线图是否可完成设计意图；与楼控系统图是否表达一致；与此一次系统图是否相互对应；端子接线图是否齐全；进线、联络等有无安全闭锁装置等内容，几种系统之间的对应关系是需要审查的重点，如图 8-8 所示。

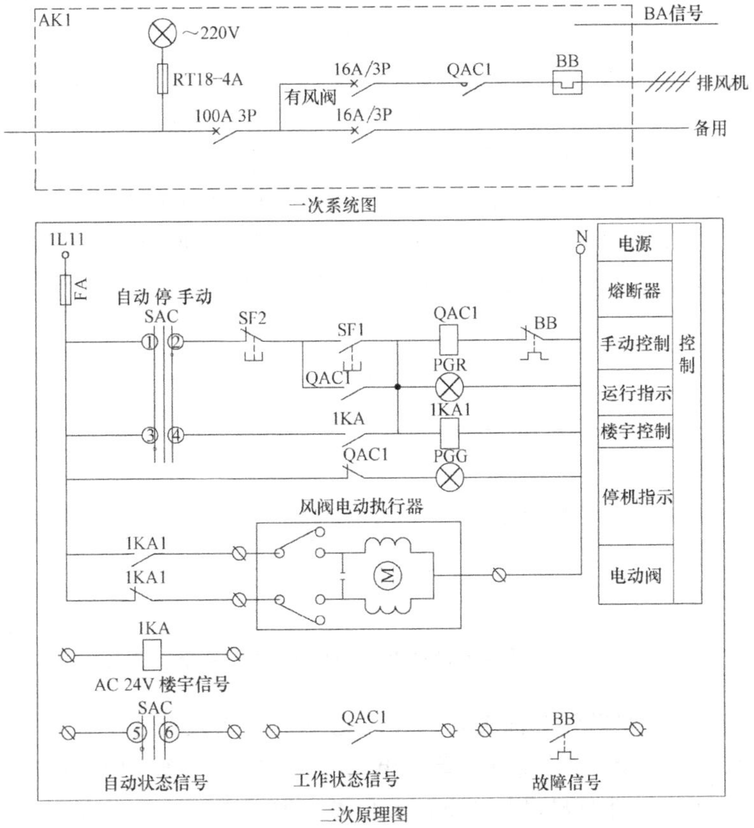

图 8-8　同一功能几种系统相互对应的示意图（一）

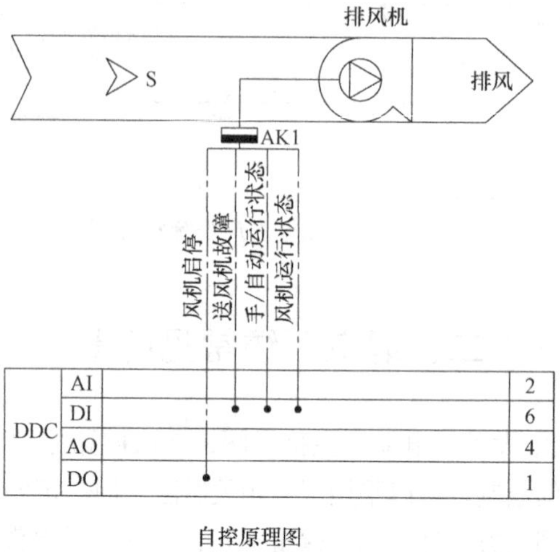

图 8-8　同一功能几种系统相互对应的示意图（二）

2. 住宅弱电系统：

(1) 紧急报警按钮：

1) 住宅应补充户内可视对讲附有紧急报警按钮，见《住宅建筑电气设计规范》JGJ 242—2011 中 14.3.5.2 条所述，在地区要求中《北京市住宅区及住宅安全防范设计标准》DBJ 01—608—2002 中 2.2 条也有类似的要求，每户至少需要安装一处紧急报警装置，多设于客厅及主卧的墙壁上，位置尽量便于操作即可。

2) 此外老年人居住建筑还要在卫生间、居室、浴室补充紧急呼叫装置，在《老年人居住建筑设计标准》GB 50340—2016 中 5.6.2 条或《养老设施建筑设计规范》GB 50867—2013 中 7.3.11 条均有类似要求："养老设施建筑的公共活动用房、居住用房及卫生间应设紧急呼叫装置。公共活动用房及居住用房的呼叫装置高度距地宜为 1.20～1.30m，卫生间的呼叫装置高度距地宜为 0.40～0.50m"。可见紧急报警按钮的安装高度，可设独立系统也可以与门禁共用系统，如图 8-9、图 8-10 所示。

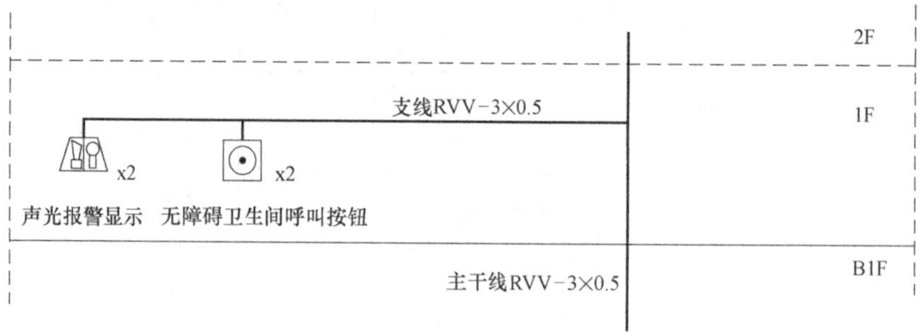

图 8-9　无障碍卫生间的紧急呼叫按钮独立系统示意图

(2) 住宅门禁系统要做到全面覆盖：在《北京市住宅区及住宅安全防范设计标准》DBJ01-608-2002 第 2.2 条："住宅建筑首层单元出入口；底层车库内通往各单元入口处也应安装电动防盗门"。此条标准虽是北京地方标准，但很实用，值得推广。由于目前大型的住宅工程一般都有地下车库，地下车库会设有通往住宅电梯的直接通道，为另一种进入

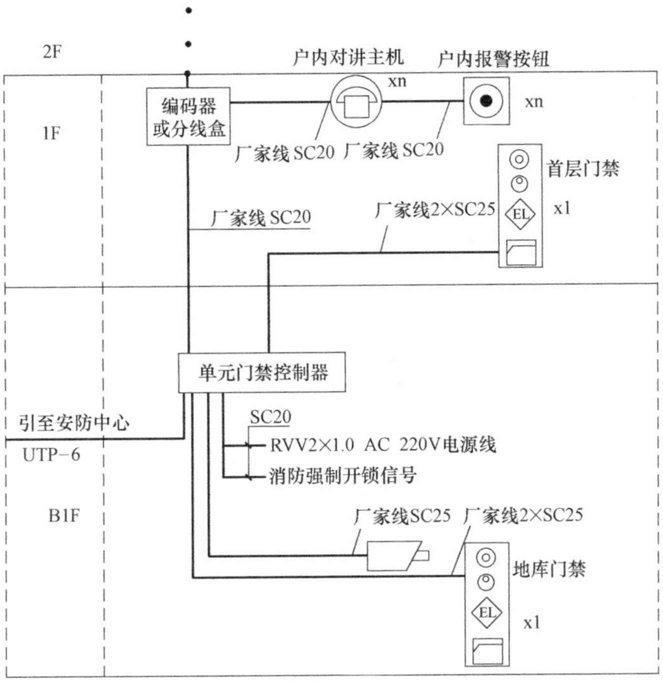

图 8-10　住宅紧急呼叫按钮并入安防系统示意图

楼内的流线方式，基于物业的管理需要，无门禁卡人员被限制进入楼内，实现此要求则需设置门禁系统，否则一层的门禁系统形同虚设，需审核平面图中地库与住宅底座的联通门是否为电动门，并要求电动门设置门禁系统，如图 8-10 所示。门禁系统实例如图 8-11 所示。两种方式：断电自动打开，为切除非消防电源；另外一种为消防联动打开，此时多为消防电源，实际设计中均可，功能实现即可。

（3）应补充供热计量远传的设计内容，依据《供热计量技术规程》JCJ 173—2009 中 7.2.1 条："新建和改扩建的居住建筑或以散热器为主的公共建筑的室内供暖系统应安装自动温暖控制阀进行室温调控"。故每套住宅户内均要安装温控器，其作用是为了让用户可以自己调节室温，既可以节约暖气费，也避免了不必要的浪费，室内的温控器安装高度一般为下边沿距离地面 1.5m 左右，也和开关一样要求保持装置 15cm 内无遮挡物体，其采用电池供电，与室外系统通过无线信号进行联络，室外控制器建议则设在暖井内相对干燥的位置，也要求方便维护，其天线周围 10cm 范围内要求没有金属物或覆盖物，要求尽量靠近暖井管内端子箱，一层设置数据集中器及总的端子箱，并需要设计可对外的发送信号的天线，故安装在有 GPRS 信号的场所，或采用外延天线到单元门口，集中器旁边设置集中刷卡器，需要设计系统及平面图。北京地区可详见《北京市节能政府令 256 号》要

图 8-11　住宅门禁系统实例

求，其余地区可依据本地区的规定执行设计，系统如图8-12所示。

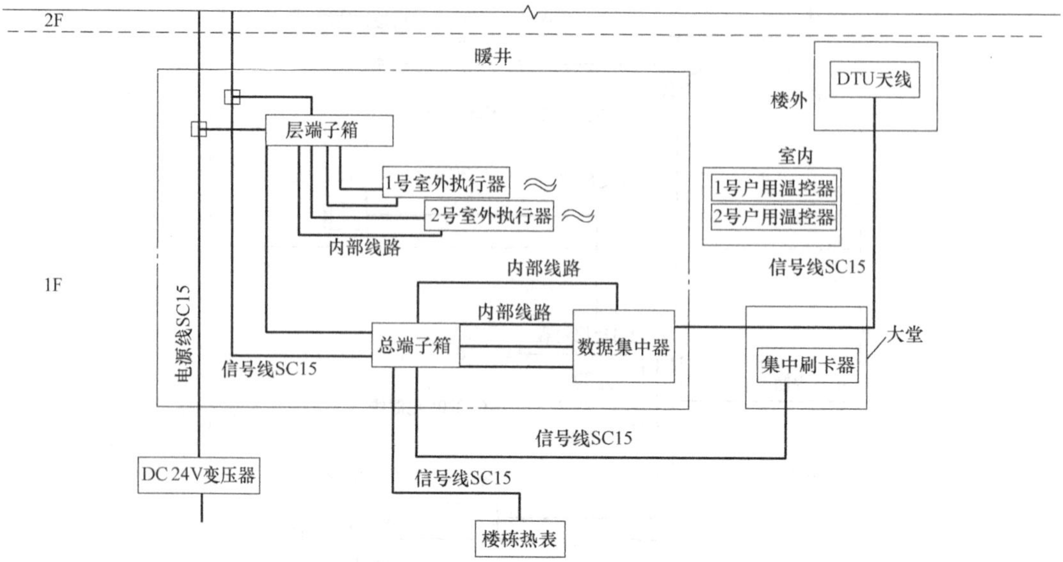

图 8-12　住宅供热计量远传系统示意图

(4) 住宅小区应有不少于 3 家电信运营商的入户管路布置，并补充于系统及平面中，可见《住宅区和住宅建筑内光纤到户通信设施工程设计规范》GB 50846—2012 中 3.2.2 条所述。该条款主要基于电信、移动、网通三家主流的运营商同时进场时，规划要求需满足可同时运营，由于末端的管路及线缆其实是可以公用的，现场也难于另外配线，所以仅需要前端设备及管道要留有足够的富余量，设备可以后来增设，但是管道则需要提前进行预留，故进户的管道数量上至少要满足三家的用及备用的需要，见《综合布线系统工程设计规范》GB 50311—2016 中 4.3.2.3 条所述，至少留有 3 个备用管道，加上 3 个运营商的主进管道，则至少 6 根入户管，机房的面积上也要留有余量，不可仅按一家运营商的设备体积进行估算。

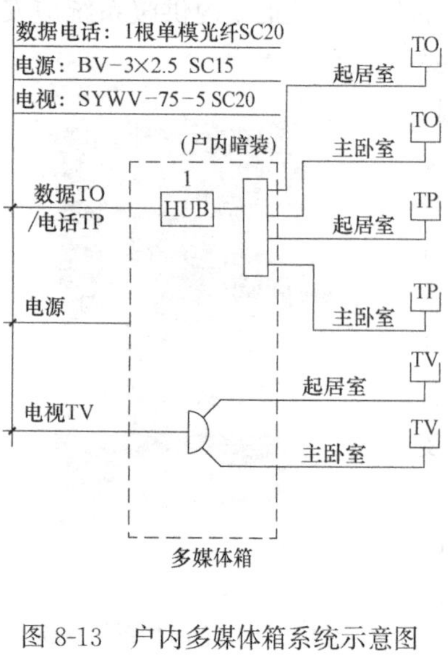

图 8-13　户内多媒体箱系统示意图

(5) 住宅中需要绘制家居配线箱系统图，以表明末端家居配线箱配出的弱电点位数量及其线缆型号，可以明确施工中预埋管线和预留箱体的规格，并且方便电气预算的统计工作，可见《住宅建筑电气设计规范》JGJ 242—2011 中 11.7.1 条："每套住宅应设置家居配线箱"。如图 8-13 所示。

3. 视频监控的设计要求：

(1) 安装高度：室内的摄像头安装高度不可低于 2.5m，而室外的摄像头的安装高度不低于 3.5m，摄像头的安装高度越高视野是越好的，室内摄像头的安装高度是基于室内建筑去吊顶后的实际净高所定，办公建筑普遍去吊顶的净高多不会低于 2.5m，才有了这个最低安装高度，尽量保证视野的宽广。而室外的 3.5m 则是为了方便检修和维护，再高也可以，但一般而言维护的成本也会增高。所以高于 3.5m 时，要根据现场的情况来决定安装高度，需要监控大面积空旷场所的全局摄像头，可以再高，当只监视一个相对较小空间或一个区域的情况时。3.5m 即为合理，最高也不建议高于 10m，可见《视频安防监控系统工程设计规范》GB 50395—2007 中 6.0.1.9 条，及《民用闭路监视电视系统工程技术规范》GB 50198—2011 中 3.2.12.1 条所述。

（2）清晰度要求：

1）安装的摄像头的水平清晰度不可以低于 400 线，图面的灰度不应低于 8 级，图像等级不得低于 4 分，水平清晰度 400 线是指将屏幕高度细分为 400 份，其中 1/400 的水平黑白线条为一个显示单位，但需要考虑一般 400 线是指彩色摄像机，如果是黑白摄像机则最低要求为 500 线，是考虑黑白摄像机区别物体较彩色摄像机更为困难，清晰度相对要求更高。

2）灰度是指从无色到全黑的分层级别，分的最初略的就是 8 级，一直可以到分为 256 级的细致程度，所以 8 级为最低要求，均可实现。

3）4 分的图像等级是指可察觉但不讨厌，一共为 5 级，5 级的要求虽好，但占用的存储内存会增加很多，性价比不是很好，所以规范制定为 4 级，也是较为合理的选择，可见《民用闭路监视电视系统工程技术规范》GB 50198—2011 中 3.1.10 条所述。

（3）监控线缆的距离要求：监控的线缆可以采用网线、同轴电缆及光纤，根据不同的系统设计要求进行选择，网线用于数字监控系统，其配线距离最短，不超过 100m，与综合布线的要求一样；同轴电缆用于模拟监控系统，距离稍长，但不建议超过 500m，否则会衰减严重；数字监控系统多用在建筑群中，如园区或是城市监控，传输距离一般较长，则建议采用光纤配线，可见《民用闭路监视电视系统工程技术规范》GB 50198—2011 中条文解释 3.3.1 条所述。

4. 太阳能发电的相关要求：将光伏发电内容列入弱电章节，主要是考虑逆变器之前电力电压等级较低的原因。

电网要求需有静态和动态无功补偿功能，补偿容量大小为总容量的 15%～30%，一般可取 20%选取，以国电公司的技术规程为例，最终的要求是达到 AC380V 电压等级 $\cos\varphi=\pm0.98$，10V 电压等级 $\cos\varphi=\pm0.95$ 即可。对于没有地方或电力公司规定的情况，设计中可按 $\cos\varphi=\pm0.9$ 进行要求，规范可见《光伏系统并网技术要求》GB/T 19939—2005 中 5.4 条："光伏发电中逆变器的输出大于其额定输出的 50%时，平均功率因数应不小于 0.9（超前或滞后）"，具体实现无功补偿的功能可按两种方式进行要求：一是利用逆变器自身的无功调节功能进行实现；二是增设独立的无功补偿装置来实现，但需要在设计系统中有所表示或是说明。小型光伏发电系统如图 8-14 所示。

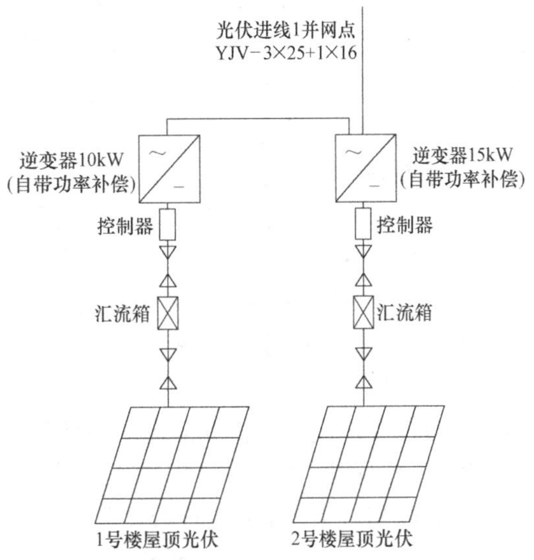

图 8-14　光伏发电系统示意图

三、弱电机房的设置常见问题

1.《智能建筑设计标准》GB 50314—2015 中 4.7.2 条 9 款："设备机房不宜贴邻建筑物的外墙"。该条本身就为一把双刃剑，弱电的设备机房如果设置于贴临建筑物的外墙内侧，则确实容易因外墙渗水后导致设备机房浸泡损毁，但如果不设置于外墙内侧则面临施工工艺的繁琐，因为管道入户后需要重新布管或走线槽进行分线，则要增设分线箱或分线柜，并要因此而增设进线间，多了一层需要管理的房间，弊端也是颇多。针对这些问题，作者认为可以分情况进行考虑，漏水多半源自入户管道的封堵不严密，遇到下大雨可能会发生渗入。这个从施工角度来说确实难以完全避免，如果设计中不存在落地的柜体，即便发生渗水，也不会发生浸泡，则渗水的后果可控。另外设有重要弱电设备的机房，弱电设备只要有电子线路板就怕潮湿环境，潮湿会使之腐蚀，故如有交换机、服务器、计算机等设备的机房不建议贴外墙处，建议单独设置进线间进行过渡。但如仅为分线箱、电视前端箱、网络交接箱等相对不重要设备的机房，或设备已经做密封处理且无惧潮湿影响等情况下，机房也是可以设置于外墙侧的，实际设计和审图时建议酌情处理。

2. 弱电机房的防静电地板要求，静电的电压虽然很高，但是能量很小，如果地面材质的电阻过小，放电时还有可能产生火花，或是火灾安全隐患，而静电地板的阻值较大，一般防静电材料其表面电阻值为 $2.5\times10^4\sim1\times10^9\Omega$ 的材料，静电电荷可以通过具有较大电阻的路径传导，但不会产生火花，所以弱电机房需要设置防静电地板。可见《智能建筑设计标准》GB 50314—2015 中 4.7.9.1 条："机房的主机房和辅助工作区的地板或地面应设置具有静电泄放的接地装置"及《电子信息系统机房设计规范》GB 50174—2008 中 8.3.4 条所述内容。

3. 弱电井道的面积要求：虽然审核无法明确一个弱电井道的面积是否够用，但至少要考虑到网络机柜的安装和检修是否可以实现，因为网络机柜是弱电井道占地面积最大的设备，如按 0.6m×0.6m 一个机柜的外形尺寸计算，考虑到背后开门检修的 0.6m 空间，柜前 0.8m 规范要求，侧方 0.6m 的最小通道，则可为 0.6m＋0.6m＋0.6m＋0.6m＝2.4m 的宽向尺寸（按两组机柜及其余设备贴墙布置考虑），0.6mm＋0.6m＋0.8m＋0.2m＋0.2m＝2.4m 的进深尺寸，其中两个 0.2m 是考虑挂墙的弱电设备所占用空间，所以设备间净面积建议大于 2.4×2.4＝5.7m^2，如不存在挂墙设备，则是 0.6m＋0.6m＋0.8m＝2.0m 的进深尺寸，设备间净面积为 2.0×2.4＝4.8m^2，均与规范要求的不小于 5m^2 接近，所以建议弱电机房的净面积不宜小于 5m^2，规范可见《综合布线系统工程设计规范》GB 50311—2016 中 7.2.6 条所述。如图 8-15 所示。

4. 安防监控室的通信要求：详见《安全防范工程技术规范》GB 50348—2004 中 3.13.1 条："系统监控中心应设置为禁区，应有保证自身安全的防护措施和进行内外联络的通信手段，并应设置紧急报警装置和留有向上一级接处警中心报警的通信接口"。又见《智能建筑设计标准》GB 50314—2015 中 4.6.6 条："总建筑面积大于 20000m^2 的公共建筑或建筑高度超过 100m 的建筑所设置的应急响应系统，必须配置与上一级应急响应系统信息互联的通信接口"。两处要求略有不同，但均是针对安防监控室的重要性所提及的要求，系统控制中心的对外联系非常重要，它是下达指挥命令和向上一级接处警中心报告的

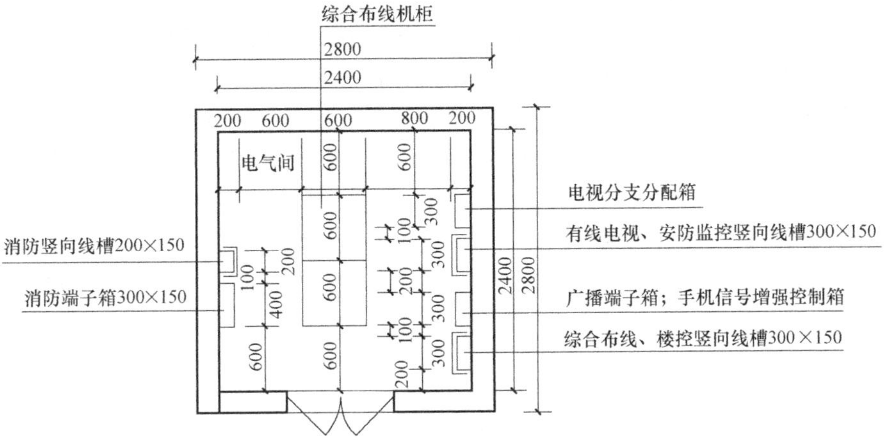

图 8-15　弱电竖井大样示意图

必要保证，故要装设直通上级报警中心的通信接口，通信手段可以是有线的，也可以是无线的，有线通信是指市网电话或报警专线，无线通信是指区域无线对讲机或移动电话。

四、弱电平面布置的问题

1. 强电插座与电视插座的距离要求：最早的一个依据可见《住宅装饰装修工程施工规范》GB 50327—2001 中 16.3.6 条："电源线及插座与电视线及插座的水平间距不应小于 500mm"，规范如此要求应是考虑到两个方面问题。一方面是强弱电插座挨得太近强电插座及电线发生漏电时可能触及电视线及插座，致使弱电的线路带电，使弱电插座存在触电的安全隐患；另一方面则主要考虑干扰，有线电视信号采用的同轴电缆就是一种屏蔽信号线，为了防止强电等电磁信号对视频信号的干扰，使画面质量下降，影响观看，所以有线电视插座尤其注意与强电插座的间距足够，如规范所要求，但实际审图中，很多情况会将有线电视插座误解为所有的弱电插座，均做 500mm 的间隔要求，其实是没有必要的。后文可见其他弱电插座与强电插座的间距是可以小于 500mm 的，因毕竟当下线缆光纤已经是主流，干扰已然不复存在，即便是网线，也是依靠着双绞线的相互绞对，通过物理手段，极大地消除了干扰，实际强电插座的电磁干扰影响并不明显。弱电插座与强电插座的距离如图 8-16 所示。

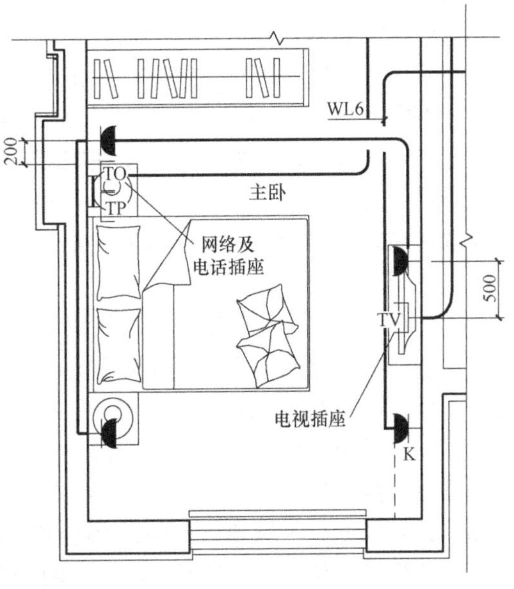

图 8-16　弱电插座与强电插座的距离示意图

2. 信息插座与电源插座的间距要求：由上文可见信息插座与电源插座的间距要求应该用不着那么大，但仍要留有一定的距离，毕竟电源线对双绞线仍有一定的干扰，并存隐患，可按标准图《综合布线系统工程设计施工图集》02X101-3 中 P26 页的相关要求进行设计，信息插座与电源插座的最小间距可为：插座相对外沿水平间距 200mm。如图 8-15 所示。

3. 移动通信覆盖系统的间距需要校核，是需要计算信号的分贝，不可太小达不到规范的要求，也不可太大对人身体长期辐射产生伤害，多在走廊等公共场所的吸顶天线，分叉或是拐弯处进行增设，每个天线一般相距 20～30m，距通道尽头的窗不宜小于 20m，可作为审图的参考，设计的思路类似于广播，见《智能建筑设计标准》GB 50314—2015 中 6.2.4 条："移动通信室内信号覆盖系统应做到公共区域无盲区"，如图 8-17 所示。

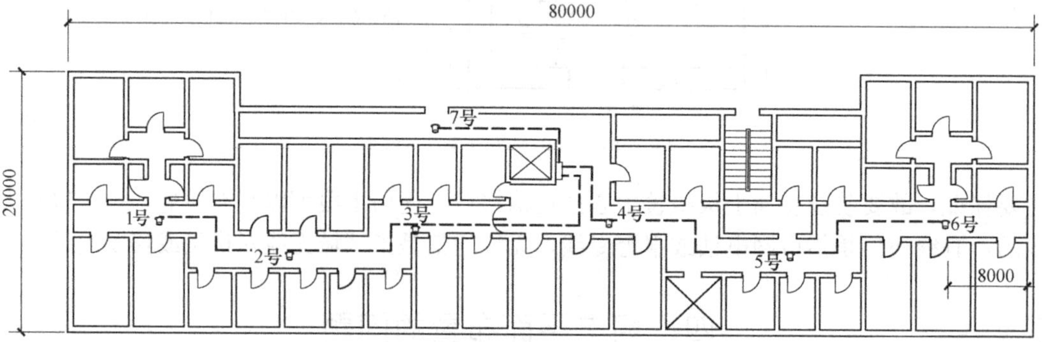

图 8-17　移动通信覆盖系统平面示意图

4. 网络布线的常见问题：

（1）网络系统中如果采用铜缆布线系统，即采用 4 对（8 芯）的双绞线，也是常说的网线，则需要审核平面图中配线架至末端插座的网线距离，一般可以按网线在配线架及井道内按 10m 来推算，而由井道至平面末端信息插座的网线距离不宜超过 90m，即为所说的永久链路的长度不能超过 90m，加上井道内配线架的跳线长度，即信道长度不能超过 100m，超过 100m 则面临着信号的衰减，串行干扰的增大，只要是采用网线的电气设备均适用该长度的要求，如数字视频监控系统、数字对讲系统等。可见《综合布线系统工程设计规范》GB 50311—2016 中 3.2.2 条："综合布线系统信道应由最长 90m 水平缆线、最长 10m 的跳线和设备缆线及最多 4 个连接器件组成"。

（2）末端光纤的芯数要求：对于住宅等单一的用户，因其功能的重要性不强，一对两芯的光纤最为合适，但如果审核项目为公建，使用者为一个公司或是一个群体，数据的可靠性要求提高，并且存在拓展的可能，则建议光纤需要留有备用，甚至会有要求还有冗余的要求，则至少需要设计两对 4 芯光纤（设置原则如 1 对使用、1 对备用、1 对冗余来考虑，1 对光纤为一进一出两芯，所以仅设置数据语音系统时，则最少要采用 6 芯多模光纤，对于重要的数据网络需要考虑双重冗余备份，即两倍冗余，则需采用 8 芯多模光纤）。也可见《综合布线系统工程设计规范》GB 50311—2016 中 4.3.3.1 条所述，分为高配置和低配置，光纤至工作区域满足用户群或大客户使用时，光纤芯数应按高配进行考虑，即有 2 芯备份，按 2 根 2 芯水平光缆进行配置。

（3）大开场办公区域建议预留的集合点（CP），其与末端的插座（TP）最主要的区别是更多的输出点位，因 TP 不允许超过两个配出端口，而 CP 可以有多个及多种输出端口，可以同时提供光纤、网络、同轴电缆等多种输出需求。另外 CP 由于一般设于吊顶内，则会位置更加靠近室内的中心，距离开敞空间的各边角都不算太远，便于配管线。但要注意 CP 设置的位置距离配线架的管道井不能太近，建议大于 15m，主要是考虑距离太近时，设置 CP 的意义不大，完全可以从井道内的配线架直接配至末端端口，没有必要再人为增加中转设备，容易多一个发生故障的点位，也是从设计合理性考虑的规范要求。可见《综合布线系统工程设计规范》GB 50311—2016 中 3.6.4 条："采用集合点时，集合点配线设备与 FD 之间水平线缆的长度应大于 15m"。如图 8-18 所示。

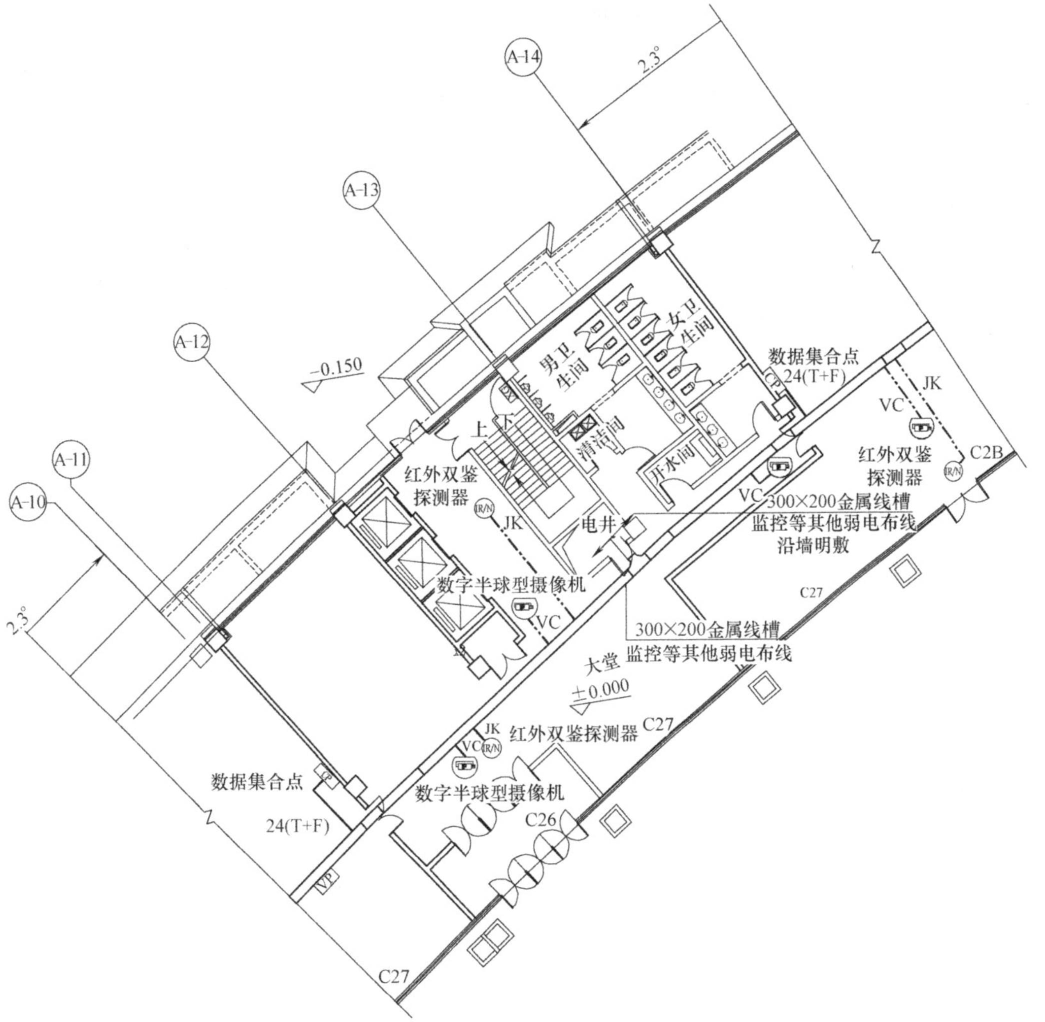

图 8-18　CP 及安防平面示意图

5. 视频安防监控的要求：视频监控的审图要求就是不容有盲区出现，常见的设置场所为视频监控的主要设置场所：主要出入口、停车场、商业周界、电梯轿厢、前台、网络机房、变配电室、生活水泵房、锅炉房、制冷机房、屋面停机坪、大堂入口、走道的末端、楼梯间至室外出口、电梯前室（住宅至少要在一层设置）、扶梯入口、其余公共空间等处，而不宜设置于办公室、财务室、会议室等私人场所或存有商业机密的场所，设计时或可依据建设方的任务书进行布设。规范可见《安全防范工程技术规范》GB 50348—2018 中 4.1.3 条所述。如图 8-18 所示。另安防中心出入口应设置视频监控和出入口控制装置；监控中心内应设置视频监控装置，这两点平面中需要示意，见其 6.14.2 条要求。

6. 红外双鉴探测器的设计要求：双鉴探测器常用的是红外加微波两种功能，红外是指被动接收人体的红外线，微波是主动探测器，像雷达一样，适用于运动物体，所以设置的场所是不能有人长期居住或是停留，如某一层卧室，因有人长期居住停留，人体既是红外的发射体，也是运动的物体，则不适合双鉴探测器，其防入侵的设备建议安装门窗震动探测器等设备，所以红外双鉴探测器作为最常见的防止入侵探测器，需要设置于公建的首层大门、通道尽头、夜间无人值守的办公室等。可见《安全防范工程技术规范》GB 50348—2018 中 4.1.3.2 条所述：出入口的防护选择实体防护和（或）出入口控制和（或）入侵探测和（或）视频监控等防护措施。如图 8-18 所示。

第九章　不同建筑类型的常见审图问题及解析

一、住宅类建筑

之前已有部分章节对住宅电气的设计及审图进行了介绍，这里再做些补充。

1. 进户线缆的要求：可见《住宅设计规范》GB 50096—2011 中 8.7.2 条："导线应采用铜芯绝缘线，每套住宅进户线截面不应小于 $10mm^2$，分支回路截面不应小于 $2.5mm^2$"。

（1）有设计师说如果是小户型住宅，如一房一厅 $30m^2$ 的住宅，设计仍然要求采用 $10mm^2$ 的进户线，是不是会觉得比较浪费，也没有必要呢？首先来说住宅的设计看似是由设计师进行要求并制图，实则是按供电部门的要求进行的匹配，供电局目前常用的电表等级多为单相 10（40）A 的四倍表，如果要采用 15（60）A 的四倍电表，多数地区设计人员都要征得供电部门的同意才可实施，可见真正的瓶颈并非缆线，而是供电单位提供的电表型号，10（40）A 单相电表其中 40A 为额定最大电流，在国标图集 04DX101-1 中 BV-3×$10mm^2$ 电线敷设在隔热墙体中的持续载流量也大约在 40A 左右，即为该条规范的出处，所以如果供电单位的标配电表就为 10（40）A，则与户型的面积关联不大，均需选用 $10mm^2$ 的塑铜线。

（2）另外分支回路不小于的 $2.5mm^2$，则是考虑到照明导线的截面要求，主要是为了保护需要，户内照明微型断路器一般为 10A 左右，选择 $2.5mm^2$ 的电线比较合适，如是选择了 $1.5mm^2$ 电线，保护回路开关可不变，但线缆变细阻抗偏大，反而会影响了断路器的动作，另外使用 $1.5mm^2$ 的塑铜线穿线的时候线芯偏细偏软，不容易带拉，容易拉细或是拉断，也更适合穿 $2.5mm^2$ 的塑铜线，所以分支回路不能小于 $2.5mm^2$。

2. 卫生间不应穿无关管线：无关管线不仅是穿越的插座、弱电管路，也包括了经过的照明管线，该条是考虑到卫生间内为聚水及潮湿场所，也是容易出现漏电短路的场所，可能通过管接头漏水渗入管内，造成短路跳闸，维修需要破坏防水，难度极大，所以才不希望与之无关的管路通行，以避免故障面的扩大。见《住宅建筑电气设计规范》JGJ 242—2011 中 7.2.5 条："与卫生间无关的线缆导管不得进入和穿过卫生间"。这一条规范适用场所为住宅，实际操作中需要将可能穿越卫生间的管线绕行即可，而卫生间的照明则建议是照明支路的最后一点，即便渗水，也只影响一端，如图 9-1 所示。

3. 住宅户箱断路器设计注意：

（1）每套住宅电源总开关装置应采用可同时断开相线和中性线的开关电器：可见《住宅设计规范》GB 50096—2011 中 8.7.3 条，为强制性条文。容易出现歧义的是：设计标注为 1P+N 或是 2P 的微型断路器，哪一个可同时断开相线和中性线，更能够表达规范的意图？1P+N 是指一根相线加上一根中性线，这根相线上端具有正常分断能力，即为带

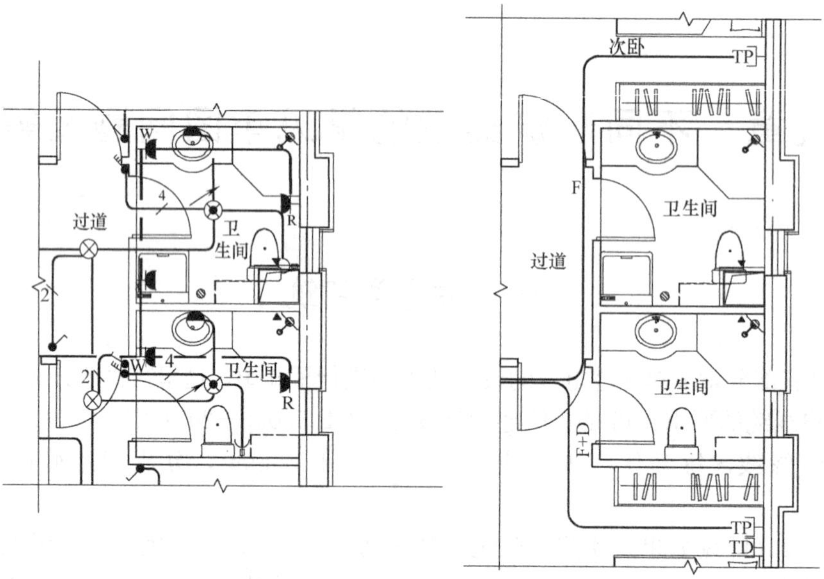

图 9-1　分支管线避让卫生间示意图

有热磁脱扣器，可以进行过载、短路等保护分断功能，在故障后可自动断开，但中性线表示为 N，则只具有正常的断开能力，人为拉闸时的断开状态，但不具有过载和短路的保护分断功能。而 2P 则相当于相线及中性线均带有热磁脱扣器，相线与中性线同时进行过载、短路等保护分断功能，在故障后可自动断开中性线及相线，从介绍就可以发现标注为 2P 的开关才可以满足规范的要求，审图应该予以注意。如图 9-2 所示。

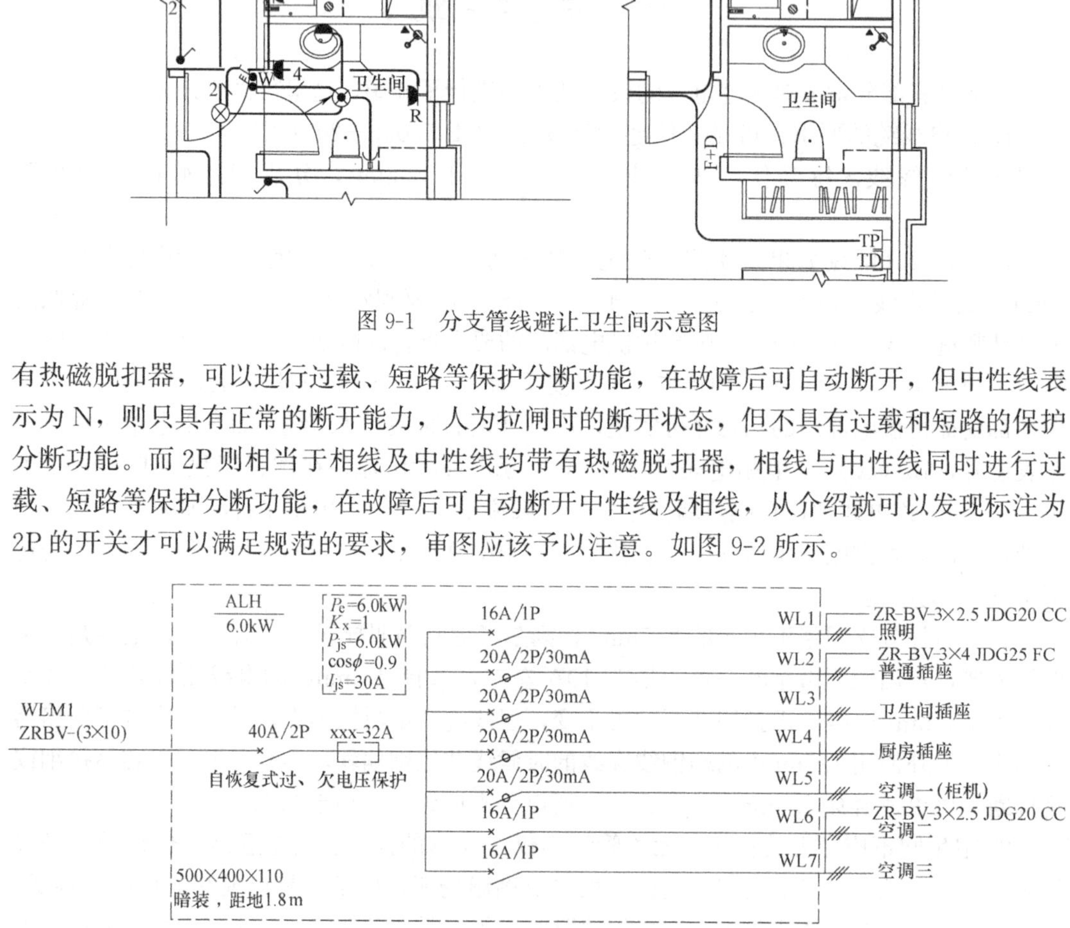

图 9-2　住宅户箱系统示意图

(2) 每套住宅应设置自恢复式过、欠压保护装置，可见《住宅设计规范》GB 50096—2011 中 6.3.2 条所述，将自恢复式过、欠压保护开关设置于户箱的主进进线开关后面，通过产品自身的设计，实现电路在过电压及欠电压时的自动通断，以达到对末端使用电器的自动保护，在尚没有上述这条规范的几年前，笔者就曾遇到过由于供电公司高压侧的故障，使整栋住宅楼的电压突然升高，室内带有保险管的所有电器如机顶盒、热水器、路由器、音箱等保险管全部熔断。虽然通过更换保险管，可继续使用，但是电压突然升高对于设备的危害可见一斑，重要的是故障面很大，多数家用电器均受影响。如果采用自恢复式过、欠压保护装置则可以避免这个事故的出现，至少故障面不会如此之大，末端的保险管也不会熔断，该设备的采用非常有必要。如图 9-2 所示。

4. 住宅设计应满足供电部门要求：如居民用电和公共照明用电不能引自同一个低压配电柜，为北京地区规定，虽各地的供电单位要求差别很大，但多地也有类似的要求，主要基于供电单位方便管理，居民用电属于用户电表计量，而公用照明与电梯、水泵、风机等都属于公共用电范畴，多有地区甚至电价都不同，需要另外设置表计。同时也要区分消防用电与正常用电，因为消防用电与正常用电不可采用同一母线段，建议分开，可见《民用建筑电气设计规范》JGJ 16—2008 第 7.2.1.1 条："照明、电力、消防及其他防灾用电负荷，应分别自成配电系统"中的相关要求，如图 9-3 所示。

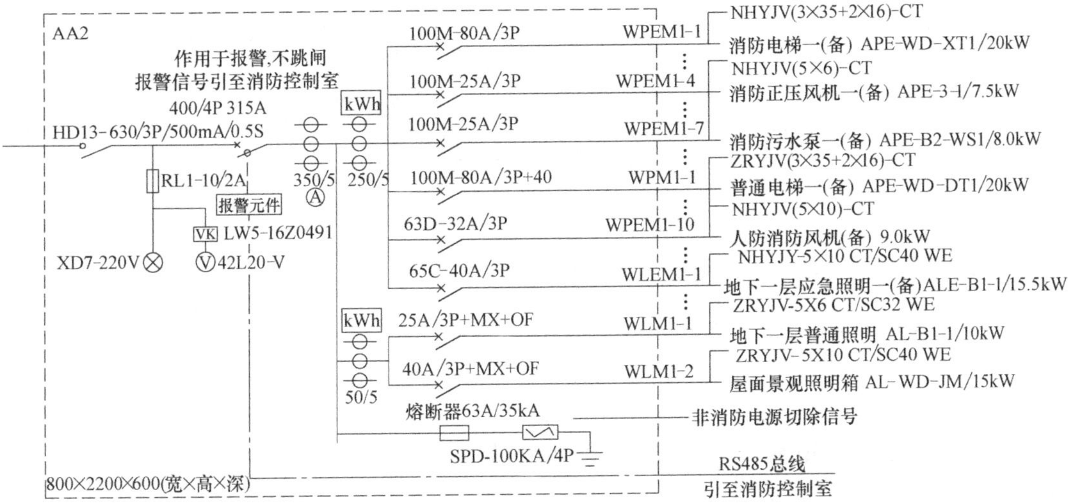

图 9-3 住宅公共用电消防与非消防分开系统示意图

5. 火灾漏电：

（1）住宅电气火灾监控系统的设置：如已按住宅规范的要求设置了剩余电流动作或报警装置，可见《住宅设计规范》GB 50096—2011 中 8.7.2.6 条所述，就不需再重复设置电气火灾监控系统，两种系统不同，前文有述。电气火灾监控探测器可完成电压、电流等多种参数的监控，适用在低压侧，剩余电流动作或报警系统是完成电气火灾监控系统中的一个功能，住宅作为末端配电，主要防止电气火灾，项目的重要性来看并无必要设置电气火灾监控系统，也没有必要在住宅项目用户处继续累加其余功能，建议选用剩余电流动作或报警系统（漏电保护设置）即可。

（2）防止电气火灾的剩余电流动作或报警系统：

1）层箱及户箱的总开关不需设剩余电流保护，在单元总配电箱的总开关处需设防止电气火灾的剩余电流保护，如果预计正常使用时累积的剩余电流值较大，可能出现误判，则将剩余电流保护装设于支干线开关处。

2）剩余电流保护现行规范要求为动作或是报警，但考虑误动作会大面积停电，影响居民生活，则目前更常见采用报警模式。

3）因剩余电流保护的动作电流值在以下两本规范中要求并不同，笔者建议剩余电流保护动作电流值宜为 300mA，在《民用建筑电气设计标准》GB 51348—2019 中 13.5.6 条："电气火灾监控系统的剩余电流动作值应为 300mA"。而在《低压配电设计规范》GB

50054—2011 第 6.4.3 条：“为减少接地故障引起的电气火灾危险而装设的剩余电流监测或保护电器，其动作电流不应大于 300mA”。曾经两值不同，有 500mA 的说法，目前统一了，但考虑到如系统分支太多，漏电电流累计值偏大，又不能采用总开关侧设置 500mA 漏电的做法，则尽量将漏电模块设于支路侧，要求电气火灾的剩余电流值的上限不超 300mA，更为合理，既然现在很少采用剩余电流动作，更多采用剩余电流报警，那么 300mA 的维度更小，更容易提前发现问题。如图 9-4 所示。

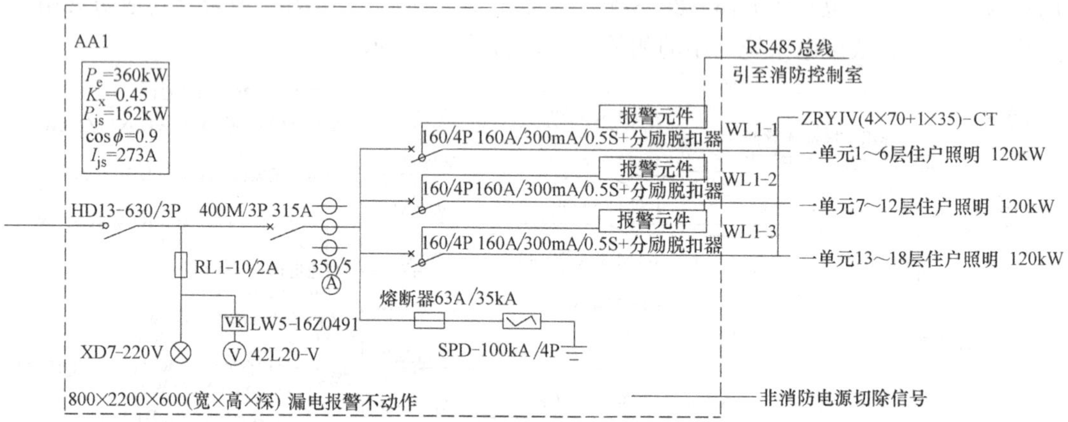

图 9-4　照明总柜剩余电流保护系统示意图

6. π 接室、光力柜室、分界室、防排烟风机房等均应设应急照明：π 接室、光力柜室、分界室等住宅电气用房，各地叫法并不统一，不过都是必要存在的，规范出处可见《民用建筑电气设计标准》GB 51348—2019 中 13.2.3.4 条：消防控制室、消防水泵房、变配电室、消防风机房、总变配电室、A、B 类数据机房等及消防时有人员值守的机房等应设置备用照明，可见分配电室无需考虑，小区分弱电机房无需考虑，但需要注意各类值班室如为消防时有人值守的房间，需要设置。

7. 住宅厨房的插座应采用防溅水型，即应满足 IP54 的要求，在《住宅设计规范》GB 50096—2011 中表 8.7.6 要求：表明卫生间及厨房的插座均要采用防溅水型插座，卫生间作为洗澡容易溅水的场所并不奇怪，但是厨房采用防溅水型多有争论，因为厨房也仅距离水槽的位置才可能有溅水触电的可能，其上方相当于卫生间内的 1 区内，鉴于 1 区之内一般也不设计插座，一是安全考虑，二是水槽周围用电设备本来就少。故厨房之内插座要求采用防溅水型多有微词，加盖后使用也不便利，一些长期通电设备防溅盖反而碍事。实际的装修设计中一般多采用带安全门的插座予以代替，但从规范的角度来说，此条并无可商榷的余地，审图仍需提出答：现规范规定，卫生间、厨房插座应采用防溅型的。某工程插座的布置如图 9-5 所示。

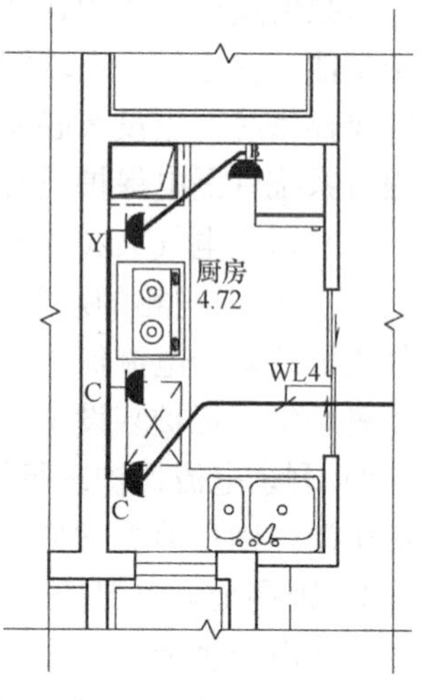

图 9-5　住宅厨房插座示意图

8. 住宅进线电流要采用合理的设计模数，计算电流不可太大，住宅的需要系数可按国标图集 19DX101-1 中的要求进行选取，但如果计算电流值太大，开关整定电流接近 315A 时，则空气开关的整定值就达到了住宅常规设计的极限，电缆正好选到了 240mm² 或是两根 120mm²，再大则需得到当地供电公司允许，施工会有难度，供电局也很难同意。如图 9-4 所示，60（户）×6（kW）＝360（kW），需要系数 K_x＝0.45，计算电流 I_{js}＝273A，则比较符合 315A 开关的选择，60 户方案涵盖了一梯四户 15 层，一梯三户 18 层，一梯两户 28 层等几种常见建筑模式，均为一个模数，是一种合理性的体现。

9. 卫生间插座与照明不宜引自同一回路：可见《住宅设计规范》GB 50096—2011 中 8.7.2.3 条的相关要求，前文也有述。但在《住宅电气设计规范》JGJ 242—2011 中 9.4.4 条的条文解释中存在：“装有淋浴或浴盆卫生间的浴霸可与卫生间的照明同回路，宜装设剩余电流动作保护器”。这两条从文字内容上来看是相互矛盾的，也是同年的规范，执行起来还是先依据国家规范，插座与照明建议分开回路，这里着重需要说明的是浴霸作为大功率卫生间电器，实际的装修中常设于卫生间照明回路中。有设计师说照明回路的开关整定值一般较插座回路小，含有大功率浴霸的照明回路，开关有可能过载跳闸，扩大故障面，且由于不带漏电保护，浴霸在潮湿环境下易发生漏电，照明开关不跳闸，则对人身安全存在隐患。也有设计师说如设置在插座回路中，则不方便浴霸中普通照明灯的开启及关闭，因为浴霸照明还建议设于在照明回路中，且太容易跳闸，看似都有理，但一个设备不可能分接两个回路，笔者综合来看，实际使用中浴霸多设于照明回路，多年来并没有出现上述隐含的问题，还需要更多案例进行支持，故浴霸的设置建议采用《住宅电气设计规范》中的解释，浴霸可与卫生间的照明同回路，建议要装设剩余电流动作保护器。

10. 家用燃气热水器的插座位置，由于热水器安装位置不能有水管和电线经过，预留插座的时候首先要避开热水器及燃气表，同时暗敷的电气线管及电源插座也要避开燃气管线，电气管线应保持与燃气管线水平净距大于 5cm，电源插座应保持与燃气管线的最小水平净距应为 15 cm 以上。可见《城镇燃气设计规范》GB 50028—2006 中表 10.2.36“室内燃气管道与电气设备、相邻管道之间的净距”的要求。此外要接地线不可接于煤气管道上，以免因电火花引发严重的火灾事故。

二、学校类建筑

1. 室内实验室教师讲台处应设实验室配电箱总开关的紧急切断电源的按钮或其他的紧急切断电源配置，可见《中小学校设计规范》GB 50099—2011 第中 10.3.6.6 条：“综合实验室的电源插座宜设在靠墙的固定实验桌上。总用电控制开关均应设置在教师演示桌内”。在《教育建筑电气设计规范》JGJ 310—2013 中 5.2.6.4 条：“教师讲台处宜设实验室配电箱总开关的紧急切断电源的按钮”。对比两条文，可认为通过设于讲台处的现场按钮切断实验室配电箱总开关，总用电开关控制的是与实验设备相关的配电回路或独立配电箱，而非整个房间的所有用电设备，可通过按钮控制接触器线圈，通过接触器主开关的开合，达到紧急情况下切断开关电源的要求，如果没有设计接触器，也可在主进塑壳断路器上加装分励脱扣器，通过按钮控制分励脱扣器线圈动作，断开主开关。如图 9-6 所示。

2. 学校类建筑特殊的局部等电位联结：可见《教育建筑电气设计规范》JGJ 310—

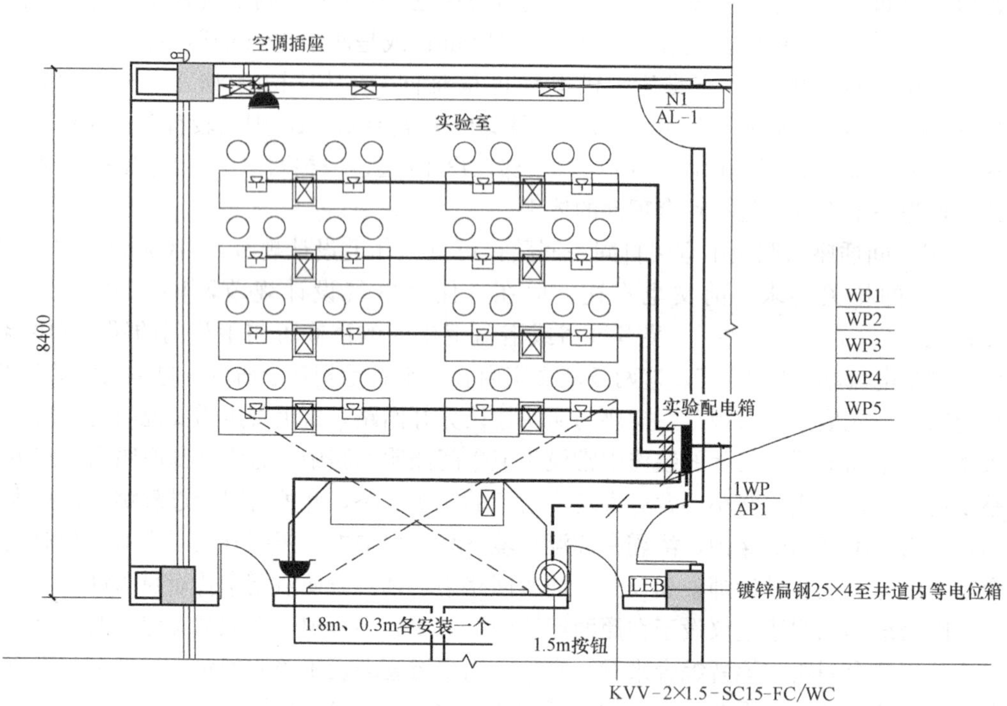

图 9-6　实验室配电设备示意图

2013 中 9.4.4 条的相关要求，特别注意实验室需要预留局部等电位联结装置。如图 9-6 所示。

3. 当项目是小学时，配电箱不宜安装在教室外走廊墙上，如没有条件必须安装在廊墙上，配电箱则建议上锁，且配电箱安装的高度可同住宅一样设置于 1.8m 以上，与《教育建筑电气设计规范》JGJ 310—2013 中 5.2.4 条："幼儿活动场所电源插座底边距地不应低于 1.8m"，是一样的道理。故在如低年级教室的走廊上设置配电箱，如高度太低小学生一伸手就能碰到，又不上锁的话，他们很好奇于这些设备，容易触碰玩耍，是十分危险的行为。

4. 考虑到尽量避免眩光的影响，教室照明的布置方向宜沿平行外窗方向，即建议灯具与黑板垂直安装，可见《中小学校设计规范》GB 50099—2011 中 10.3.3.3 条："灯管应采用长轴垂直于黑板的方向布置"，但黑板照明例外，考虑到黑板照度的均匀度，则建议采用平行于黑板，距离黑板 0.8m 处布设灯具，黑板照明开关应单独装设。教室的灯具布置时需注意如果采用吊装式荧光灯，则建议按上述规范执行设计，但如采用是嵌入式的格栅灯，由于格栅已经去除眩光的影响，可从光线射出的角度更适合阅读来进行考虑，则建议采用与黑板平行设置，或也可理解为与窗户垂直设置，但前提一定要采用无眩光的照明灯具。常规教室照明如图 9-7 所示。

5. 学校类建筑井道的设置：见《中小学校设计规范》GB 50099—2011 第 10.3.2 条第 4 款规定："中小学校的建筑应预留配电系统的竖向贯通井道及配电设备位置"。那么是否不论层数多少，面积大小均要设置电气井道呢？如前文所述，有些中小学配电箱设置于公共通道是不安全的，所以如设有电气竖井则可以将配电箱体置于井道之内，确实有好

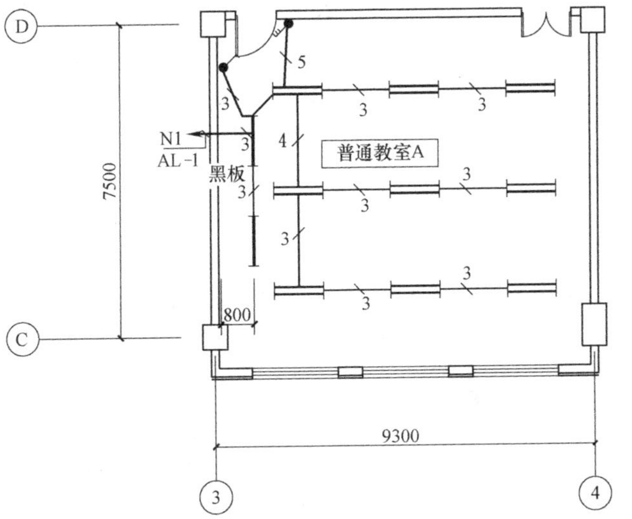

图 9-7　教室照明平面示意图

处，但工程确实比较小，也可按工程中配电系统的规模来决定是否需要采用电气竖井，如果管路很小，暗敷于墙内也是比较节约的设计方案。

6. 配电系统支路的划分应符合以下原则：教学用房和非教学用房的照明线路应分设不同支路；门厅、走道、楼梯照明线路应设置单独支路；教室内电源插座与照明用电应分设不同支路；空调用电应设专用线路，可见《中小学校设计规范》GB 50099—2011 中 6.6.3 条的相关要求。此外还需要注意，教师照明线路支路的控制范围不宜过大，一个支路最好控制 2～3 个教室，可见《中小学校设计规范》GB 50099—2011 中 10.3.2.7 条的要求。

7. 学校照明的设计前提还是尽量有效利用太阳光，对于人工照明的要求，需要注意以下几条：（1）疏散走道及楼梯应设置应急照明灯具及灯光疏散指示标志，没有适用场所，说明只要是学校疏散通道就需要设置疏散照明；（2）教师照明不可以采用裸灯，落灯即为没有灯罩的灯具，会有明显的眩光，需要避免，有吊顶可采用格栅灯，没有吊顶可以采用吊装的带灯罩灯具。可见《中小学校设计规范》GB 50099—2011 中 10.3.3 条的相关要求。

三、老年类建筑

1. 开关设置要符合老年人的需求：为了方便老人使用，在养老类建筑的审图和设计中，为了便于老年人在黑暗中容易识别开关，建议灯具的开关带指示灯，而为更加便利的打开和关闭开关，则疗养室、养老建筑等场所的照明开关应选用宽板开关，故要在说明中介绍应选用宽板带指示灯的开关面板，详《老年人居住建筑设计标准》GB 50340—2016 中 8.6.3 条，而在《养老设施建筑设计规范》GB 50867—2013 中 7.3.4 条：“养老设施建筑照明控制开关宜选用宽板翘板开关，安装位置应醒目，且颜色应与墙壁区分，高度宜距地面 1.1m”。则更加强调了开关的安装高度比较低，则是为了方便轮椅使用者的实际要求。

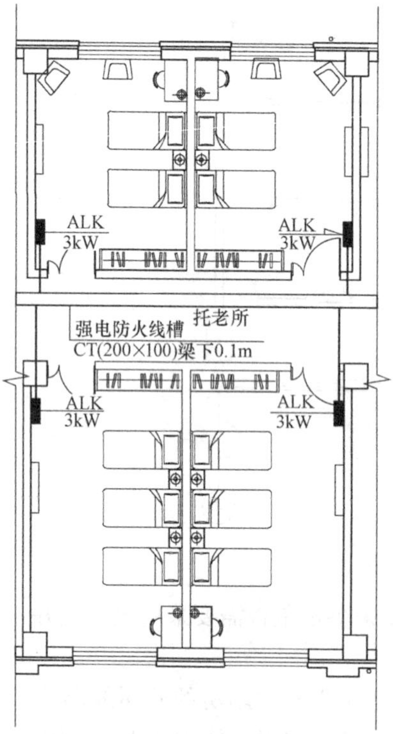

图 9-8 养老建筑户箱布置示意图

2. 说明应补充在电梯内预留呼叫装置接口，这是《北京市养老服务设施规划设计技术要点》【2014】1496 号文中第 4 节的要求，为北京地区的要求，普通电梯内本来就该设有呼救装置，对于老年人建筑，这一点就更加变得重要，建议在说明专门有所表示。

3.《养老设施建筑设计规范》GB 50867—2013 中 7.3.8 条："养老院宜每间（套）设电能计量表，并宜单设配电箱"，与酒店客房的要求类似，也是出于供电的可靠性和方便管理的进行的考虑，但由于养老建筑的房间相对较少，实际设计时常容易遗漏，按普通公共建筑进行了设计。如图 9-8 所示。

4. 需要注意老年人照料设施中的老年人用房应设置火灾探测器和声警报装置或消防广播，多采用消防广播，也容易遗漏，见 GB 50016—2014 中 8.4.1 之注。

四、医院类建筑

1. 分支配电箱宜按防火分区设置，宜设于配电间、控制室、值班室、护士站等处，不宜放置在病房走道等公共场所，可见《医疗建筑电气设计规范》JGJ 312—2013 中 5.3.5 条的相关要求，同样为公共建筑，供电的安全性需要保证，不可设置箱体在大人流量的公共场所，同时也为保证专业人员的快速操作，故医疗配电装置宜就近设在距离设备端较近的区域，并且方便管理的位置。

2. 应急照明的设置：手术室、抢救室应设安全照明，急救有关的办公室（化验室、药房、病理实验室、）急救有关的库房（药房、血库）、急诊室（产房、重症监控室）等应设备用照明、除常见的重要机房以外，电气竖井、配电室也应设应急照明，应其也属于火灾时候需要维持工作的场所，可见《医疗建筑电气设计规范》JGJ 312—2013 中 8.4.1 条的相关要求。

3. 标识灯的设置：放射科门口应安装红色标识灯，用以警示不可靠近，并要考虑外部金属件的接地；急诊和急诊通道口要设表标识照明，以方便患者快速到达急诊科室，见《医疗建筑电气设计规范》JGJ 312—2013 中 8.6.3 条的相关要求。

4. 手术室的供电电源、专用配电箱等应满足《医疗建筑电气设计规范》JGJ 312—2013 中 5.2.2 条的要求，重点是手术室需要设置专用的双路配电，并增设 UPS 电源，设置独立的供电电源以保证供电的可靠性，对手术室供电的配电箱是不可安装在手术室内，而必须要设于手术外的走道上。如图 9-9 所示。

5. CT 机、电子加速器、X 射线机等各种与射线有关联的影像科及放射科设备均需要采用双路供电，可见《综合医院建筑设计规范》GB 51039—2014 中 8.1.2 条。

6. 医疗结构设置 UPS 的要求：断电可导致人员死亡的场所需要设置 UPS 电源，如

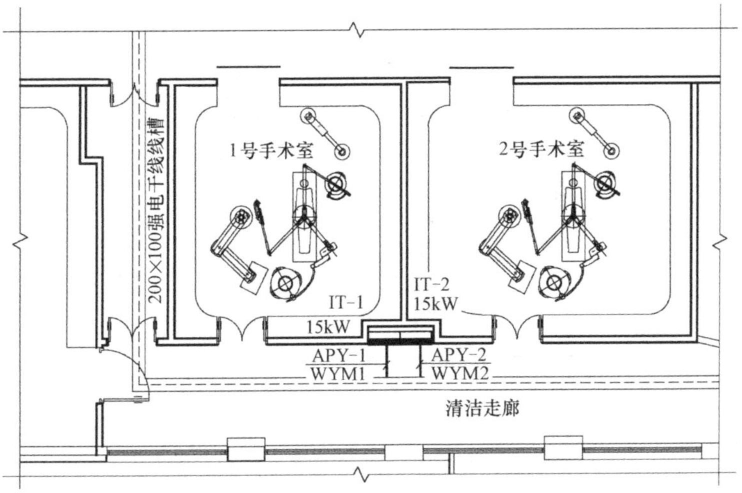

图 9-9 手术室配电箱布置示意图

血管造影、早产监护室、急救抢救室、重症监护室、手术室、麻醉室、血液病房的净化室、产房、烧伤室等场所，自然也都是双路供电，可见《综合医院建筑设计规范》GB 51039—2014 中 8.1.2 条。

7. 插座的要求：

(1) 医疗带供电不应与电视电源插座或是照明一个支路供电，且要采用漏电开关，可以接于同一照明箱，因其用于治疗使用，故尽量要独立供电，可见《医疗建筑电气设计规范》JGJ 312—2013 中 5.3.3 条的要求，如图 9-10 所示。

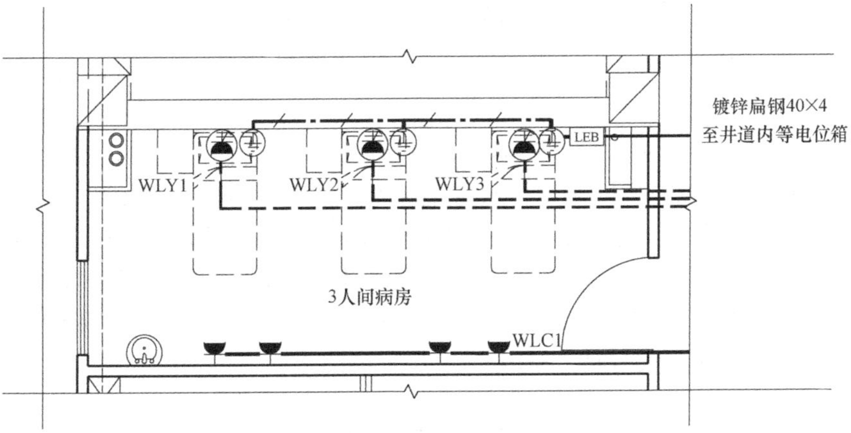

图 9-10 病房医疗带及插座布置示意图

(2) 在诊室中重要的医疗设备电源，如设备负荷并不大，可设置安全电源插座，应该采用专用回路，由医用双电源箱供给，可见《医疗建筑电气设计规范》JGJ 312—2013 中 5.1.1 条的所述，如图 9-11 所示。

8. 1、2 类医疗场所内需要做局部等电位联结：可见《医疗建筑电气设计规范》JGJ 312—2013 中 9.3.3 条所述，需要注意的是医疗等电位联结明确要求了 PE 线的等电位联结。病房及需要治疗的房间均至少为医疗 1 类场所，需要设置等电位联结，故可以将局部

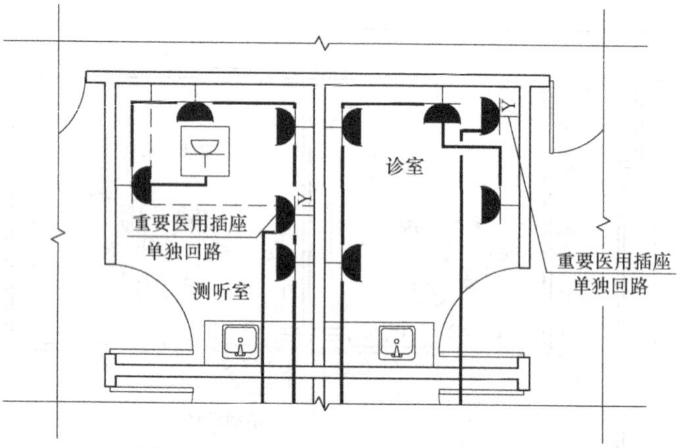

图 9-11　诊室重要医用插座布置示意图

等电位箱设置于电气竖井内，配出专用的等电位联结线，至各个需要等电位联结的 1、2 类场所，现场设置等电位连接盒，最好紧挨医用插座，方便接线，重要的医疗场所也可以单独设置局部等电位联结，依据工程实际情况进行确定，如图 9-10 所示。

9. 射线防护的房间，其他无关的电气管线不得进入和穿过射线防护房间，见 JGJ 312—2013 中 7.1.2 条。

五、洁 净 厂 房

1.《洁净厂房设计规范》GB 50073—2013 的 9.3.6 条："洁净厂房中易燃易爆气体的贮存、使用场所，管道入口室及管道阀门等易泄漏的地方，应设可燃气体探测器"。需与工艺放确定阀门的位置，在平面图上建议表示管道的阀门，并在其附近设置可燃气体探测器。

2. 洁净厂房的备用照明和应急照明可以共用吗？首先说洁净厂房需要设置备用照明的，《洁净厂房设计规范》GB 50073—2013 的 9.2.5.1 条所述，由于火灾应急照明包括备用照明和疏散照明，但是洁净厂房的备用照明却不属于消防系统，其是作为重要设备的加工操作场所的照明备用，并非针对消防，所以是不能共用的。备用照明可以用带蓄电池灯具，但是双头应急灯并不推荐，因为不满足洁净度要求的，应该选用专用的洁净应急灯具，同样不可以使用格栅类灯具，原因一样。

六、有爆炸可能性的建筑

1. 电气防爆：

(1) 电气防爆的常见场所：如厂区钢瓶间、锅炉房、制氧站、食堂气瓶室、燃气表间等场所，依据《爆炸危险环境电力装置设计规范》GB 50058—2014 中 3.2.1 条的范围进行确定，上述所指的民用场所考虑到正常运行时可能出现爆炸气体的情况，故建议按照 1 类爆炸危险环境进行设计，故需要满足其表 5.2.2-1 及表 5.2.2-2 的相关要求，在可能出现爆炸的环境内设置隔爆型灯具及开关、插座、电气线路等，防爆型设备要接于支路的末端。

（2）变配电室不可设于爆炸环境之内，即便设于一侧，电缆梯架穿相邻的墙体至厂房也要进行隔爆处理，可见《爆炸危险环境电力装置设计规范》GB 50058—2014 第 3.3.8 条："变、配电站不应设置在甲、乙类厂房内或贴邻，且不应设置在爆炸性气体、粉尘环境的危险区域内。供甲、乙类厂房专用的 10kV 及以下的变、配电站，当采用无门、窗、洞口的防火墙分隔时，可一面贴邻"。可知贴邻设置时应采用无门窗洞口的防火墙分隔，则可以理解为不能在墙上开设电缆梯架穿越的洞口，即便进行防火封堵，也是不可以直接穿入的，而是需做防火防爆隔离，也有现成的产品可以选择，其大小可根据所穿过的电缆数量及外径大小进行组合。

2. 爆炸危险环境控制：

（1）燃气表间需设置燃气紧急切断阀的控制接口。燃气表间作为民用工程中常见爆炸危险环境，燃气自动关断可及时控制险情，它与燃气泄漏报警系统连接，当仪器检测到可燃气体泄漏时，自动快速关闭主供气体阀门，切断燃气的供给，及时制止恶性事故的发生，另外紧急切断阀在发生强烈震动时，阀门也会自动关闭（产品特性），实现现场自动或远程手动紧急切断气源，确保用气安全，并使之避免持续爆炸，要求可见《爆炸危险环境电力装置设计规范》GB 50058—2014 第 3.1.3.3 条中第四款的相关要求。

（2）事故风机控制要求在室内外两处设置启停按钮，如电气防爆锅炉房燃气表间事故风机应分别在室内、外便于操作的地点设置启停按钮及维护开关。可见设备专业规范《民用建筑供暖通风与空气调节设计规范》GB 50736—2012 第 6.3.9 条中 2 款："事故通风应根据放散物的种类，设置相应的检测报警及控制系统，事故通风的手动控制装置应在室内外便于操作的地点分别设置。"容易被遗忘，但也是审图中常见问题之一，涵盖的场所多为燃气的锅炉、需要气体灭火的机房、有燃气进户的大型厨房等，审图前可与设备专业进行核实，另外需要注意位置，为便于操作的位置，如主要出入口的两侧，如图 9-12 所示。

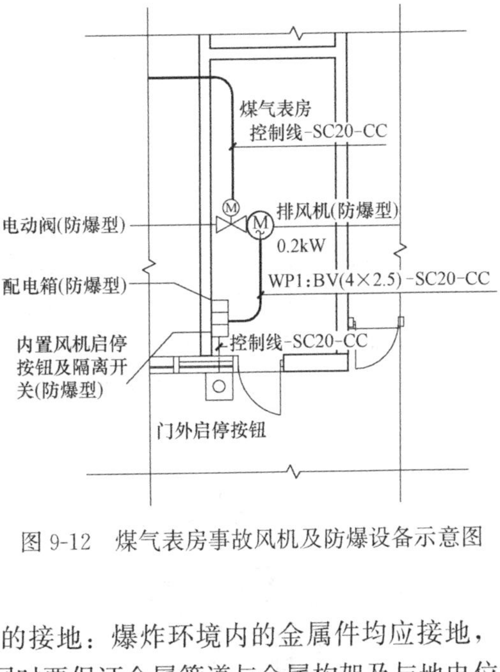

图 9-12　煤气表房事故风机及防爆设备示意图

3. 爆炸性气体、粉尘环境的危险区域内的接地：爆炸环境内的金属件均应接地，除非安装在已经接地金属构架上的金属管道，同时要保证金属管道与金属构架及与地电位的整体接地，可见《爆炸危险环境电力装置设计规范》GB 50058—2014 第 5.5.3 条及《锅炉房设计规范》GB 50041—2008 中 15.2.17 条："气体和液体燃料管道应有静电接地装置。当其管道为金属材料，且与防雷或电气系统接地保护线相连时，可不设静电接地装置"。其要求目的是为了防止静电的产生，静电火花可导致爆炸气体燃爆，危险极大，故可燃锅炉房机械通风管道及相关管路应设置导除静电的接地装置。

七、改造项目

1. 无功补偿：需要补充改造前原变配电室变压器的负载率现状数值，应注明改造后变压器的负载率，以满足现行规范对无功补偿的要求。

2. 设计分界：如改造工程的工程电源分界点为低压配电柜内总进线开关下口，则要表示低压配电柜的改造图纸；如果为变配电室低压配电柜内分支开关的下口，则可以不表示低压配电柜的相关图纸。

3. 更改设备需与不改设备相互配合：新增或更换的低压柜馈出开关应在图纸内注明参数，如额定极限短路分断能力等，以方便对照其上级不参与改造开关的相关参数，审核其级间的配合与整定。

4. 需要表述未改造上级的技术参数：如改造图仅表示馈出分支回路的断路器脱扣器额定值，不再单独表示其上级未作调整的系统部分，则建议在分支断路器上补充说明上级断路器额定值或整定值，同样为方便对照级间的配合与整定。

5. 防雷部分：改造项目应明确原有防雷接地系统的设置原则及现状，描述改造前相关进行的防雷及接地检测数据，说明屋顶新增设备的防雷做法，并介绍与原有防雷接地系统的关系等。

6. 如为局部装修项目，为维持与原系统的一致性，且不具备整楼更换设备的条件，可注明应急照明系统构架不变，可不采用 GB 51309—2018，并去除设计依据中的 GB 51309—2018。

八、其余场所

1. 体育场馆 LED 光源适用场所：运动场地照明全部采用 LED 光源不合理，如乒乓球训练视觉要求较高，LED 光源容易产生视觉疲劳，因为 LED 的光谱并不连续。

2. 无障碍厕所与公共厕所设置呼叫按钮的区别：可见《无障碍设计规范》GB 50763—2012 中 3.9.3.10 条："在坐便器旁的墙面上应设高 400～500mm 的救助呼叫按钮"其是针对无障碍厕所的无障碍设计要求，为非公共厕所，其上的 3.9.1 条中对公共厕所的无障碍设计内容中则没有相同要求，故公共厕所的无障碍厕位并不需要设置呼叫按钮。但在上海的地方标准《无障碍设施设计标准》DGJ 08-103—2003 中 18.4.4 条："无障碍客房卫生间、公共场所的无障碍厕所和无障碍厕位，应在坐便器旁墙面高 400～500mm 处设置求助按钮"，有相关的要求。但规范较早且为地

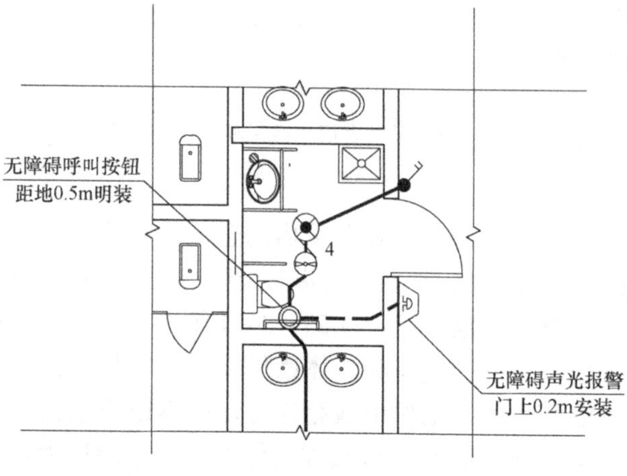

图 9-13　无障碍卫生间呼叫按钮示意图

方标准，设计时建议以国家规范为准，公共厕所的无障碍厕位不需要设置呼叫按钮。无障碍厕所如图 9-13 所示。

3. 舞台设备供电的特殊性：一是舞台灯光的调光设备众多，应采用单独就地抑制谐波的措施置，即要求在末端调光箱体增设滤波设备，另外见《剧场建筑设计规范》JGJ 57—2016 中 10.3.7 条："当舞台用电设备的供电系统中接有在演出过程中可能频繁启动的交流电动机，且当其启动冲击电流引起电源电压波动超过本规范第 10.3.2 条第 1 款（+5%～2.5%）的规定时，宜采用与舞台照明设备、音响系统设备负荷分开的变压器供电"，则舞台负荷应该增设隔离变压器。如图 9-14 所示。

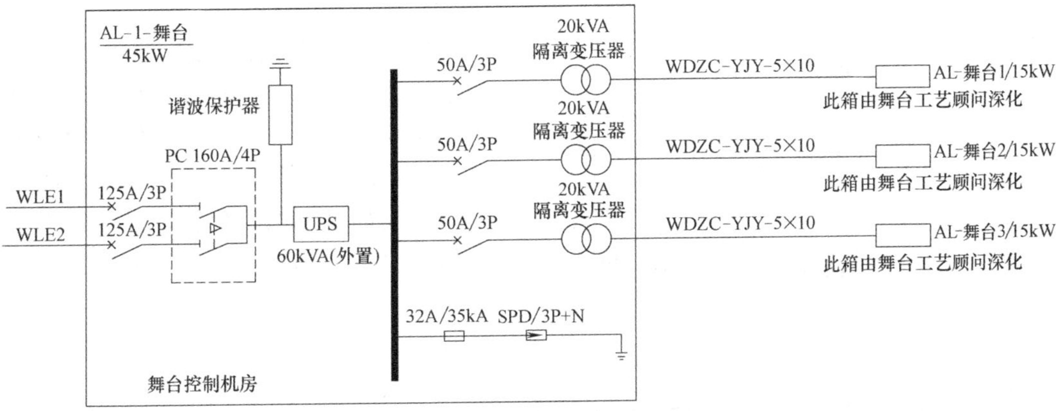

图 9-14　舞台设备系统示意图

第十章　与施工及造价相关的常见审图问题及解析

一、平面管线施工中的设计问题

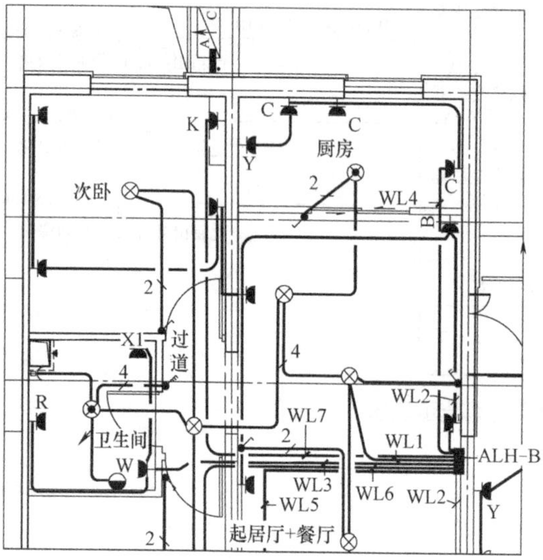

图 10-1　水平垂直布置管路示意图

1. 平面管路绘图与实际施工的变通：绘制平面时多分为两种设计思路，一种是管路绘制的横平竖直，另外一种则是管路绘制的歪七斜八。这两种绘图的思路似乎又都可以站得住脚，采用横平竖直的理由是规整好看，且未来维护巡检比较方便，而歪七斜八的绘图方式则更接近施工实际的做法，施工时一般会选择线路最短的原则，有时沿地板敷设，有时沿楼板敷设，相对比较节省管材。另外实际中不按设计图纸的绘制路线，就近借用电源的情况也多有发生，目的为省工省料。站在施工的角度来理解这个问题，其实可以如下区分，让施工方调整做到最小：如果是公共建筑，吊顶内的管路需要考虑维护方便和整体美观，则施工时候一般希望做到横平竖直；另外一种情况如住宅的套内暗埋管路，业主担心装修有可能造成的破坏或有暗埋的地热采暖管时，则管路也尽量建议沿房间四周敷设，即为水平及垂直布管；但如果是暗埋且不易遭受破坏的情况，征得业主的同意下，则施工单位更倾向于按最近的距离去布管，毕竟是可以节省材料，而且拐弯较少穿线也较为容易，所以在设计时应该加以区别对待。如图 10-1 及图 10-2 所示。

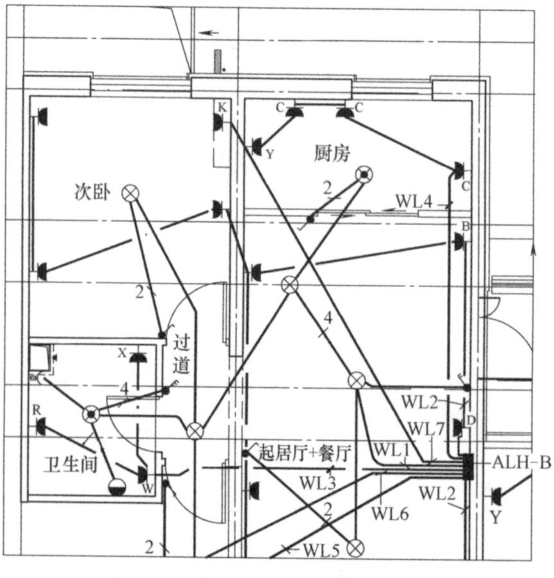

图 10-2　距离最短布置管路示意图

2. 关于设计中插座标高相对应的埋管方式：建议设计师除了要标注插座的标高，同时也要标注暗敷管路的敷设方式，沿板敷设中分为沿顶板及沿地板两种模式，但是如果表示不清楚或是标注错误，则对后面的预算及施工采购会造成一定的麻烦。一般而言安装高度大于等于 1.8m 的插座或是其他设备，在层高不大于 3.5m 的情况下，则管路表示在顶板内敷设较为合理，也更为常见。而低于 1.5m 的插座，尤其以 0.3m 的设备最为常见，多为地板内敷设。而在 1.5～1.8m 之间的设备或是插座则建议根据层高酌情确定，看插座高度是否超过一半层高，来确定敷设的方式，这里不再多叙述。虽然是个小问题但却是很常见的与施工相关的问题之一，而且对于管材的使用量而言却是个大问题，除了平面图中对于末端支路进行敷设方式的标注以外，懒人办法也可以在系统图中进行说明，但是需要注意末端支线必定会是存有多种敷设的路径，仅是系统中的表示，一般难以表达完整。如图 10-3 所示。

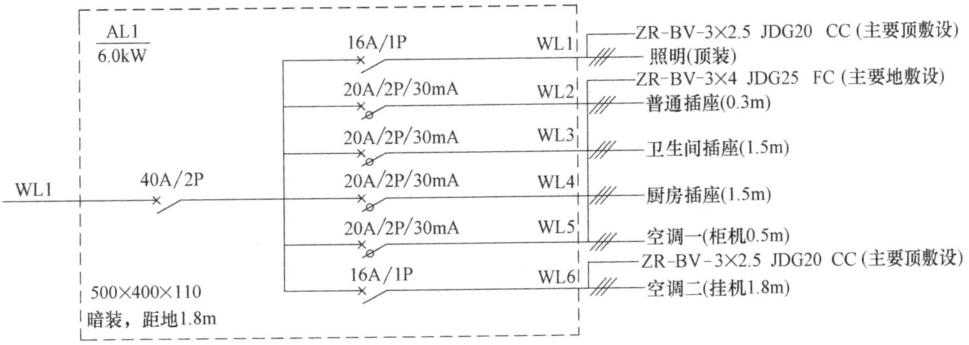

图 10-3　系统图中敷设示意

3. 进户管的漏水问题：虽然在现有的电气设计中，都会对电气外线的进户管防水进行表述，但是由于现有建筑物的地下层数越来越多，相应的电气进户埋深也是越来越深，虽然在说明中会要求保护管与地下室外墙间设置防水构造，保护管与电缆的间隙管内封堵采用油麻浇铸沥青（沥青麻丝）或其他防水材料，管口封堵用嵌缝油膏等，但实际操作时却有问题，多存在外线施工与单体施工并非一家单位的现实情况，即外线施工在单体施工之后进行，这样容易出现工序交接上的盲点，事实证明电气进户管漏水也确实为地库进水的主要原因，这样的问题一旦出现，弥补却不容易，从内部进行的二次封堵，则再次发生漏水可能性很大。提这个问题是着重指出在电气设计阶段要重视这个细节，在设计阶段要把控制的办法交代全面，一方面要说明封堵的做法，另外一方面如单体施工与外线施工分时段，由不同单位进行施工的情况，存在施工上交圈，则要在说明中提及后一道工序的施工方须完成入户管的封堵工作，并督促监理及甲方要及时进行监督和验收，让问题杜绝在设计阶段。

4. 平面图连线方式与实际施工的关联：对于一些新入行的设计师而言，平面连线都以距离最近的两个设备为绘图原则，但这种思路在实际施工中并非完全正确，这里需要注意几点：

（1）插座连线建议一次到底，由回路最近的插座开始，按远近依次连接就近的插座，同时尽量避免在一个插座上的一分二接线，除非如此布线更为合理，否则将会给施工带来困难，一个线盒之内存在三个接头，一个压接帽压三根线不好压，更容易虚接，另外也可能出现工人为了省事而人为缩减截面，存有安全隐患。如图 10-4 所示。

（2）灯具与开关的连线问题：照明回路建议电源线先进灯位，灯位之后再连线入开

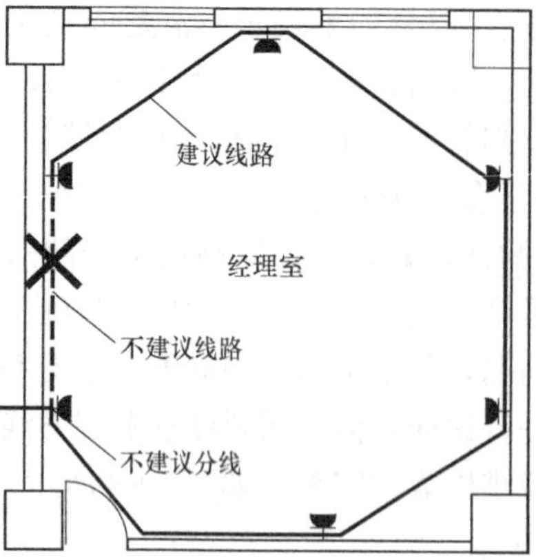

图 10-4　插座连线示意图

关，这里的原因同样是为了线路顺畅，因为开关内只需要有火线及控制线进行接线，如果照明回路先入开关则在开关盒内将出现中性线、火线、接地线及控制线，灯盒至开关盒的线管中线数比较多，开关盒内也线头纷杂，并不便于施工和接线，所以尽量回路先入灯后入开关，接线示意可见图 10-5 所示。

5. 设备、结构与电气布置的冲突与解决：

（1）柱、梁的高度与平面电气设备的关系，穿梁不是一定不可以穿，但一定要通过结构专业的核实，电气设计自身也要了解部分穿梁的知识，与结构专业沟通时也可以做到心中有数。一般而言，穿梁的管道不可大于外露梁高的1/3，且穿梁尽量要居中，避开钢筋或少打断钢筋，梁高≥900mm，穿管直径≥250mm；700mm≤梁高<900mm，200mm≤穿管直径<250mm，500mm≤梁高<700mm，175mm≤穿管直径<200mm，可见只要不是多根管道并排穿梁，单个洞口允许的尺寸还是不小的，而成排布置的管道则需要满足：两个洞口中对中间距≥2 倍管径。

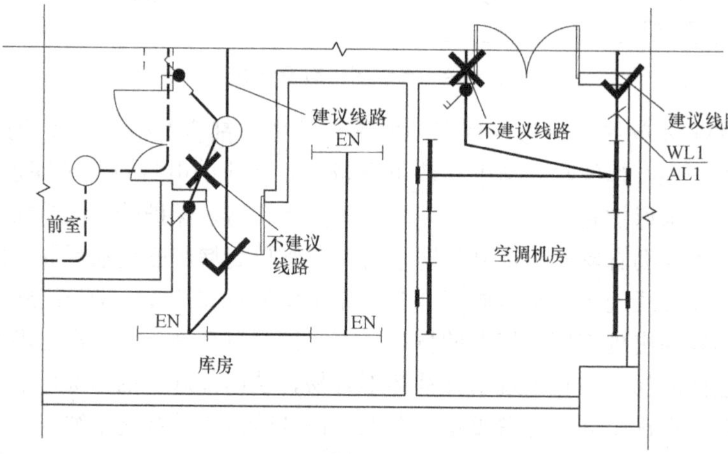

图 10-5　照明连线示意图

（2）实际安装的灯具与桥架管道等冲突，平面图绘制的灯具仅是一个小圆圈，但是实际安装的吸顶灯具不然，直径可能很大，有可能下方的桥架遮挡大部分的吸顶灯光线，使照明严重失去存在的必要，这甚至是 BIM 制图所无法避免的地方。所以设计中需要充分考虑所选择灯具的类型，按可能出现的常规式样进行设计，吸顶灯具自然不适用于无吊顶的走道中，处理方式可以是采用壁灯（考虑美观的地下通道），或是采用吊链式荧光灯（不考虑美观更在意照度的地下通道）等，如图 10-6 所示，当审图发现桥架母线或设备管道有多层重合，会出现遮挡灯具、探头、广播等情况，要依据规范要提出审图意见，要求予以调整。如图 10-7 所示。

（3）不同专业图纸上的设备冲突：烟感探头和等高的灯具、喷淋头、广播等设备并不绘制在同一张图纸之上，实际施工情况中常见到灯具、探头、广播等打架，当然也会违背

图 10-6　走道吊装式荧光灯安装实例

感烟探头设备周围无遮挡的规范要求，可见《火灾自动报警系统设计规范》GB 50116—2013 中 6.2.5 及 6.2.6 条，故不同专业、不同图纸的比对工作也是很重要的，首先要控制有规范要求的设备间距，如烟感探头的周围需要核实风口、梁、等高安装的灯具等的影响及距离，保证感烟探头 0.5m 以内不存有遮挡物及送风口；其次核实发热类型的灯具，如卤钨灯、白炽灯等高温光源周边是存有易燃材料，如木质的隔断吊顶、布艺、油漆等装饰材料，需要避免持续受热直至引燃可燃物，发生火灾，可见《建筑设计防火规范》GB 50016—2014 中 10.2.4 条："开关、插座和照明灯具靠近可燃物时，应采取隔热、散热等防火措施"。隔热和防火在实际中很难实施，远不如最为直接的躲避有效，审图更要留一个心眼。走道设备平面布置如图 10-8 示意。关于装修的设计防火，需要注意照明、配电、电路等安装点的材料耐火等级，发热设备不设于 A 级材料上，不发热设备不设于 B1 材料上，可能燃烧的 B3 级装饰材料，不靠近电管电线等。见 GB 50222—2017 中 4.0.16～19 条。

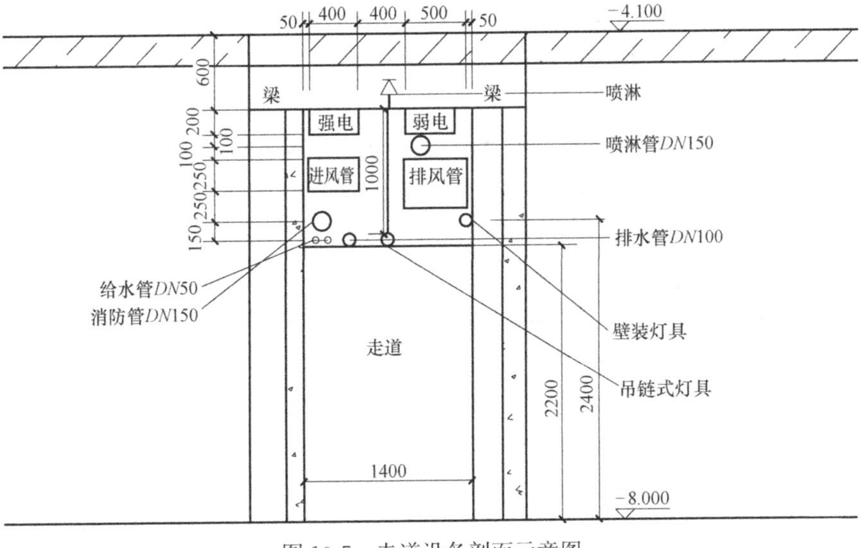

图 10-7　走道设备剖面示意图

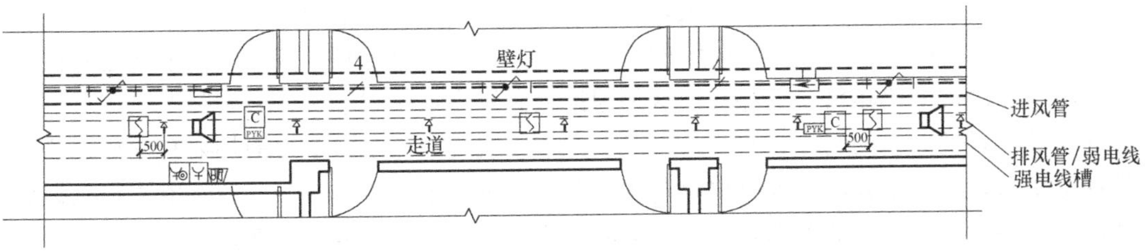

图 10-8　走道设备平面示意图

6. 板厚或垫层厚度对于电气设计的影响：

(1) 地面采用地热采暖的构造形式，尽量不推荐其内敷设电管，也需要了解保温层厚度，主要考虑到漏水、高温、空间有限等制约条件，采用交联聚乙烯等材料，其允许运行温度较高（多为90℃），则地热温度对于电线影响不大，但是如果是采用普通BV塑铜线，允许的运行温度一般在40℃以下，那么在地暖的温度下，加上线路自己运行的温度，不管穿不穿管外绝缘都会加速老化。其次是地热漏水的隐患，地热漏水不算新鲜事，虽然电线也均穿管，但如果赶上装修埋入死线，则发生漏电的可能还是存在的，这种情况极少见，但发生一起问题都是很严重的。另外地热层的高度也确实有限，电管的敷设多没有规矩，未来维修难免损坏。综合上述几点，故保温层内并宜不敷设电线管，电线管只允许垂直穿过地板供暖层，审核时建议提出。

(2) 暗敷设尽量考虑楼板内敷设，偶有管道遗漏敷设的情况下，则可以考虑敷设在垫层内，所以也需要了解地面垫层的厚度，因为垫层也会是未来装修是敷设地面管路的主要途径，太薄的情况不适合敷设管路，如5cm的垫层厚度，则需要调整装修配管的先后顺序，一次设计中就需要完成装修的电气敷管设计，精装的管路敷设尽量在主体施工时就完成，插座等地面设备留待后期装修时再进行安装和局部调整，因为太薄的垫层内配管，当时并看不出问题，但用不了多久就会产生裂缝等问题，虽不对结构造成实质性的影响，但对于住户的心理还是会造成较大压力。

7. 涡流的可怕性：在笔者初入设计行业的第二年，曾经在一个工业项目上遇到了严重的涡流事故。由于当时为室外环境不方便采用绝缘母线，故设计了三根YJV22-4×185mm^{2}的铠装电缆作为低压配电柜的主供电源，涡流是在交变磁场中形成，任意供电回路都会在其附近的金属上感应出电流。各自成闭合回路，呈涡旋状流动，故称涡旋电流。如直埋电缆的金属外皮，这些电流在越大截面的导体所感应的电动势越大，由于大截面的导体对比小截面电缆的电阻更小，因此涡流会更加强，会使大截面的导体大量发热，直至熔断电缆发生短路，这是真正的电气事故。在《建筑电气工程施工质量验收规范》GB 50303—2015的13.1.5条："交流单芯电缆或分相后的每相电缆不得单根独穿于钢导管内，固定用的夹具和支架不应形成闭合磁路"。所以三相或单相交流单芯电缆，不得单独穿于钢导管内，这是防止涡流效应必须遵循的规范，当时认为选用的三根电缆均为三相电缆，三相电缆其A、B、C的三相电流向量在相位上互差120°，三相电缆或是母线以品字型排列时，三相平衡最好，那么三相电流矢量之和为0。因此当三相电缆从同一管内敷设或采用铠装直埋时，在钢管或铠装中的涡流形成三相电流矢量之和应该为0，则三相电流在钢管或铠装中感应电动势矢量之和应该也为0。故理论来说铠装电缆的钢铠中无涡流损耗。但实际工程中还是出了问题，这是很严重的一次因涡流引起的事故，电缆烧断导致重要设备停产，造成了巨大的经济损失，这些不提，为什么三相电缆入户还是产生了明显的涡流效果呢？原因其一是：三根电缆的负荷使用情况可不是三相平衡，由于末端还有很多的民用单相设备，单相负荷的存在使这种理论上涡流为零仅限于理论，实际上涡流是一定会存在的，只是大小的问题；其二是：三根大截面线缆进入配电室之前均要有预留，这个是规范要求，现场挖开后发现三根电缆相互盘压，围成了一个圆圈，预留的电缆很长，居然压了三层，九根185的电缆，不平衡电流形成的涡流变成了九倍，散热也非常不好，出问题的果真是中间层电缆，虽然在工程上常用的切断管壁的办法来避免涡流的形成，把穿管的钢管开槽，使铁磁回路不能形成，可有效避免涡流现象的发生，但对于铠装电缆而言是金属壁是通长而非一段，没有办法把铠带开槽，这才是真正需要注意的隐患。这个事故有一定的偶然性，但实际设计中应尽量避免多根大截面电缆一同敷设，电缆越多相序越难平衡，这是事故发生的最主要原因，另外就是大截面铠装电缆入户前不要挤压在一起，以避免涡流效应的叠加。这个事故在我职业生涯中，带来无尽的反思，也敬畏电气那无形的力量。

8. 同一面柜不建议入两组母线：设计时尽量避免电源进线及母线桥两组大容量的母线同时由一面柜顶引入，原因为柜宽有限，两根母线截面均较大，要么装不开，要么挤进一面柜体，散热条件也不利，施工有很大难度，如图 10-9 所示。

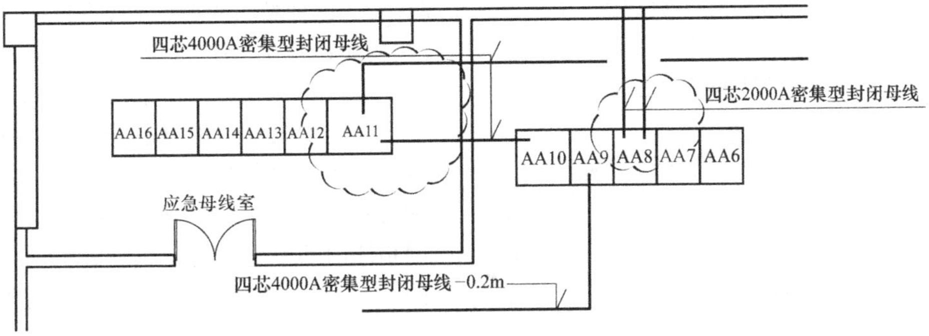

图 10-9　母线不合理设置的示意图

9. 插座开关位置的合理设置：

(1) 外墙上尽量不装设插座，以避免影响到室内保温效果，由于线盒本身会占用 100mm 左右的墙体空间，在不考虑外保温的情况下，高层钢混住宅外墙厚度一般在 200mm 左右，外墙存在线盒会产生冷桥现象，加快房间的热量流失，耗费更多的供热能源，所以不建议设置插座。

(2) 需要结合床头柜等可确定位置的家具考虑插座的设置：由于电源插头本身具有一定的厚度，当安装在床头柜正后方时，由于突出，使用并不方便，既占用空间也不方便插拔，实际上更多的只能放弃使用，所以错过床头柜的附近位置，为电源插座最佳的安装地点，而弱电的插座则可以设置在床头柜后，电话或网络插头体积小且不常进行插拔，并且这样布置既满足了使用需要，也与电源插座保持一定的安装距离，避免了强弱电的信号干扰问题。如图 10-10 所示。

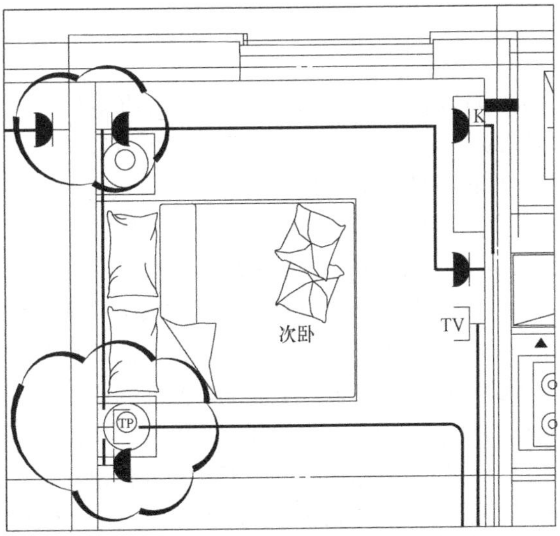

图 10-10　床头强弱电插座设置示意图

(3) 背通盒的做法尽量回避：两户间隔墙或需要隔音效果好的办公场所不建议设置背对背的两个开关或插座。主要出于隔音的考虑，当下建筑设计中，内部大量采用轻质隔墙，轻质隔墙的厚度很薄，基本原理是靠砖内部中空部分的空气层进行隔音，理论效果还是不错的。只是如果两个背通盒安装，则在盒体之间相当于产生了一个可以直接传递声音的空洞，大大削弱了房间的隔音效果。实际现状也是钢混结构的隔音效果反而远不及以前的砖混结构，故在当下的建筑中背通盒的设置极为反感，设计和审图应该重点注意。如图 10-10 所示的插座背通盒。

二、弱电安装中的设计问题

弱电家居配线箱的电源供给：《住宅建筑电气设计规范》JGJ 242—2011 11.7.3 条中规定：预留平行于箱体的电源接线盒，中间预留金属导管。该种做法的缺点是电源线仅敷设到接线盒内，而不是插座，接线盒并不美观也没有使用功能；而在《住宅区和住宅建筑内光纤到户通信设施工程设计规范》GB 50846—2012 中 5.2.4.5 条中规定：预留插座，并将电源线引入家居配线箱内的电源插座，该种做法的前提是家居配线箱需自带插座，如家居配线箱不自带插座，则种做法则存隐患，因箱体内部不允许有裸露导线。两本规范的条文要求各有优缺点，笔者认为预留插座比接线盒要更为美观实用，建议采用自带插座的箱体为宜，如无自带插座，则在家居配线箱旁设置专用插座，盒箱之间建议预留管路但不穿线，待装修时根据需求再将电源引入弱电家居配线箱内进行接线，此举更为合理和安全。如图 10-11 所示。

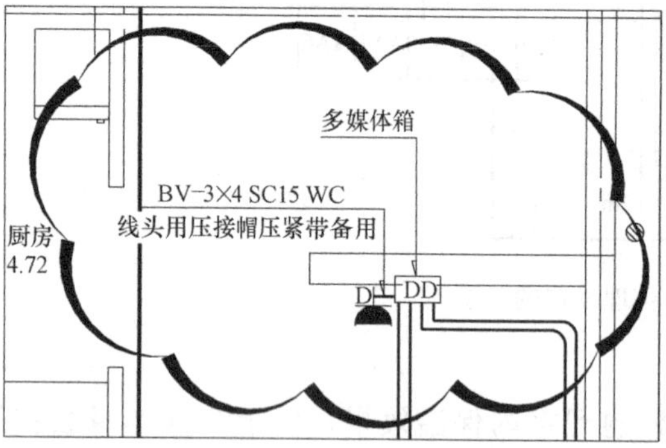

图 10-11　弱电家居配线箱的电源供给示意图

三、施工中的设计选型问题

1. 设计电缆选型与实际施工便利的关联：这个问题从设计角度来看并无硬性的要求，如电缆既可以选择 240mm² 截面的，也可以选择 120mm² 截面的电缆两根并敷。除去要考虑并接电缆的并联系数及长度要求准确一致之外，另外再避免上文述说的涡流影响，如果是小截面电缆，涡流的影响有限，看似差别也并不大，但在实际施工中难度却不是增加一星半点。首先 240mm² 截面的电缆的自重极大，仅靠人力基本无法运输到穿线位置，即便到达位置，由于截面太大，重量也大，仅靠人力同样难以完成穿管敷设，需要机械设备配合，如电动葫芦。但是如果选择两根 120mm² 截面的电缆则效果大为不同，首先自重小了一半，便于运输电缆到放线点，再者 120mm² 截面的单根电缆一般几个工人即可以完成拖拽，而不用另行附加机械牵引设备，施工则大为简便。所以设计选择怎样的电缆对于施工与否便利关系重大，设计师的一个标注，就是工人额外付出汗水，故设计应该尽量选择合理的电缆型号，分支电缆控制在 35～70mm² 内最为合理，进户电缆则不建议超过 185mm² 的截面，在不影响设计质量的前提下，应该尽量降低施工的难度。如图 10-12 所示。

2. 室外埋地管路的材质：

（1）金属管路尤其是 JDG 管等由于强度好，重量轻，已经被大量使用在暗敷设的工程之中，常用于板内的敷设，但对于埋地使用，则要慎重。因为实土不是混凝土，存有水

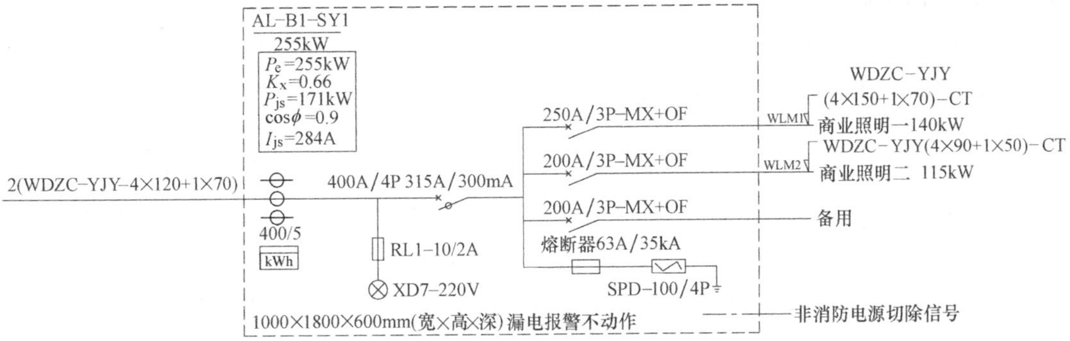

图 10-12 电缆并接入户系统示意图

分，并常伴有酸性土壤和腐蚀，JDG 管因为其壁薄，又是金属材质，所以耐腐蚀性并不好，埋在实土中用不了多久就会腐蚀，对于未来的长期使用是一个隐患，检修维护都会存在较大的浪费和施工困难，所以建议在实土埋设的管路中，宁愿采用 PVC 的管材，也不建议使用各种薄壁铁管。可见《民用建筑电气设计标准》GB 51348—2019 中第 8.3.2 条：埋于素土内的金属导管，可采用壁厚不小于 2mm 的钢导管，并采取可靠的防水、防腐蚀措施。可见 JDG 管直埋第一是不能太长，即不要超过 15m，其二是不重要的负荷，第三则是要刷防腐漆，内外均做防腐处理，第四管路的厚度需要在 2mm 以上，基本那就决定了室外直埋不能使用 JDG 等电线管。如需要承压使用金属管，则要选择水煤气钢管（RC）或焊接钢管（SC），审核时需要逐条落实。如图 10-13 示意。

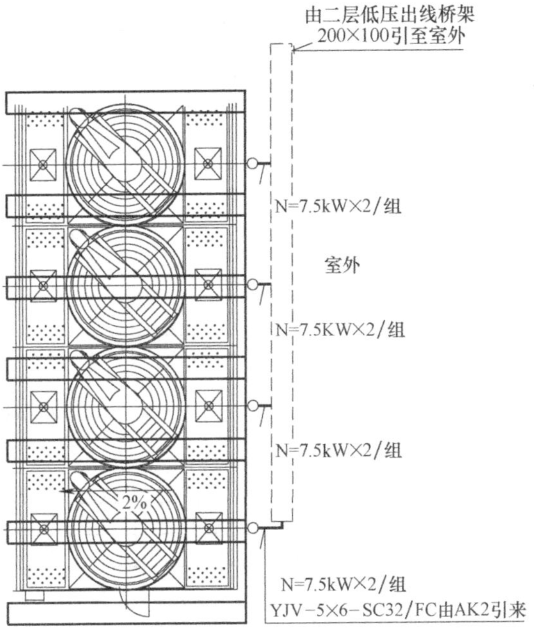

图 10-13 室外管路埋地示意图

（2）PVC 管虽然不存有腐蚀的可能，但承压能力却不好，建议使用在室外直埋不会碾压的场所。但如果会存在重压的可能，如汽车、铲车可能通过，则需要额外设置防护措施，如局部穿越危险区域时候制作混凝土墩的维护结构。如不了解现场情况，则需重点审核埋深的位置和深度是否可以达到标准，最浅也不宜小于 0.5m 的埋深要求。可见《电力工程电缆设计规范》GB 50217—2018 中 5.4.5.2 条所述。

四、施工中的平面表示问题

1. 平面导线根数的表示：电气平面图的绘制中，有部分设计师觉得灯具至开关的线数并不重要，选择开关后就已经确定了管内实际穿线的根数，其实并不然。设计师所标注的导线根数应该代表最佳和最合理的布线方案，不仅会方便施工和预算单位计算电线的长度，也是一种清晰表达设计意图的电气基本功，不表示或是表达不合理审图都建议提出。以双控开关为例，其实接线方式很多，并不容易，在楼梯走道的设计中应用很多，也为相对复杂的照明接线，如单联双控开关接线，实现两地对一组灯具的开关控制，如果平面绘制方便采用：开关-开关-灯的敷设方式，则如图 10-14 所示。需注意的是，如果双控开关之间的 K1、K2 控制线在墙内进行敷设即可，相对会比较节省电线，但如果灯具已为最末端，则火线 L 进入第一个开关后截止。如果平面方便绘制为：开关-灯-开关的敷设方式，则如图 10-15 所示。需注意的是，如果双控开关之间的 K1、K2 控制线需要通过灯具接线盒进行连线，如果灯具已为最末端，则火线 L 进入第一个开关后截止。所以审图中应该予以重视，并一定要清楚施工中如何实现设计的意图。

2. 线槽或桥架的选用：

（1）敷设带有穿刺线夹的电缆，相对应的线槽或电缆桥架的截面尺寸要比敷设普通电

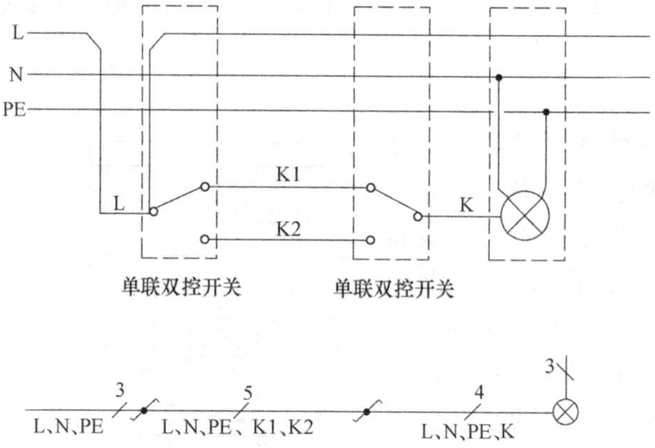

图 10-14　单联双控开关接线示意图一

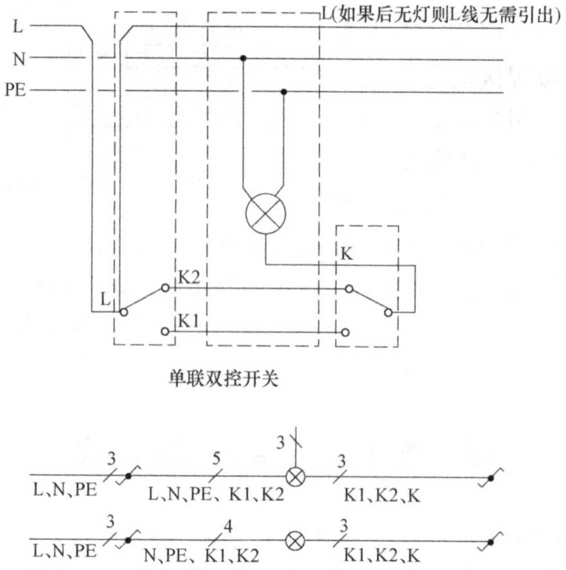

图 10-15　单联双控开关接线示意图二

缆大很多，否则完全放不下，也会影响使用安全。因为穿刺线夹的安装与预分支电缆及 T 接箱均不同，预分支电缆的接头是在线槽之外，明装裸露，不占用线槽空间。而 T 接箱的分线更是如其名，会单独设置分支箱体，只有穿刺电缆是将接头置放在电缆线槽之内，其尺寸并不小，一般是电缆截面的 2 倍左右，如果穿刺电缆的分支接头数量较多，则电缆线槽或是桥架的截面也要为之前的 2 倍较为合理。

（2）对于型号较大的电缆，线槽及线管的拐弯半径要够大，管道的弯曲半径不够，则会给施工的穿线增加困难，也容易使电缆线受太大外力，芯线被拉长，载流量则变小，见《建筑电气工程施工质量验收规范》GB 50303—2015 中 12.2.1.2 条："埋设于混凝土内的导管的弯曲半径不宜小于管外径的 6 倍，当直埋于地下时，其弯曲半径不宜小于管外径的 10 倍"。又见 13.2.2.10 条："当电缆通过墙、楼板或室外敷设穿导管保护时，导管的内径不应小于电缆外径的 1.5 倍"。如 YJV-4×120＋1×70mm^2 电缆直径约为 46.1mm，依据规范导管内径不小于 1.5×46.1≈69mm，选用接近的 SC70 管，外径约为 75mm，埋地敷设 10 倍外径则是 750mm 的弯曲半径，只需要留有 750mm 的拐弯空间可满足规范要求，如图 10-16 所示，但如果很短距离内或锐角弯进行拐弯，则无法达到规范要求。而敷设在电缆线槽的缆线可见《建筑电气工程施工质量验收规范》GB 50303—2015 中表 11.1.2 的要求，弯曲半径不小于电缆截面的 15 倍，同样 YJV-4×120＋1×70mm^2 电缆，线槽内弯曲内径不小于 15×46.1≈691mm，如图 10-17 所示，不考虑其余电缆，电缆线槽的最小宽度是 400mm 宽才可满足弯曲半径，实际设计中应该以此为例，设计人模拟拐弯的情况，再选择线槽，就可以消除施工中可能出现的问题。

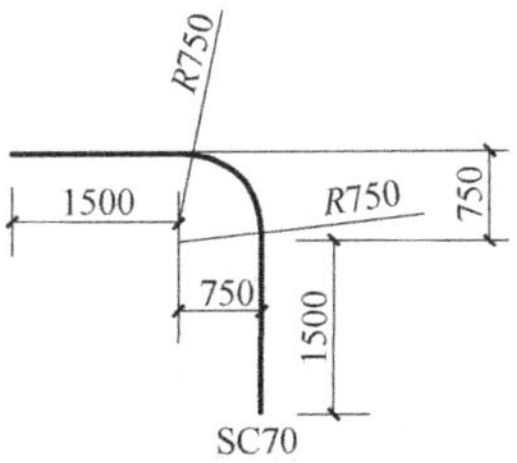

图 10-16　穿管敷设拐弯示意图

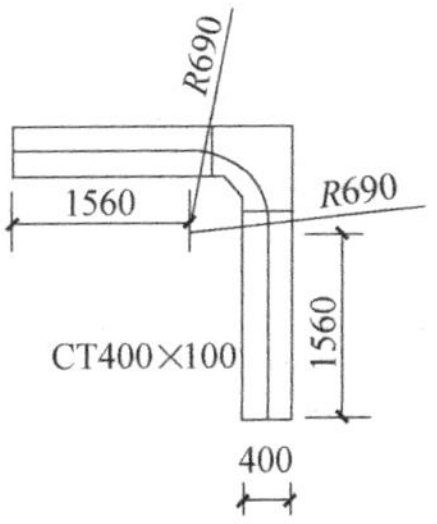

图 10-17　线槽敷设拐弯示意图

3. 施工防护细节，其实建议在设计说明中予以表示，管口朝上的管道（水管、电气管道）均要做好成品保护，因为施工现场有机械、有重物，难免异物掉进去或被人为破坏。关于施工的工艺设计其实应该所有了解，因为这部分的防护也会产生成本，最终进入工程的造价，只是平时无人关注这些遗漏，多些描述会让设计更接近真实场景，当然也仅是笔者个人建议，不作为审图的要求。最典型的例子就是暗埋管道的出地面保护，如果是 PVC 管，则多是用素混凝土围着 PVC 出线管筑一个小土堆，防止人为伤害，使用的时候敲掉土堆即可，塑料管口用专用堵帽的塞上，以防止杂物的进入，如果是金属管道，则可以在金属管的管口上点焊一个废铁片，同样防止杂物的进入，使用时将管口锯掉即可。

4. 预埋件及预留洞不要落掉，电气设计中需要预留的预埋件多见为：

（1）配电设备的基础，如配电柜是采用砌筑台子还是预留槽钢，要有说明。

（2）大型灯具考虑的自重很大，仅依靠后期打膨胀螺栓是不能安全固定的，必须预留预埋件，如设计前看有装修专业大型花灯的标识，建议就要预留埋件。

(3) 柴油发电机要加预埋吊钩，是为了柴油发电机组将来吊装的方便，如不然柴油发电机的自重巨大，仅靠人力做滑轮难以将其归位，应与结构和建筑专业配合预留柴油发电机组的安装吊钩，如果没有预留吊钩，将会大大增加了吊装的难度，也不便于未来的维修，具体做法可参考《柴油发电机组设计与安装》15D202-2 中 P84 页的介绍。

(4) 走道上的暗敷管路应该在敷设的时候就做以记号，如其管下方刷油漆，拆除模板之后，可以清晰看到管线的走向，这样处理是因为吊顶内安装的设备众多，打膨胀螺栓经常会打漏电气预埋管，故这样施工方式也是事前处理的一种好办法。

(5) 室外配电箱的防护等级，室外的配电箱并不少见，最初接触设计的人都会觉得风吹雨打定会容易短路，在防护等级上其实可以参考《住宅建筑电气设计规范》JGJ 242—2011 中 6.2.5 的规定，室外电源箱防护等级不低于 IP54，这个要求基本就是防溅水即可，而室外的箱体本身都会是双层结构，外面还会有一个帽子，设计中只要提及是室外箱体，即可认为其防水的要求可以达标。

五、系统设计中的经济性

1. 末端配电系统中，当选择微断可以满足要求时，应优先选用微断，不建议使用塑壳开关，因为低压末端的短路电流一般不会超过 8kA，采用微断其分断能力已经可以达到使用要求，如施耐德的微断产品 C65H，分断能力为 10kA，可以达到一般末端电机设备的分断要求，采用微型断路器可减小配电箱尺寸，节省空间，操作更为便利，总而降低造价。

2. 单相供电与三相供电的分界点：小于 12kW 的负荷建议单相供电，而大于等于 12kW 的负荷则建议三相供电，原因也很简单，$12/(0.22\times0.9)=61A$，即为单相微型断路器的额定电流极限，单相电流再大则需要采用塑壳开关，则不划算。

3. 负荷在设计与实际使用中的巨大差异：负荷设计依据的是规范及设计手册的经验数据或系数，但不得不说多数正常使用情况下，设计的计算负荷还是远远大于正常使用实际负荷，设计人员在统计的电气负荷的总量确实比较准确，但选取的计算电流、计算功率数值为什么与实际使用值有较大的差距呢？其实就是负荷安排不合理所致，其实从负荷的整体控制上，我国和其他发达国家的负荷要求基本一致，如表 10-1 所示的中日两国的住宅负荷指标，其实差距并不大。变压器的负荷率持续较低是因为夏季空调使用的集中所致，夏季甚至还会出现变压器过载，住宅楼的总开关容易过载跳闸的情况，但除了 6～8 月的几个月之外，北方地区的负荷率是持续偏低的，在设计中则建议尽量考虑节能的运行方式，来消除这种情况导致的浪费，从节能的角度有两种思路。

中日两国住宅负荷指标 **表 10-1**

建筑分类	大型	中型	小型	用电指标	变压器指标
(中国)住宅	8kW/户 ($100m^2$ 以上)	6kW/户 ($80\sim100m^2$)	4kW/户 ($50\sim80m^2$)	15～25W/建筑平方米 (需要系数 0.3～0.5)	20V·A/建筑平方米
(日本)住宅	19～25W/ 建筑平方米	23～30W/ 建筑平方米	18～21W/ 建筑平方米	18～30W/ 建筑平方米	20V·A/ 建筑平方米

（1）考虑将空调的负荷和非空调的负荷分开回路设计，高压侧采用分别设置专用变压器用于空调和非空调的不同负荷。在高峰期间两组变压器同时使用，供给所有负荷用电，空调使用率不高的时间段切除空调用电的变压器，只供给消防、正常照明等负荷使用，虽然这种思路在住宅中目前还不好应用，但在共建中可以大力的推广，在住宅方面可以随着家用光伏发电的推广，将空调部分的用电由光伏发电提供电能，也是一种节能运行的长远思考。

（2）如果空调负荷比较集中，如 VRV 空调，但是容量不算很大，则最好使用独立的低压大截面电缆作为空调干线，在空调使用的高峰期投入使用。

六、机房设计中的经济性

1. 慎用 EPS，尤其是需要大量使用的场合，主要的原因是重要的是 EPS 电池老化后不能满足应急负荷的需要，验收虽然容易通过，但大约两年之后电池就要面临更换，因为电池的衰减很快，而更新换代的电池速度更快，更换成本巨大。且维护成本较大，EPS 需要良好的通风散热环境，实际使用场所多数难以达到，如果从长期成本的角度来考虑，还是建议能够使用柴油发电机的情况，尽量就不用 EPS。

2. 同时还要注意低压进线柜计算电流如果不大，柜内母线选用过大，也时经常遇到，容易被人忽视，多为抄来顺手一写，也没想太多，如柜体计算电流只有 250A，却采用 TMY-50×5 则过大，其载流量达到 756A，可见《建筑电气常用数据》19DX101-1 中 6.16 表，如果可满足动稳定的前提下，柜内母线尽量合理选择。

七、平面末端设计中的经济性

1. 照明设计要求采用节能高效光源：详见《民用建筑电气设计标准》GB 51348—2019 中第 10.5.2 条中规定：室内一般照明应采用高效光源。这几年照明变化很大，由白炽灯到紧凑型光源又到 LED，目前稳定于 LED。规范意图是最终交付的建筑其使用的灯具光源需要采用节能型的高效光源和整流设备，但施工单位为了保证施工过程中及竣工时验收，大部分以毛坯房交房的项目也采用紧凑型荧光灯作为交房灯具光源，考虑到使用紧凑型荧光灯或是 LED 的造价比白炽灯高，尤其在大型公建中使用的数量巨大，而进入装修阶段后，之前安装的灯具光源基本都会被拆除。至于是否能够二次利用并非本文所述重点，但所造成的浪费必定是相当可观，所以对该条的理解和实施，应该本着节约的原则，首先确定建筑物是否为精装交房，如果不是，则选择更为便宜的白炽灯或预留接线头即可，甚至可仅预留一个可以验证通电的白炽灯也行，虽然白炽灯为不节能光源且是零类灯具现已不允许使用，但作为以毛坯房交房标准的临时光源笔者认为是合理的，也更能体现规范节约的意图。

2. 管材的选择：同样的功能实现，如果效果几近相同，则没有必要采用价格昂贵的电气材料。

（1）镀锌钢管 RC 和焊接钢管 SC 的选择：如同样是板内暗敷设管材，则采用镀锌钢管 RC 比焊接钢管 SC 贵，SC 为低压流体输送用焊接钢管，又称水煤气焊接钢管，无镀锌层，RC 则是热镀锌焊接钢管，一般且在室外地下敷设时使用，因为镀锌，价格差距大约 30%左右，故如果必须选用厚壁焊接钢管，对于不是耐腐蚀要求很高的场所，如现浇楼板内、基础内则建议采用SC管就可以，而直埋在土内、长期暴露在空气的管道，则建议采用RC管。

（2）选择封闭母线槽还是电缆？对于供电而言，封闭母线槽与电缆的分界点则在400A左右，400A以下是建议采用电缆的，可以采用240mm² 电缆或是2根120mm² 电缆，也是常用三相电缆的最大型号，而从630A及以上则建议采用密集母线槽，电流比较大，大截面电缆并接并不是最合理的选择，存在安全隐患，但如果400A及以下电流也采用密集母线槽，也并不合适，因为密集母线槽比同载流量的电缆要贵些，如用于整定电流315A的出线回路，电缆规格可选YJV-4×240+1×120，其价格大约为450元/m，采用400A的密集母线槽，价格约为600元/m，此外还需要购置母线插接箱，故小电流供电情况时，相对而言并没有必要采用密集母线。

3. 室外电缆敷设方式的最佳性价比：直埋一般建议使用在外线为6～8根及以下根数的电缆的场所，电缆沟道采用砖砌或素混凝土浇筑，外形尺寸小于电缆隧道，常采用于13～18根低压电缆敷设的场所，如果电缆敷设数量超过20根，则不宜采用电缆沟的敷设方式，而采用综合管沟或是电缆隧道更为容易管理维护，同时也可以降低成本。

4. 关于住宅局部等电位联结的做法：《住宅建筑电气设计规范》JGJ 242—2011中10.2条规定："有淋浴或浴盆的卫生间需做局部等电位联结"，并说明了局部等电位包括各种金属构架，如金属给排水管等。在《民用建筑电气设计标准》GB 51348—2019的12.10.4条中也有类似要求。规范条文的实施中出现两个问题：一是目前卫生间内各种管路多数为UPVC或类似的塑型材料，无需进行局部等电位联结；二是卫生洁具不具备进行等电位联结的端子，即便是铁质材料也无联结可能，需要另行焊接引出联结端子。目前常见做法是土建施工在卫生间预留局部等电位盒，备接各种金属器件。但如果是住宅类毛坯建筑，装修单位对电气规范的要求未必了解，实际装修的普遍做法是将局部等电位盒拆除或填埋，理由是影响美观，其实反而隐藏了安全隐患，该处笔者认为如交房为精装比较合理的处理方式是：一次设计时就要考虑等电位盒预留位置的美观，并将各种金属件进行接地，如图10-18所示；而交房为毛坯房的情况，建议尽量使等电位盒尽量小，或仅预留接地端子，如图10-19所示；如果无金属件或不具备安装等电位的情况下，则建议不再设置局部等电位盒。

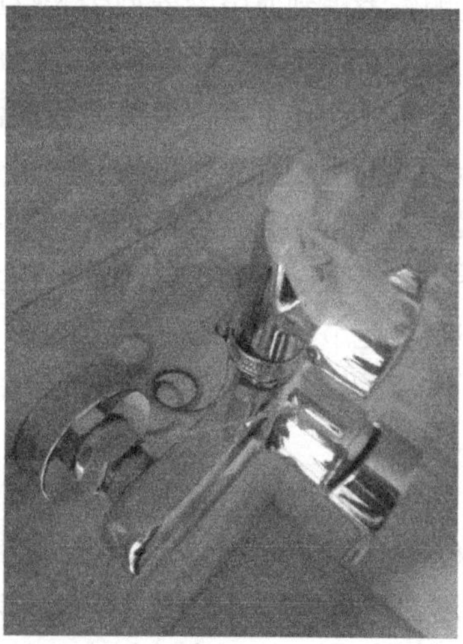

图10-18　卫生间金属件接地实例

图10-19　局部等电位盒安装实例

5. 施工中两个与设计有关的故障：

（1）普通负荷的漏电总开关报警不动作还是报警动作好？在《低压配电设计规范》GB 50054—2011 中 6.4.3 条："为减少接地故障引起的电气火灾危险而装设的剩余电流监测或保护电器，其动作电流不应大于 300mA；当动作于切断电源时，应断开回路的所有带电导体"，表述为：当动作于切断电源时，可见为设计人进行选择是否切断，在《住宅设计规范》GB 50096—2011 中 8.7.2.6 条的条文说明可见："确定在电源进线处或配电干线的分支处设置剩余电流动作保护或报警装置"，则进一步说明动作及报警二者选其一即可，实际选取漏电动作的设计还是很多，漏电动作则出现了当密集装修时频繁跳闸的实际故障，且只能将漏电分励脱扣器摘除才可以缓解，并不是说该种设计有误，只是针对密集装修的情况时，装修单位众多，且接电多不规范，物业也很难完全控制，在泼水铲墙、电锤打洞触碰钢筋等电气操作时，均极易产生漏电，漏电电流累积数量大，如果电源并非接自本户的漏电插座回路，则漏电电流会直接顶掉其上级的总漏电开关，由于总漏电开关控制的户数很多，则断电的故障面很大，且十分频繁，给实际使用造成了很大的困扰，当然如果装修结束，正常使用时，这种情况会变得很少，但多户密集装修的情况在时下却不能忽视存在，在这种实际问题的衬托下，漏电不动作就显得很有必要了，有剩余电流报警系统同样可以反映电气火灾的实时情况，再人为确认其实更为稳妥。

（2）公共场所节能自熄开关与光源的匹配：从开关进入节能自熄的时代开始，公共空间的照明节能性就一直被人提及，在《住宅设计规范》GB 50096—2011 中 8.7.5 条："共用部位应设置人工照明，应采用高效节能的照明装置和节能控制措施"，也作为强条进行了规定，紧凑型荧光灯与声光控、红外开关等的配套就常见于设计图中，也多为实际使用的搭配，规范是满足了，但是实际使用的效果却不理想，紧凑型荧光灯的使用寿命变得很短，常见用不到一个月就坏，这也是个老问题，最早的设计中允许使用白炽灯泡，白炽灯泡与感应开关比较搭配，因原理上可以随时点亮，反复点亮，但是紧凑型荧光灯则不行，需要开端发射电子激发惰性气体，进而汞离子发生电离，导通并发出紫外线，紫外线激起荧光粉发光，可见整个过程存在激发和冷却，感应开关如果反复动作，则紧凑型荧光灯并不能马上启动和关闭，虽然对比金属卤化物灯要强些，可以立即启动，但寿命却大打折扣，两者并不搭配，在不能使用白炽灯的现实条件下怎么办呢？在北京市地标《公共建筑节能设计标准》DB—11—687—2015 中 6.3.4.4 条："人员出入不频繁的门厅、楼梯间、走道等场所采用就地感应开关时，光源宜采用 LED 灯。如果采用荧光灯配套镇流器应具备热启动的功能"，可见规范编制者也意识到了这个问题，解决办法之一是采用 LED 光源，但需要注意相应的开关也要采用 LED 专用的节能自熄开关，接线方式并不相同，这里不述；解决办法二是继续采用紧凑型荧光灯，但要求具备热启动的功能，就是可以发热状态下反复启动的功能，至本书第三次重新调整内容时，目前就地感应开关已经多搭配 LED 光源，形成一轮新的稳定做法。

参 考 文 献

国家及行业规范：

《民用建筑电气设计标准》GB 51348—2019

《建筑电气工程施工质量验收规范》GB 50303—2015

《供配电系统设计规范》GB 50052—2009

《低压配电设计规范》GB 50054—2011

《通用用电设备配电设计规范》GB 50055—2011

《20kV 及以下变电所设计规范》GB 50053—2013

《电力工程电缆设计规范》GB 50217—2018

《城市综合管廊工程技术规范》GB 50838—2015

《住宅建筑电气设计规范》JGJ 242—2011

《人民防空工程设计防火规范》GB 50098—2009

《人民防空地下室设计规范》GB 50038—2005

《人民防空地下室施工图设计文件审查要点》RFJ 06—2008

《人民防空工程防化设计规范》RFJ 013—2010

《通风管道耐火实验方法》GB/T 17428—2009

《公共广播系统工程技术规范》GB 50526—2010

《民用建筑设计通则》GB 50352—2005

《住宅设计规范》GB 50096—2011

《住宅建筑电气设计规范》JGJ 242—2011

《医疗建筑电气设计规范》JGJ 312—2013

《剧场建筑设计规范》JGJ 57—2016

《旅馆建筑设计规范》JGJ 62—2014

《综合医院建筑设计规范》GB 51039—2014

《医疗建筑电气设计规范》JGJ 312—2013

《图书馆建筑设计规范》JGJ 38—2015

《教育建筑电气设计规范》JGJ 310—2013

《中小学校设计规范》GB 50099—2011

《养老设施建筑设计规范》GB 50867—2013

《老年人居住建筑设计标准》GB 50340—2016

《车库建筑设计规范》JGJ 100—2015

《无障碍设计规范》GB 50763—2012

《洁净厂房设计规范》GB 50073—2001

《汽车库、修车库、停车场设计防火规范》GB 50067—2014

《爆炸危险环境电力装置设计规范》GB 50058—2014

《公共建筑节能设计标准》GB 50189—2015

《民用建筑绿色设计规范》JGJ/T 229—2010

《绿色建筑评价标准》GB/T 50378—2014
《用能单位能源计量器具配备和管理》GB 17167—2006
《中小型三相异步电动机能效限定值及能效等级》GB 18613—2012
《逆变应急电源》GB/T 21225—2007
《建筑照明设计标准》GB 50034—2013
《城市夜景照明设计规范》JGJ/T 163—2012
《体育场馆照明设计及检测标准》JGJ 153—2007
《地下建筑照明设计标准》CECS45—1992
《建筑设计防火规范》GB 50016—2014
《火灾自动报警系统设计规范》GB 50116—2013
《消防给水及消火栓系统技术规范》GB 50974—2014
《消防安全标志 第1部分：标志》GB 13495.1—2015
《消防应急照明和疏散指示系统》GB 17945—2010
《消防应急照明和疏散指示系统技术标准》GB 51309—2018
《公共广播系统工程技术规范》GB 50526—2010
《气体灭火系统设计规范》GB 50370—2005
《石油化工企业可燃气体和有毒气体检测报警设计规范》GB 50493—2009
《耐火电缆槽盒》GA479—2004
《钢制电缆桥架工程设计规范》CECS31—2006
《建筑照明设计标准》GB 50034—2013
《建筑电气制图标准》GB/T 50786—2012
《体育建筑设计规范》JGJ 31—2003
《建筑物防雷设计规范》GB 50057—2010
《交流电气装置的接地设计规范》GB/T 50065—2011
《电气装置安装工程接地装置施工及验收规范》GB 50169—2006
《交流电气装置的过电压保护和绝缘配合》GB/T 50064—2014
《剩余电流动作保护装置安装和运行》GB 13955—2005
《系统接地的形式及安全技术要求》GB 14050—2008
《建筑物电子信息系统防雷技术规范》GB 50343－2012
《建筑物防雷装置检测技术规范》GB/T 21431—2015
《住宅装饰装修工程施工规范》GB 50327—2001
《民用建筑太阳能热水系统应用技术规范》GB 50364—2005
《供热计量技术规程》JCJ173—2009
《民用建筑供暖通风与空气调节设计规范》GB 50736—2012
《锅炉房设计规范》GB 50041—2008
《城镇燃气设计规范》GB 50028—2006
《建筑给水排水制图标准》GB 50974—2010
《消防给水及消火栓系统技术规范》GB 50974—2014
《民用机场飞行区技术标准》MH5001—2013
《电子信息系统机房设计规范》GB 50174—2008
《通信局站共建共享技术规范》GB/T 51125—2015
《智能建筑设计标准》GB 50314—2015
《安全防范工程技术规范》GB 50348—2018

《出入口控制系统工程设计规范》GB 50396—2007
《有线电视系统工程技术规范》GB/T 50200—2018
《厅堂扩声系统设计规范》GB 50371—2006
《通信局站共建共享技术规范》GB/T 51125—2015
《公共广播系统工程技术规范》GB 50526—2010
《综合布线系统工程设计规范》GB 50311—2016
《住宅区和住宅建筑内光纤到户通信设施工程设计规范》GB 50846—2012
《视频安防监控系统工程设计规范》GB 50395—2007
《民用闭路监视电视系统工程技术规范》GB 50198—2011
《光伏系统并网技术要求》GB/T 19939—2005

地区规范及规定：

《北京市绿色建筑一星级施工图审查要点》
北京市建筑设计研究院有限公司：《2014 年 1、2 季度施工图质量抽查汇报》，《2014 年 3、4 季度施工图质量抽查汇报》
《深圳市建筑工程设计电气图审汇编-电气》
《2016 年江苏电气专业施工图审查技术问答》（江苏省建设工程设计施工图审核中心等 2016 年 8 月）
《京建发【2015】86 号文件》
《京供生技【2000】29 号》
《北京供电公司、京供生技｛2000｝73》
《电气专业相关问题研讨会纪要》京施审专家委房建［2015］电字第 1 号
《北京市节能政府令 256 号》
《北京电网 04kV 设备保护定值整定指导原则》
《北京市绿色建筑（一星级）施工图审查要点》
《北京市建筑工程施工图设计文件技术审查要点（2016 年版）》
《公共建筑节能设计标准》DB11/687—2015
《住宅设计标准》DGJ 08-20—2013
《公共建筑节能设计标准》DGJ32/J 96—2010
《无障碍设施设计标准》DGJ 08-103—2003
《消防安全疏散标志设置标准》DB11/1024—2013
《绿色建筑设计标准》DB11/938—2012
《公共建筑节能设计标准》DB11/687—2015
《北京市住宅区及住宅安全防范设计标准》DBJ01-608—2002
《关于切实加强高层建筑消防用电设备配电线路设计工作的通知》消监字［2011］454 号
《大中型商场防火技术规定》沪消发〔2004〕352 号

国标图集：

《柴油发电机组设计与安装》15D202-2
《钢管配线安装》03D301-3
《综合布线系统工程设计施工图集》02X101-3
《建筑电气常用数据》04DX101-1

参考书籍：

［1］《工厂供电》第三版．刘介才．北京：机械工业出版社，2004.5.
［2］《工业与民用配电设计手册》．第三版．中国航空工业规划设计研究院．北京：中国电力出

版社.
[3] 《全国民用建筑工程设计技术措施（电气）》. 中国建筑标准设计研究所. 北京：中国计划出版社，2009.
[4] 《建筑工程设计文件编制深度规定》2016. 中华人民共和国住房和城乡建设部. 北京：中国计划出版社，2016.
[5] 《建筑电气强电设计指导与实例》白永生. 北京：中国建筑工业出版社，2016.
[6] 《建筑电气弱电系统设计指导与实例》白永生. 北京：中国建筑工业出版社，2015.
[7] 《建筑工程施工图设计文件技术审查要点》住房城乡建设部. 北京：中国城市出版社，2014.